2011

国务院发展研究中心研究丛书

中国的互联网治理

Internet Governance in China

马骏 殷秦 李海英 朱阁 著

DRC

务院发展研究中心

研究丛书

RESEARCH CENTER OF THE STATE COUNCIL

中国发展出版社

图书在版编目（CIP）数据

中国的互联网治理/马骏等著 . —北京：中国发展出版社，2011. 8
（国务院发展研究中心研究丛书，2011）
ISBN 978-7-80234-682-6

I. 中… Ⅱ. 马… Ⅲ. 互联网络—管理—研究—中国
Ⅳ. TP393. 407

中国版本图书馆 CIP 数据核字（2011）第 122369 号

书　　　名：中国的互联网治理
著作责任者：马骏等
出 版 发 行：中国发展出版社
　　　　　　（北京市西城区百万庄大街 16 号 8 层　　100037）
标 准 书 号：ISBN 978-7-80234-682-6
经　销　者：各地新华书店
印　刷　者：北京科信印刷有限公司
开　　　本：700×1000mm　1/16
印　　　张：22. 75
字　　　数：312 千字
版　　　次：2011 年 8 月第 1 版
印　　　次：2011 年 8 月第 1 次印刷
定　　　价：45. 00 元

联 系 电 话：（010）68990630　68990692
购 书 热 线：（010）68990682　68990686
网　　　址：http：//www. develpress. com. cn
电 子 邮 件：bianjibu16@ vip. sohu. com

2011

国务院发展研究中心研究丛书

编委会名单

为加快实现经济发展方式转变献计献策

当前，我国社会主义现代化事业又到了一个历史关键时期。一方面，经过建国以来 60 余年特别是改革开放 30 余年的发展，我国已经成功实现了从低收入国家向上中等收入国家的历史性跨越，现代化建设站在了新的历史起点上。下一个奋斗目标，就是要实现从上中等收入国家向高收入国家的转变，为在本世纪中叶基本实现现代化的宏伟目标打下坚实基础。而另一方面，也必须清醒看到，经过几十年的发展，我国粗放发展模式所积累的矛盾越来越大，发展不全面、不协调和不可持续的问题也越来越突出。这些问题不仅使我们的发展质量大打折扣，与我们的发展宗旨不相适应，也大大制约了发展的可持续性。因此，加快实现经济发展方式转变，为经济社会的长期平稳较快发展奠定基础，不仅是当前及今后一个时期我国经济社会发展的关键举措，也是决定我国现代化事业命运而必须完成的重大历史任务。

从国际视野来看，转变发展方式并不是中国所特有的事情，而是一个国家工业化、现代化过程中都要经历的事情，特别是对于落后国家的赶超式现代化而言更是如此。大量的国际经验说明，在后发国家的现代化过程中，与从低收入向中等收入的发展过程相比，从中等收入向高收入的发展过程风险更大，困难也更多，搞得不好，很容易掉入所谓的"中等收入陷阱"。正因为如此，从当今世界范围来看，曾经成功启动工业化、现代化，并成功实现从低收入向中等收入转变的国家并不少，但真正能够推动现代化进程持续不断进行下去并最终进入高收入国家行列的并不多。不少后发国家在启动现代化进程后，最初的发展势头相当不错，但后来却出现停滞，甚至发生逆转。保障发展持续性的关键，就是要适应发展阶段的变化，及时转变经济发展方式，化解结构矛盾，创新竞争优势，平衡利益关系，维护社会稳定。

十多年来的实践证明，转变经济发展方式是一件知不易行甚难的事情。这是因为，其一：发展方式并不是独立存在和运行的，而是由体制模式和社会环境所内生决定的，有什么样的体制模式和社会环境，就会有什么样的发展方式。换句话说，要转变发展方式，就必须改变在其背后起决定作用的体制模式和社会环境，而这势必涉及到十分复杂的利益关系调整和重构。其二：转变发展方式还必须在短期发展与长期发展、短期利益与长期利益、短期风险与长期风险等等之间做出艰难的选择。所有这些，都决定了转变发展方式任务的艰巨性和复杂性。因此，这一艰难转变的过程中，尤其需要进一步加强相关经验、理论及政策等研究，为决策部门提供高质量决策咨询建议。

作为国务院直属的政策研究和咨询机构，国务院发展研究中心的主要职责就是研究国民经济、社会发展和改革开放中的全局性、综合性、战略性、长期性、前瞻性以及热点、难点问题，为党中央、国务院提供政策建议和咨询意见。近几年来，适应我国发展阶段及主要矛盾、主要任务的变化，国务院发展研究中心把贯彻落实科学发展观、推动转变发展方式作为政策咨询研究工作的重中之重，紧紧围绕调整经济结构、促进科技创新、协调经济发展与自然环境、社会发展及改善民生的关系等重大重点问题开展咨询研究工作。在为党中央国务院提交政策咨询建议的同时，每年也形成一批内容丰富、有深度、有见解的研究报告。这些研究报告的研究领域虽有不同，有的宏观一些，有的中观甚至微观一些，有的偏重理论分析或国内外经验的总结，有的则针对我国经济运行中的某个具体问题开展调查研究，但它们都有一个共同点，那就是紧紧围绕并服务于促进科学发展和推动转变发展方式这一时代的主题。

现在，我们将这些研究报告择优出版，其目的就在于使这些研究成果在为党中央国务院决策服务的同时，也能够为地方政府、相关部门、相关企业、研究机构以及社会各界提供服务，并能够在推动与贯彻落实科学发展观、促进发展方式实质性转变相关的重大问题研究中发挥积极作用。我们诚心期望各级领导同志和广大读者，和我们一起共同对《丛书》这一刚刚出土的新竹关心、培育，提出改进和提高的宝贵意见，以期年复一年，越办越好。

国务院发展研究中心主任　李伟

2011 年 7 月

前 言
Foreword

　　互联网是 20 世纪以来人类最伟大的发明，它加快了人类迈向信息社会的步伐，同时也对当前政治、经济、社会和文化秩序形成一定冲击。世界各国面临相似的难题：既要按照开放原则大力发展互联网，又要保证互联网的安全合理利用。从国内外的实践看，传统的网络管理模式不符合互联网的内在特性，必须建立新的共同治理模式。

　　国务院发展研究中心于 2010 年初设立了"中国的互联网治理"研究课题，对中国的互联网治理现状与发展方向进行研究。课题组从网络设施、网络社区、电子商务、电子政务四个方面研究了互联网治理问题，取得了具有一定学术价值和政策参考价值的研究成果。为了推动互联网的研究，中国发展出版社出版了本研究报告。

　　作者从互联网的基本特性出发，研究了网络设施和网络活动的发展规律，提出完善互联网治理的建议。作者认为，由于互联网具有全球开放的基本属性，以政府为主体、以业务许可制为基础的自上而下的传统管理模式陷入困境，以多方参与为基础、以事中和事后监管为重点的互动合作的共同治理模式正在逐步形成。国家应制定互联网发展的总体战略，遵循互联网内在发展规律，按照发展和规范并重的原则，推动建立完善的互联网治理体系。

　　本书是集体合作的成果。国务院发展研究中心马骏研究员主持课题的研究，并撰写了本书的第一部分"中国的互联网治理"和第二部分"网络设施的治理"，殷秦撰写了第三部分"网络社区的治理"，北京信息科技大学朱阁博士撰写了第四部分"电子商务的治理"，工业和信息化部电信研究院高级工程师李海英撰写了第五部分"电子政务的治理"。

本书的观点不代表国务院发展研究中心的观点，相关责任由作者承担。由于互联网治理是探索性研究课题，缺点和谬误在所难免，希望读者不吝批评指正。

作　者

2011 年 5 月

目 录
Contents

第一章

中国的互联网治理

　　互联网是 20 世纪以来人类最伟大的发明。互联网与以前的人类伟大发明相比有显著特点：全球无数企业和个人参与创新，全球数十亿人迅速成为用户，全球各国各地区共同合作建立共用的基础设施，可以说，互联网是人类共有的互联网，互联网的发展正带来全世界的政治、经济、社会、文化的革命。

　　科技史学家从历史的角度分析了互联网的伟大价值。人类共经历了三次科技革命，第一次科技革命发生于 18 世纪 60 年代到 19 世纪上半期，主要内容是蒸汽机的发明、改进与使用，人类开始进入蒸汽时代；第二次科技革命发生于 19 世纪 70 年代到 20 世纪初期，主要内容是电力的广泛应用，人类开始进入了电气时代；第三次科技革命始于 20 世纪中期，仍在不断深化发展中，主要内容是互联网的发展与信息技术的广泛应用，人类开始进入信息社会。第一次和第二次革命均是为了把人类从沉重的体力劳动中解放出来，是人类体力的增大，第三次革命则是使人类从繁杂的脑力劳动中摆脱出来，是人类脑力的增大，是人类知识生产方式的升级。

　　然而，人类发明的互联网也给人类带来新的挑战。互联网具有全球开放特性，对当前政治、经济、社会和文化秩序形成一定冲击，虚拟世界与现实社会的矛盾日益突出。世界各国面临的共同难题是：既要按照开放原则大力发展互联网，又要保证互联网的安全合理利用。一些政府、企业和个人都在积极解决这些问题，并开展了大量国际合作，现在看依然任重道远。像过去的技术革命一样，技术的创新与社会制度的变革相辅相成，虚拟世界与现实社会的矛盾最终要靠技术创新与社会制度变革的互动来解决。

一、互联网的形成及基本特征

互联网虽然起源于美国国防部项目，但后来走上了全球开放发展的道路。互联网的开放发展机制是互联网快速发展的力量源泉，也决定了互联网的基本属性。

（一）互联网的形成

1. 互联网的起源

互联网起源于美苏冷战时期。1969 年美国国防部高级研究计划管理局（ARPA – Advanced Research Projects Agency）开始建立一个名为 ARPA 的网络，采用了包交换机制，把美国的几个军事及研究用电脑主机连接起来。美国国防部认为，如果仅有一个集中的军事指挥中心，万一这个中心被苏联的核武器摧毁，全国的军事指挥将处于瘫痪状态，因此有必要设计一个分散的指挥系统，当部分指挥点被摧毁后其他点仍能正常工作。起初，ARPA 只联结 4 台主机，置于美国国防部高级机密的保护之下，从技术上它还不具备向外推广的条件。ARPA 的试验奠定了互联网存在和发展的基础，较好地解决了异种机网络互联的一系列理论和技术问题。

1971 年，位于英国剑桥的 BBN 科技公司的工程师雷·汤姆林森开发出了电子邮件，ARPA 开始向大学等研究机构普及。

1973 年 ARPA 网扩展到境外，第一批接入的是英国和挪威的计算机。

1974 年 ARPA 的鲍勃·凯恩和斯坦福的温登·泽夫提出 TCP/IP 协议（传输控制协议/互联网协议），定义了在电脑网络之间传送报文的方法。1983 年，ARPA 网将其网络核心协议由 NCP（网络控制协议）改变为 TCP/IP 协议，真正的互联网由此诞生。TCP/IP 是由一系列支持网络通信的协议组成的集合，用于实现不同网络架构、不同操作系统的计算机之间的通信。

1986 年，美国国家科学基金会（National Science Foundation，NSF）建立了大学之间互联的骨干网络 NSF，彻底取代了 ARPA 而成为互联网的主干网，这是互联网历史上重要的一步。由于美国国家科学基金会的鼓励和资助，很多大学、政府资助的研究机构甚至私营的研究机构纷纷把自己的局域网并入 NSF 网中。

1990 年代，整个网络向公众开放，ARPA 退出历史舞台。

1991 年，CERN（欧洲粒子物理研究所）的科学家 Tim Berners-Lee 开发出了万维网（World Wide Web），并编写了简单的浏览器，互联网开始向社会大众普及。

1993 年，伊利诺伊大学美国国家超级计算机应用中心的学生马克·安德里森等人开发出了真正实用的浏览器 Mosaic，该软件的升级版 Netscape Navigator 实现商用，互联网用户开始爆炸性增长。

1994 年，美国国家科学基金会的 NSF 网转为商业运营。

其后，门户、搜索引擎、电子商务、网络游戏、即时通讯、网络电话、博客、微博等各种应用的创新风起云涌。

2. 互联网关键资源的管理

（1）域名和地址管理。互联网起源于美国，早期由美国政府管理。90 年代初，美国国家科学基金会代表美国政府与 NSI 公司（Network Solutions）签订了协议，将互联网顶级域名系统的注册、协调与维护的职责都交给了 NSI。互联网的地址资源分配则交由隶属于互联网协会的 IANA（国际互联网地址分配委员会），在美国政府的管理下，对国际互联网中使用的 IP 地址、域名和许多其他参数分配进行管理。

随着互联网的全球性发展，越来越多的国家对由美国独自对互联网进行管理的方式表示不满，强烈呼吁对互联网的管理进行改革。美国商业部在 1998 年初发布了互联网域名和地址管理的绿皮书，认为美国政府有对互联网的直接管理权，但遭到了除美国外几乎所有国家及机构的反对。美国政府不得不修改观点，提议在保证稳定性、竞争性、民间协调性和充分代表性的原则下，由一个民间性的非营利公司管理。

1998 年 10 月，非营利性的国际组织 ICANN（Internet Corporation for Assigned Names and Numbers，即互联网名称与数字地址分配机构）成立，它是一个集合了全球网络界商业、技术及学术各领域专家的非营利性国际组织，负责互联网协议（IP）地址的空间分配、协议标识符的指派、通用顶级域名（gTLD）以及国家和地区顶级域名（ccTLD）系统的管理、根服务器系统的管理。1999 年，美国商务部、ICANN 与 NSI 达成协议，引入"共享注册系统"，NSI 失去垄断权但获得有利的过渡性安排。

ICANN 理事会是 ICANN 的核心权力机构，共由 19 位理事组成：9 位非执行理事，9 位来自 ICANN 三个支持组织提名的理事（每家 3 名），和一位总裁。ICANN 的董事会包含来自澳大利亚、巴西、保加利亚、加拿大、中国、法国、德国、加纳、日本、肯尼亚、朝鲜/韩国、墨西哥、荷兰、葡萄牙、塞内加尔、西班牙、英国和美国的公民。根据 ICANN 的章程规定，它设立三个支持组织，从三个不同方面对互联网政策和构造进行协助，检查，以及提出建议。这些支持组织帮助促进了互联网政策的发展，并且在互联网技术管理上鼓励多样化和国际参与。这三个支持组织是：负责 IP 地址系统管理的地址支持组织（ASO）、负责互联网上的域名系统（DNS）管理的域名支持组织（DNSO）、负责涉及互联网协议的唯一参数分配的协议支持组织（PSO）。

（2）技术标准制定。互联网的技术标准即网络互联的相关技术标准，主要由 IETF、IAB、IRTF、W3C 等全球性非盈利机构完成。

IETF（Internet Engineering Task Force，Internet 工程任务组）成立于 1985 年底，是全球互联网最具权威的技术标准化组织，制定了国际互联网的多数技术标准。IETF 是松散的、自律的、志愿的民间学术组织，是由专家自发参与和管理的国际民间机构，汇集了与互联网架构演化和互联网稳定运作等业务相关的网络设计者、运营者和研究人员，并向所有对该行业感兴趣的人士开放。任何人都可以注册参加 IETF 的会议。IETF

大会每年举行三次，规模均在千人以上。该组织通过讨论形成共识制定技术标准。

制定互联网技术标准的另一个重要组织是 W3C（World Wide Web Consortium，万维网联盟）。W3C 于 1994 年 10 月在麻省理工学院计算机科学实验室成立。创建者是万维网的发明者 Tim Berners-Lee。W3C 致力于万维网技术标准的制定，如 HTML、XHTML、CSS、XML 等技术标准。W3C 大约有 500 名会员，包括生产技术产品及服务的厂商、内容供应商、团体用户、研究实验室、标准制定机构和政府部门。他们一起协同工作，致力于在万维网发展方向上达成共识。

3. 互联网的发展

互联网从萌芽到现在只有 40 年，互联网用户迅速发展到约 19.7 亿，全球普及率达到 28.7%，欧洲、大洋洲、北美等发达地区的普及率分别达到了 58.4%、61.3% 和 77.4%（截止到 2010 年 6 月 30 日，www.internetworldstats.com）。

互联网已经渗透到人类发展的各个方面。互联网是全球信息基础设施，是新的传播媒体，是电子商务的平台，也是电子政务的载体。互联网成为推动社会经济发展的重要力量。

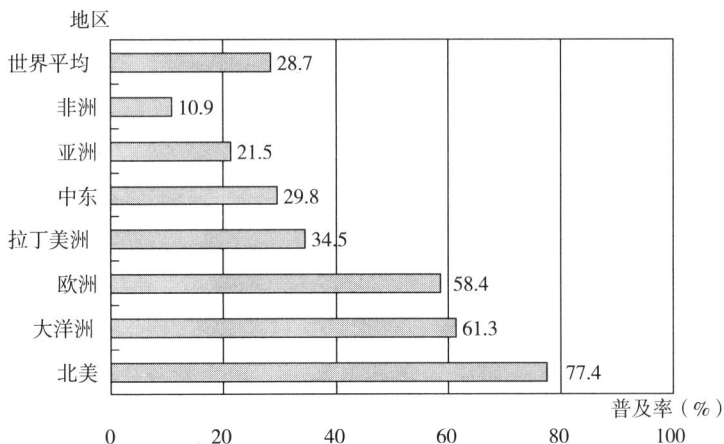

地区

世界平均	28.7
非洲	10.9
亚洲	21.5
中东	29.8
拉丁美洲	34.5
欧洲	58.4
大洋洲	61.3
北美	77.4

普及率（%）

图 1.1　互联网普及率

注：截止到 2010 年 6 月 30 日，世界人口按 68.5 亿算，互联网用户按 19.7 亿算。
资料来源：www.internetworldstats.com。

（二）互联网的基本特征

互联网具有特殊的性质。互联网的构造规则决定了互联网的性质。互联网构造规则：全球主机按照明确简单的技术标准连接，因此具有最广泛的参与性，最活跃的创造性。

1. 开放性

网络的开放性包括网络设备的开放性、网络服务的开放性和用户的开放性。

网络设备的开放性指任何设备只要遵循 TCP/IP 协议就可以接入互联网络，无须像电信网络那样对设备本身制定标准。TCP/IP 协议是互联网实现的技术基础，IP 是为计算机网络相互连接进行通信而设计的协议，TCP 是传输控制协议，TCP/IP 实际上是一簇协议的集合，它包括了上百个各种功能的协议。如远程登录、文件传输和电子邮件等等，而 TCP 协议和 IP 协议是保证数据完整传输的两个基本的重要协议。IP 协议之所以能使各种网络互联起来是由于它把各种不同的"帧"统一转换成"IP 数据包"格式，这种转换是互联网的一个最重要的特点。正是由于 TCP/IP 协议，全球计算机就可以像"搭积木"一样连接起来，在无需调整既有网络的情况下实现规模的不断扩大。

网络服务的开放性指网络应用只需遵循 WEB 服务的基本规则就可以提供或获取网络服务。Web 服务规范实际上是由 XML（可扩展标记语言）、SOAP（简单对象访问协议、WSDL（Web 服务描述语言）和 UDDL（统一描述、发现和集成协议）四大技术标准支持，其中 UDDI、SOAP 和 WSDL 基于 XML，XML 在 Web 系统中占有重要位置。如果说 TCP/IP 是互联网上计算机之间的共同语言，XML 就相当于网络应用的共同语言。不管是何种平台和操作系统上的应用，只要遵循 WEB 规范，就可以实现互操作性，互联网由此包容了各类异构应用系统。

用户的开放性指任何个人都有平等使用互联网的机会。按照互联网的规则，任何一个国家都不应因种族、肤色、性别、语言、宗教、政治见解、国籍、出身、财产等因素施与任何限制。所有用户都是平等的，没有特权用户，也没有中央控制，网站对每个用户的每项请求都尽力而为。

2. 交互性

互联网的交互性指互联网中计算机与计算机之间、应用服务与用户之间、用户与用户之间实时双向交流的性质。Web 2.0 出现以后，互联网的交互性更加凸显，论坛、SNS、IM、微博等应用充分发挥了互联网的实时交互性。

互联网的交互性来自于互联网的基本技术特性。早期的交互性依赖客户机/服务器模式（C/S 模式），客户机/服务器系统的基本思想是将信息资源统一集中存放于服务器中，根据其客户机的请求将信息投递给对方。浏览器/服务器模式的出现大大提高了互联网的交互性，客户端浏览器具备较强的计算能力，用户向服务器发出请求，服务器回传的文件由浏览器软件负责解释和格式化。客户端编程技术的出现，进一步加强了客户端的能力，提高了网络的交互性。客户端编程技术包括插件、基本编程语言、Java、Active X 等技术。插件为浏览器中插入的程序；脚本编程语言为嵌入 WEB 网页中被客户浏览器执行的代码；Java 是一种功能强大、高度安全、可以跨平台使用以及国际通用的程序设计语言，可以在安装了 Java 解释器的浏览器中运行；ACTIVE X 是微软推出的技术，它是一些软件组件或对象，可以将其插入到 WEB 网页或其他应用程序中使用，以在 Web 页中插入多媒体效果、交互式对象以及复杂程序等，一般软件需要用户单独下载然后执行安装，而 ActiveX 插件可以在用户浏览网页时，由 IE 浏览器自动下载并提示用户安装。

在以上技术的支持下，网站与用户之间形成了各种各样的互动关系。例如：用户浏览网站的各类信息，网站对用户的请求尽力回应，用户可以对浏览信息发表评论，网站可以对用户的观点或行为进行调查统计，网站还可以在用户的终端上安装插件等等。

3. 全球性

互联网的全球性指网络的全球互联和信息的全球流动。互联网按照全球统一的规则,像"搭积木"一样向世界各个地区和各个角落蔓延,互联网上形成了全球化的社区。

目前,互联网只对 IP 地址、域名、技术标准等关键资源建立了全球治理机制,互联网用户的网络行为则按本国法律管辖,各国之间虽有协商,但很难达成完全一致。

到 2010 年 6 月 30 日,全球的互联网用户数约为 19.7 亿,中国的互联网用户数大约为 4.2 亿,比重为 21%。

表 1.1 全球互联网用户数

地 区	人口(估计)	互联网用户	渗透率(%)	比重(%)
非洲	1013779050	110931700	10.9	5.6
亚洲	3834792852	825094396	21.5	42.0
欧洲	813319511	475069448	58.4	24.2
中东	212336924	63240946	29.8	3.2
北美	344124450	266224500	77.4	13.5
拉美	592556972	204689836	34.5	10.4
大洋洲	34700201	21263990	61.3	1.1
全球合计	6845609960	1966514816	28.7	100.0

注:截至 2010 年 6 月 30 日。

资料来源:Internet World Stats。

4. 匿名性

互联网的匿名性包含身份的虚拟性和身份的不确定性。

身份的虚拟性指互联网上的用户在网络社区交往中无需提供自己的真实身份,而且用户之间也难以面对面交流,用户可以用任何自己愿意的身份(或者虚拟身份)参与社区活动,将自己的真实身份隐藏起来,将自己的真实感受也隐藏起来。正如《纽约客》上漫画所说:"在互联网上,没有人知道你是一条狗。"

身份的不确定性指事后身份调查难度很大。其原因是:互联网用户使用互联网可能留下一些痕迹,但事后调查成本高,不像电信网络那样简便;互联网用户遍布全球,增加了事后调查的难度;互联网用户可以采取一定的技术手段，采取迂回方式行动，隐藏行为痕迹。有些互联网用户流动性强，即使确定了其使用设备也难以确定行为人。当然，互联网用户身份的不确定性是相对的，通过分析 Web 服务器日志（包括访问日志，引用日志和代理日志三部分）等手段可以从技术上追踪事后用户身份，只是难易程度和成本高低需要给予考虑。

5. 快捷性

互联网的快捷性指互联网信息传播的速度快、影响面广，既远远超过传统的图书、报纸等文字传播方式，也大大超过广播、电视、电话、传真等现代电子传播方式。

互联网的快捷性来自多个方面。其一，互联网传播的即时性，依靠电子传播方式，信息迅速传遍全球。其二，互联网传播的多途径，包括新闻、博客、微博、电子邮件、即时通讯、网络电话、视频会议等方式，可以一对一、一对多、多对多，形成复杂的交叉传播网络。其三，互联网传播的多层次性。读者可以从网络获取标题性新闻，也可以通过搜索工具和超文本链接深度挖掘信息内容。读者具有获取信息的主动权，忽略不感兴趣的信息，重点了解感兴趣的内容。其四，互联网传播的互动性，互动性提高了信息的效果。其五，互联网传播的全球性，全球用户共同参与，极大丰富了信息的广度和深度。

二、机遇与挑战

互联网是人类的伟大发明，其强大的功能和独特的性质既带来了巨大发展机遇，也带来了诸多挑战。

（一）机遇

互联网给我们带来巨大发展机遇，包括：互联网构建新型社区，促进社会和谐发展；互联网承载电子商务，实现商务活动的市场全球化、交易连续化、成本低廉化、资源集约化；互联网承载网络民主和电子政务，提高公共服务的质量和效率；互联网发展为信息社会的关键基础设施，促进信息社会的形成。

1. 互联网构建新型社区

（1）互联网是强大的新媒体。以纸为媒介的传统报纸、以电波为媒介的广播和基于电视图像传播的电视分别被称为第一媒体、第二媒体和第三媒体。互联网被称为第四媒体，与传统的媒体相比有了质的飞跃，它同时包含了人类信息传播的两种基本方式，即人际传播和大众传播。互联网突破了大众传统传播的模式框架，是传播方式的革命，为人类社会建立了新的关系网络。

新媒体具有鲜明的特征，包括：传播者大众化。人人都是传播者，"在网络上，每个人都可以是一个没有执照的电视台"；受众的互动性和选择性。受众不是"靶子"，受众可以选择自己喜欢的信息源，可以发表自己的观点和感受，可以变成传播者；传播方式的多样化。网络新闻、论坛、博客、微博、即时通讯、网页等方式共同发展，音频、视频、文字等多媒体传播，电脑、电视、手机等多屏融合；传播内容的价值多元化。传播的大众化导致了价值的多元化，突破了传统媒体价值一元化的框架；传播效果的广泛性和持久性。网络传播突破了时间、空间、信息量、成本的限制，传播速度快、范围广、时间长、影响大。

（2）互联网构建新型社区。互联网是社会舆论的重要载体。信息化时代主要有两个舆论场，一个是由报纸、广播、电视、期刊等媒体形成的传统舆论场，另一个是由个人传播媒体组成的网络新媒体舆论场。由于互联网具有更高的传播效能，网络新媒体对于社会事件的参与能量越来越大，正在由被动的传统媒体发布新闻的平台，变成更为主动的新闻线索发现者、热点议题设定者、社会事件评论者。网络媒体舆论已成为当代传播格局中的关键力量，并与传统媒体形成良性互动关系。过去几年，网络媒体在民意表达、参政议政、社会监督等方面发挥了越来越重要的作用。有人预测，由于网络传媒的大众化和高效能特性，网络媒体将超越传统媒体成为未来主要的舆论场，为公民社会的建设做出重大贡献。

互联网是积累和传播知识的平台。首先，互联网是巨大知识库，全球网民、企业、社会组织和政府等都是知识的创造者。网站是知识的主要承载者，网站内容包括文字、图片、视频、音频、博客、论坛留言、数据库、数字图书等。第二，以百度、Google、雅虎等搜索引擎所代表企业从事知识的开发利用，为用户提供所需的信息。第三，以维基为代表的网站开展社会化知识积累。维基社群的活动反应了网络文化的多元性、开放性、平民化和非权威主义。全世界每一个角落，不分语言文化，都有人奉献自己所知，创造有史以来最庞大的知识库。第四，远程教育、网络挖掘等其他知识传播方式也在发挥重要作用。而且，互联网还在不断创新知识积累和传播的方式，为人类的发展做出重要贡献。

互联网繁荣了文化事业。首先，互联网是文化的传播工具，世界各地的文化都可以在网络上平等传播。第二，互联网创造了新的文化产品经营市场。第三，互联网上出现了新的文化产品，特别是大量利用计算机生产的文化产品，包括网络游戏、动漫等等。

互联网建立了更加密切的社会关系。传统的人际交流只能局限于少数亲朋好友，互联网可以帮助个人建立庞大的社交网络。根据美国"六度空间"理论，"你和任何一个陌生人之间所间隔的人不会超过六个"。互联网通过各种虚拟社区，促进了全球人类的交流。

互联网将成为中国提升国家软实力的战略基地。到 2010 年 6 月，中国互联网用户达到 4.2 亿人，占全球用户 21%，未来用户还将快速增长。未来五到十年，中文将超过英语成为互联网主导语言。中国将依靠全球最庞大的网络用户群体、最丰富的人力资源、最悠久灿烂的文化在互联网上建立强大阵地，为中国的软实力提升做出重大贡献。

2. 互联网是未来商务的主要平台

（1）电子商务的巨大优势。电子商务是指利用全球性的互联网络开展的商业和贸易活动。电子商务突破了时间和空间限制，降低了交易成本，提高了交易效率。电子商务按照参与主体和客户的不同可分为 B2B（Business to Business）、B2C（Business to Customer）、C2C（Consumer to Consumer）、B2G（Business to Government）、C2G（Consumer to Government）等形式，按照贸易主导主体不同可分为销售方控制型、购买方控制型和中立第三方控制型等形式。

电子商务作为现代服务业中的重要产业，有"朝阳产业、绿色产业"之称，是高人力资本含量、高技术含量和高附加价值的"三高"产业，是新技术、新业态、新方式的"三新产业"。电子商务有助于实现人流、物流、资金流、信息流的"四流合一"。电子商务具有市场全球化、交易连续化、成本低廉化、资源集约化的"四化"优势。

（2）电子商务的发展趋势。电子商务正在快速普及。据中国互联网络信息中心（CNNIC）统计，2010 年中国网络购物用户规模达到 1.42 亿户，使用率攀升至 33.8%；网上支付的用户规模达到 1.28 亿户，用户使用率达到 30.5%。

电子商务交易额连年快速增长。商务部发布《中国电子商务报告（2008～2009 年）》，2009 年中国电子商务交易额达到 3.82 万亿元人民币，是 2006 年 1.55 万亿元的近 1.5 倍，电子商务交易总额相当于国内生产总值的 11.4%，而这一数字在 2006 年仅为 7.4%。其中，大中型工业企业电子商务交易额为 1.56 万亿元；中小企业电子商务交易额达到 1.99 万亿元；网络购物交易额达到 2586 亿元，相当于社会消费品零售总额的 2.06%。根据知名咨询机构艾瑞咨询集团（IResearch）预测，中国电子商务正处于快速发展时期，预计 2013 年将达到 12.7 万亿元。

电子商务在企业的应用不断深化。大型企业电子商务应用从网上信息发布、采购、销售等向网上设计、制造、计划管理等纵深发展，半数以上企业建立了电子商务系统，网上销售、采购的金额占到总金额的1/3以上。中小企业生产经营的多个环节广泛应用电子商务，特别是采购和销售环节，改变了中小企业的生产、交易和管理方式，提高中小企业的竞争力。

3. 互联网承载网络民主和电子政府

（1）互联网加快民主进程。民主是人类社会的追求目标，但受制于建立和维护成本。近现代国家的民主政治认为：一切国家权力都直接或间接来源于公民权利，公民通过选举产生自己的代表机关，代表机关再根据一定的权力分立的原则，把行政权从统一的国家权力中分解出来组成政府，行政权力作为国家权力的一个重要组成部分，源于公民权利，是公民权利的一种特殊转化形式。在西方，从古希腊古罗马的"民主"、"共和"，到近代"人民主权民主"、"代议制民主"、"宪政民主"，再到现当代"精英民主"、"多元民主"、"参与民主"、"协商民主"，人类民主政治建设的道路漫长而艰辛。世界各国的实践表明，民主是一种非常难以创造和维持的制度，已知的民主制度形式都存在相当的局限性和潜在巨大风险，民主遭遇失败也是普遍现象。

互联网为民主制度提供了低成本的渐进式发展机遇。第一，互联网提供了议政的公共空间。互联网是理想的公共空间，包括：公众有公平的机会参与讨论，并能畅所欲言；信息完整客观，摆脱政治和市场力量的控制；互联网通过各类论坛、电子公告板、博客、微博客等，让网民自由交流。第二，互联网方便公民主动参与公共事务。互联网促进政务活动的公开化，民众方便地运用互联网了解相关的政治信息；互联网特有的交互性为民众发表意见提供了工具，与选民仅仅依靠选举和代议制行使主权相比信息技术能让民主政府更加活跃。第三，互联网可以降低选举的成本。选举是西方民主国家的主要制度安排，美国及西欧的一些地区和机构开展了网络投票的实践。美国和欧洲的实践表明，使用互联网和接触选举信息的人更愿意去投票。第四，信息的公开化加强了人民对政府的监督。政府政策和官员的行为在网络上快速传播，极大提高了政府的透明度，对政府形成了强大的监督。第五，网络民主推动现有制度渐进改革。网络民主本身一般不会对现有制度产生革命，但它会推动现有制度不断改进，从而实现长期的民主目标。

中国的实践已经证明了互联网在社会民主中的巨大作用。"胡总书记与网民对话"、"直通中南海"、"我为两会建言"、"孙志刚事件"、"躲猫猫事件"等典型事例都表明了互联网在当今中国社会民主中的重要作用。中国国务院新闻办公室 2010 年 6 月 8 日发表的《中国互联网状况》白皮书指出"互联网的发展史其实是一部民主史,互联网见证了中国的民主进程"。

（2）互联网承载电子政府。互联网促进电子政务和电子政府的建设。联合国经济社会理事会认为,电子政务是政府通过信息通信技术手段的密集性和战略性应用组织公共管理的方式,旨在提高效率、增强政府的透明度、改善财政约束、改进公共政策的质量和决策的科学性,建立良好的政府之间、政府与社会、社区以及政府与公民之间的关系,提高公共服务的质量,赢得广泛的社会参与度。电子政务包括政府间电子政务、政府与企业电子政务、政府与公民电子政务。

电子政务是社会发展大趋势。首先,电子政务突破时间与空间的制约,为社会提供快捷便利的服务。由于互联网的基本特性,电子政务突破了国家和地区的界限,突破了传统网络办公活动的地域限制和时间限制,政府能随时随地为企业和社会公众提供每周 7 天、每天 24 小时的"全天候"服务。第二,电子政务可实现信息共享,提高办事效率。电子政务在各个政府部门之间、政府与企业之间建立起了便捷的沟通桥梁,从而实现资源整合和资源共享,政府部门办事效率可大幅提高,还可为企业和公民提供一站式服务。第三,电子政务提升传统政务效率、节约资源。文件的电子化、办公的无纸化、会议的网络化等等提高了政府的工作效率,节约资源。第四,电子政务是政府流程的再造,促进了政务的改革和创新。电子政务将改造政府的决策和工作流程,精简政府机构,加快政府改革和创新的步伐。第五,电子政务可以提高政务的公开透明,增强社会监督,遏制暗箱操作,违规违纪现象。第六,电子政务为公众提供参政议政的机会,提高政府决策的民主性和科学性。第七,电子政务可以提升政府开展经济和社会监管的能力,通过快速和大规模的远程数据采集和分析,实现跨地域信息的集中管理和及时响应。

4. 互联网推进信息社会建设

根据专家的研究，信息社会是农业社会和工业社会之后信息生产超越物质生产的社会。在经济领域，劳动力结构出现根本性的变化，从事信息职业的人数与其他部门职业的人数相比已占绝对优势；在国民经济总产值中，信息经济所创产值超过其他经济部门所创产值；能源消耗少，污染得以控制；知识成为社会发展的关键资源。在政治、社会和文化领域，各项活动实现电子化、网络化，生活方式更加多样化、个性化，人类普遍建立了和谐的社会关系。

互联网是信息社会的关键基础设施，互联网的发展将推动信息社会的形成。互联网是信息生产、存储、传播的平台，为信息经济的发展创造条件；互联网将改变人类生产方式，工业和农业将依靠网络实现智能化，人类从日常事务中解放出来，从事更加高级的信息生产；互联网将创新市场交易方式，电子商务实现了市场全球化、交易连续化、成本低廉化、资源集约化；互联网推动政府、企业、社会机构的组织变革，在信息化基础上各类组织将更加精干和高效；互联网将增加公民参与政治和社会活动的机会，提高人类社会的文明和谐程度；互联网促进教育和培训事业的发展，为我国培养具有全球视野的人才提供了条件；互联网将推动数字城市建设，城市功能布局更加合理，公用设施更加高效，市民生活更加舒适；互联网将减小区域差距，通过信息的广泛获取和利用，促进社会经济的均衡发展。

（二）挑战

互联网的基本特性和强大功能为人类发展提供了巨大发展机遇，也为少数人滥用网络提供了便利。互联网的挑战主要包括以下几方面。

1. 网络不安全

网络安全包括网络设施安全和网络信息安全两个层面的内容。网络设施安全指网络设施保持完整性和安全运行。网络设施安全的主要内容包括：网络连接的各类硬件设备免遭破坏，网络中运行的各类软件免遭破坏或非法修改，网络运营免遭人为中断或人为降低效率。网络信息的安全指网络上存储和传输的数据的安全。网络信息安全的主要内容包括：用户信息在存储和传输过程中免遭破坏，用户隐私信息免遭不当收集与利用。

网络不安全事件传播快、破坏面广。网络不安全事件在互联网上传播速度快、破坏面广。如 2006 年底湖北李俊编写的"熊猫烧香"病毒，在互联网上快速传播，感染了数百万台计算机。2009 年 5 月的暴风门事件造成了浙江、天津、北京、上海、河北、山西、内蒙古、辽宁、吉林、江苏、黑龙江、浙江、安徽、湖北、广西、广东等地区网络瘫痪。

危害网络安全的方式层出不穷。互联网是一个开放网络，危害网络安全的新方式层出不穷、防不胜防。以网络攻击为例，最近几年出现了新的发展趋势：自动化程度和攻击速度不断提高，攻击者可以利用分布式等新技术加快攻击速度，像红色代码和尼姆达这类工具能够自我传播，在不到 18 个小时内就达到全球饱和点；攻击工具越来越先进，自我更新能力强，传统手段难以侦破，可绕过多种防火墙；网络上的安全漏洞被广泛利用，新发现的安全漏洞每年都要增加一倍，入侵者常常在厂商修补这些漏洞前发现攻击目标。

社会经济损失巨大。网络不安全给企业、政府、网民等所有网络使用者都带来了巨大的损失，网络使用者要额外投入大量设备和人力保证系统安全运行，网络安全事件给使用者造成了各种直接和间接损失，有些甚至危及企业生存和国家安全。

2. 不良信息危害

互联网不良信息没有明确共识，通常认为，网络不良信息是指互联网上那些容易给人的精神带来污染，使人的思想产生混乱，让人的心理变得异常的信息，常见的不良信息包括色情信息、暴力恐怖信息、伪科学与迷信信息、消沉厌世信息、虚假信息等等。

淫秽色情信息已成为公众举报的数量最多的不良信息。未成年人出于好奇心往往会主动浏览、收集有关色情内容，但他们缺乏对事物的辨别能力及自控能力，其生理、心理和思维尚处在发育和发展过程中，色情信息严重影响他们的身心健康，给他们的学习和生活带来许多障碍。

恐怖暴力信息指以非理性的方式宣扬喋血、斗殴、绑架、强暴、凶杀和战争恐怖等内容，让人丧失同情心，日益变得好勇好斗，为达到个人目的而不择手段的信息。大量暴力信息通过网络游戏得以传播，如部分网络游戏以刺激、暴力和打斗等内容吸引未成年人参加，未成年人很容易沉迷其中，甚至将暴力延伸到现实社会中，组建帮会，实施暴力，危害社会。

伪科学与迷信信息指以非科学的方式封闭人的思维、奴役人的精神的信息。如，一些人通过网络开展算命、测字、装神弄鬼等活动，一些人甚至打着"科学"的旗号宣传伪科学，让大量群众上当受骗。

消沉厌世信息指渲染悲观情绪使人的心理健康产生问题的信息。一些成年和未成年人在工作、生活、学习遇到挫折时，可能从网上寻找慰藉，网络上的悲观厌世信息可能让网民产生共鸣，在网络不良信息的唆使下滋生轻生和弃世的念头。

虚假信息指故意编造错误信息，对网民造成误导。有的杜撰虚假消息，有的编造错误的知识，有的乱造词语等等，对青少年危害较大。

网络不良信息对社会和谐造成严重威胁。北京市海淀区检察院在2009年公布了一组数据：在他们承办的未成年人犯罪案件中，80%以上的未成年人犯罪与接触网络不良信息有关。在未成年犯中，"经常进网吧"的占93%，"沉迷网络"的占85%，上网主要目的是"聊天、游戏、浏览黄色网页"的达92%。而网吧几乎成了"90后"犯罪团伙的聚集地和犯罪行为的高发地，许多"90后"犯罪团伙成员大都在网吧内结识。

3. 网络犯罪

网络犯罪的范围依赖于一国刑法条款。网络上很多行为具有危害性，有些行为是违法行为，有些则是违反社会道德、破坏纪律的行为。只有那些社会危害达到一定程度需要采用刑罚手段予以制裁时，刑法才规定为犯罪。由于法律滞后于网络的发展，我国刑法关于网络犯罪的规定可能还不完善。一般而言，网络犯罪包括两类情况：针对计算机网络的犯罪；利用计算机网络实施的犯罪。

针对计算机网络的犯罪层出不穷，世界各国和一些国际组织都在研究制定相关的法律，其中2004年7月1日生效的欧洲理事会《关于网络犯罪的公约》值得借鉴，它包括以下几种情况：非法侵入计算机系统罪，即故意实施的非授权侵入他人计算机系统的全部或者部分的行为；非法拦截计算机数据罪，即未经授权利用技术手段故意拦截计算机数据的非公开传输的行为；非法干扰计算机数据罪，即非授权故意损坏、删除、危害、修改、妨碍使用计算机数据的行为；非法干扰计算机系统罪，是指非授权故意输入、传输、损坏、删除、危害、修改或者妨碍使用计算机数据，严重妨碍计算机系统功能的行为等等。

利用计算机网络实施的犯罪只是传统犯罪在网络时代的新形式，按照现有刑法规定就可以处罚，利用计算机、网络实施犯罪的行为形式不增减罪行的社会危害性，也不对犯罪人的刑事责任有加重或减轻的影响。根据我国法律，该类犯罪主要包括：利用互联网造谣、诽谤或者发表、传播其他有害信息，煽动颠覆国家政权、推翻社会主义制度，或者煽动分裂国家、破坏国家统一；通过互联网窃取、泄露国家秘密、情报或者军事秘密；利用互联网煽动民族仇恨、民族歧视，破坏民族团结；利用互联网组织邪教组织、联络邪教组织成员，破坏国家法律、行政法规实施；利用计算机实施金融诈骗罪；利用计算机实施盗窃罪；利用计算机实施贪污、挪用公款罪；利用计算机窃取国家秘密罪；利用计算机实施电子讹诈；网上走私；网上非法交易；电子色情服务；网络虚假广告；网上洗钱；网上诈骗；电子盗窃；网上毁损商誉；在线侮辱、毁谤；网上侵犯商业秘密；网上组织邪教组织；在线间谍；网上刺探、提供国家机密的犯罪等等。

由于网络的普及以及取证难度大，网络犯罪成为犯罪新动向。国内外的相关报道表明，最近几年网络犯罪呈现出快速增长趋势，有些地方的案件数量甚至连续数年成倍增长，引起了社会的广泛关注。

三、从权威管理走向共同治理

由于互联网的特殊性质，传统的权威管理模式陷入困境，新的共同治理模式正在逐步形成。具体而言，必须改变以政府为主体、以业务许可制为基础的自上而下的传统管理模式，采取多方参与、以事中和事后监管为重点的互动合作的治理模式。

（一）传统的权威管理模式的特点

1. 以政府为主体的自上而下的管理

权威管理模式表现为政府自上而下的管理，基本特点是：互联网相关活动和问题由政府分部门分工负责管理，如网络资源、网络新闻、网络文化活动、网络出版、网络支付、网络视频、网络地图、网络医疗、信息安全、产业促进等等由国家不同部门管理，基本上遵循传统职能延伸到网络的原则；相关部门根据本部门的职责制定互联网管理政策，颁布各项管理规定，基本上延续传统业务的管理思路；相关部门的管理手段主要为事前审批和事后处罚两类；政府在制定和执行政策时，有时沟通交流不充分，较多考虑本部门目标，容易忽视其他部门目标和产业界利益。

我国的互联网管理主要延续了传统的权威管理思路。自 2000 年以来，几乎所有的政府部门都出台了互联网管理法规，将业务管理延伸到互联网上，主要包括：《互联网 IP 地址备案管理办法》、《中国互联网络域名管理办法》、《互联网电子邮件服务管理办法》、《互联网信息服务管理办法》、《非经营性互联网信息服务备案管理办法》、《互联网新闻信息服务管理规定》、《互联网药品信息服务管理办法》、《互联网著作权行政保护办法》、《互联网上网服务营业场所管理条例》、《互联网文化管理暂行规定》、《网络游戏暂行管理办法》、《互联网医疗卫生信息服务管理办法》、《互联网视听节目服务管理规定》、《互联网出版管理暂行规定》、《网络商品交易及有关服务行为管理暂行办法》、《非金融机构支付服务管理办法》、《网上证券委托暂行管理办法》等等。这些管理法规具有相似的内容：管理规定要实现的目标；主管部门管辖的业务范围；主管部门对网上业务实行审批制；经营单位遵纪守法的相关要求；违规处罚措施。这些管理规定成为相关主管部门管理互联网的主要法律依据，也反映了主管部门的管理思路。相关部门在实践中也基本遵循这些管理规定，很少采用管理规定之外的措施，以免受到"不依法行政"的指责。

2. 以业务许可为管理基础

几乎所有的行业主管部门都对互联网上的相关业务实施许可管理，包括：新闻主管部门分类审批网络新闻业务、文化行政管理部门审批网络文化业务、新闻出版管理部门审批网络出版业务、人民银行审批网络支付业务、广播电视管理部门审批网络视听业务、国家测绘局审批网络地图业务、卫生行政部门审批网络医疗业务。

法规确定的审批标准不仅严格，而且还存在若干模糊条款，为主管部门提供了较大的裁量空间。例如，《互联网视听节目服务管理规定》规定，申请从事互联网视听节目服务的，应当同时具备以下条件：（1）具备法人资格，为国有独资或国有控股单位，且在申请之日前三年内无违法违规记录；（2）有健全的节目安全传播管理制度和安全保护技术措施；（3）有与其业务相适应并符合国家规定的视听节目资源；（4）有与其业务相适应的技术能力、网络资源和资金，且资金来源合法；（5）有与其业务相适应的专业人员，且主要出资者和经营者在申请之日前三年内无违法违规记录；（6）技术方案符合国家标准、行业标准和技术规范；（7）符合国务院广播电影电视主管部门确定的互联网视听节目服务总体规划、布局和业务指导目录；（8）符合法律、行政法规和国家有关规定的条件。在以上条款中，第（1）条规定的"国有独资或国有控股单位"就将绝大多数互联网企业排除在外，第（2）、（3）、（4）、（5）、（6）、（7）条规定具有一定的模糊性，申请者事前无法判断是否达标，判断标准完全掌握在审批者手中。

业务许可是传统管理的基础。业务许可管理的理由：首先，互联网企业数量众多，截至 2009 年底，国内网站数量达到 323 万个；第二，互联网业务进入门槛低，且容易通过链接整合资源；第三，事后监管需要专门建立机构和能力，周期比较长；第四，行政管理部门面临各方的压力较大，重视短期目标，"怕出事"的心态突出。基于以上考虑，主管部门希望通过业务许可来减少监管对象数量，降低监管成本，为事后监管创造有利条件。

3. 以规范为主要目标

行业主管部门将"规范"作为主要目标有其客观原因。首先，行业主管部门面临各方面的压力，必须高度重视互联网上出现的负面现象。第二，行业主管部门一般都同时主管网络和非网络业务，前者混乱，后者有序，二者存在一定的替代竞争关系，行业主管部门觉得传统业务更加可靠，对互联网业务实施严格管制可减少对传统业务的冲击。第三，消除互联网上的弊端比互联网的发展显得更加迫切，互联网的发展是长期性问题。

行业主管部门如果着眼于规范，其政策自然就会走向传统的管理方式，包括事前采用业务许可制度以提高进入门槛，事后加强管理以取缔违法违规行为。行业主管部门可能会忽视互联网发展问题，既缺乏发展目标，也缺乏促进发展的有效手段。

（二）传统的权威管理模式陷入困境

1. 未经许可的业务大量泛滥

未经许可的业务屡禁不止，甚至大量泛滥。例如：颁布于 2008 年的《互联网视听节目服务管理规定》开始实施时，国内市场已经存在数百家在线视频企业，提供视听节目下载的网站不计其数。但是，截止到 2009 年底，全国颁发的互联网视听节目许可证只有 398 张，其中主流媒体 213 家，占全部总数的 53.5%[①]。按照《互联网视听节目服务管理规定》，大量依靠风险资本设立的民营企业根本不可能获得经营许可，只能非法经营。根

---

①　数据来源：《2010 中国广播电影电视发展报告》。

据媒体报道，2003 年实施《互联网文化管理暂行规定》以来，文化部责成地方文化执法部门对非法经营音乐活动的情况进行了摸底调查，仅 2010 年文化部就对 500 多家网络音乐网站进行了清理，其中 237 家网络音乐网站涉嫌未依法办理许可或备案手续，擅自提供网络音乐产品的播放、试听、使用和下载等服务。根据《互联网出版管理暂行规定》，国家新闻出版署于 2010 年 11 月给首批共 30 家企业颁发了电子书从业资质，发放的牌照共分四类，中国出版集团等 4 家传统出版社获得电子书出版资质，汉王科技、盛大文学等 13 家企业获得电子书复制资质，8 家企业获得电子书发行资质，中国图书进出口集团等 5 家企业获得电子书进出口资质。现实情况是，互联网上成千上万的网站提供多媒体资料下载服务。

业务许可制度并没有实现"提高门槛，限制数量"的目标，相反，行业管理部门面临更加尴尬的局面：少数网站获得许可牌照，绝大多数网站处于非法运营的状态。这种状况一方面损害了政府的权威，另一方面也给多数网站的长期发展蒙上阴影。

互联网的性质决定了业务许可制度难以真正实施。首先，互联网企业数量众多，监管部门人力资源有限，通过许可管理的难度很大。第二，业务进入门槛低，大量微型企业通过互联网开展信息服务，一开始并不打算费时费力去申请遥不可及的牌照，等到业务发展到一定规模再考虑牌照问题。第三，政府的处罚对少量上规模的企业具有一定的威慑作用，对大量的微型企业几乎没有作用，即使监管部门关闭其网站，这些企业很容易重新开业，只需要拷贝一下数据换个域名即可。第四，互联网是全球性网络，网站搬迁非常容易，一旦国内管制过严，大量微型企业就会将网站搬到国外，国内的监管将更加困难。2010 年就曾出现过这种趋势。第五，互联网业务没有明确的边界，可以说几乎所有的应用都具有多媒体特征，这既为企业寻找宽松监管提供了机会，也造成了多部门监管的困难。第六，互联网上业务创新层出不穷，大量企业通过业务创新回避监管。如新闻主管部门只允许少数企业经营新闻业务，包括有关政治、经济、军事、外交等社会公共事务的报道、评论，以及有关社会突发事件的报道、评论，但大量网站并没有去申请新闻主管部门的许可，而是通过"论坛"、"博客"、"跟帖"等方式随时发布新闻或新闻评论。

2. 互联网创新和发展受到抑制

创新是互联网的灵魂，没有创新就没有互联网，更没有互联网的发展。在信息社会，互联网以及互联网企业的发展决定了未来一个国家的整体竞争力，因此互联网创新和发展具有重要战略意义。

我国在互联网领域实施的严格的市场准入管制制约了互联网的创新和发展。一方面，互联网创新主力是成千上万的中小企业和个人。在国外，IBM、微软等传统的信息企业受限于既得利益在互联网创新上裹足不前，Google、亚马逊、Twitter等新兴企业成为互联网创新的先锋。在中国，传统企业和事业单位缺乏创新的动力，新浪、阿里巴巴、百度、腾讯等新兴企业迅速成长。另一方面，我国在互联网领域制定了严格的市场准入管制，信息产业主管部门和行业主管部门都建立了审批制度。从政府部门颁布的审批条件看，大量中小企业被直接排除在许可之外。从实践看，有关部门也利用了审批条件的模糊性，从紧从严限制企业的进入。可以说，市场准入管制剥夺了互联网创新的主要力量开展创新的机会。

不断推出的市场准入管制增加了企业创新的风险。互联网创新的高失败率是制约互联网创新的基础因素，互联网风险投资的失败率高达70%，普通创业者的失败率更是超过90%。在一些行业，少数互联网企业历尽艰辛战胜了市场风浪发展到一定规模后，突然发现不得不面对政策风险。一些行业管理部门为"规范行业发展"实施严格的市场准入管制，要求所有企业都要申请牌照才能经营。这些事后颁布的市场准入管制无疑增加了创新企业的风险，抑制了创新的积极性。

我国在互联网领域的"先发展、后规范"思路无疑是正确的。互联网上的创新层出不穷，监管部门不可能事先预见到新生事物的发展状况，因此必须采取"先发展、后规范"的思路。问题是"规范"并不等于"市场准入管制"，不能让"规范"与"发展"对立起来，更不能因噎废食。

3. 政府有限的资源难以应对互联网无穷的新变化

为应对互联网上不断涌现的违法违规现象，监管部门通常采取"专项治理"予以压制。如：从2009年12月到2010年5月底，中央外宣办、全国"扫黄打非"办、新闻出版总署等九部门将在全国范围内联合开展深入整治互联网和手机媒体淫秽色情及低俗信息专项行动；2010年7月21日，国家版权局、公安部、工信部联合启动为期3个月的2010年打击网络侵权盗版专项治理"剑网行动"。这些"专项治理"取得了一定成绩，但是应该看到，尽管"专项治理"一次比一次严厉，网络违法违规现象并没有退出互联网，它们变着戏法，玩起了"捉迷藏"：有些迫于高压态势，暂时躲藏起来，等待合适时机卷土重来；有的倒霉认栽，打算风头过后改头换面重新开张；有的则利用境外服务器，远程继续服务。由此可见，市场更加需要治本的长效机制。

在互联网监管中，政府部门总体上表现得较为被动，常常充当"救火队"角色。其根源是政府有限的资源难以应对互联网无穷的新变化。一方面，网站数量众多，国内超过300万个，全球网站数量更多，而且，互联网上技术应用变化无穷，网站可以通过各种技术手段规避监管。另一方面，政府资源非常有限。从中央各个部门到地方政府，虽然形成了"齐抓共管"的局面，但是每个部门真正从事互联网监管的人手非常有限，而且能力水平也参差不齐，根本不可能实现既定的监管目标。

（三）权威从管理走向共同治理

互联网的基本特性让传统管理方式失去了威力，它要求我们采取共同治理的新模式：政府、企业、社会组织和公民，根据各自的作用，共同制定和实施互联网的规则，促进互联网安全、健康、快速发展。

共同治理模式具有三项基本特点。

1. 多方参与的互动合作

互联网治理的基础是互联网的基本特性。互联网不是传统的"中央控制型"网络，而是"去中心化"的网络。在传统的"中央控制型"网络上，如电信、广电网络，政府可以通过控制核心部门来监管整个网络，以较小的成本和较高的效率实现政策目标。在"去中心化"的互联网上，每个用户都是平等关系，每个网站都可以成为"电视台"或"商店"，如果采用传统的管理方式，政府的有限资源根本无法监管整个互联网络。

互联网是权利分散的网络，所有相关参与者都在网络构建和发展中发挥重要作用。例如：通信运营商参与制定和执行数据传输的规则，软件和设备企业通过产品运行方式确定网络运行规则（或者说"软件即规则"），网络应用企业通过制定用户参与方式确定合作规则，技术标准组织通过企业协商制定网络技术标准，产业联盟通过企业间的自愿合作解决产业共性问题，行业协会等社会组织提出共识性自律，用户可以事前不受限制地按照任何方式使用网络和丰富网络，等等。

权利分散的网络需要所有参与者共同制定和执行规则。一方面，利益相关者共同参与制定的规则可以集思广益，可以兼顾各方利益，成为互联网"善治"的基础。另一方面，在利益相关者达成"共识"的基础上，相关规则将得到绝大多数人的拥护，其中多数人会按照"共识"调整自身行为，少数不遵守"共识"的人将被多数人以各种方式进行纠正，包括劝诫、谴责、技术措施、处罚等。

互联网治理不排除政府的作用，恰恰相反，政府的作用是不可替代的。网络"无政府主义"虽然非常流行，但并不现实，因为实践已经证明，他们宣称的"我们只相信多数人的意见与运行法则"并不能解决互联网中既有的沉疴痼疾。实际上，在公平的社会中，政府本来就是代表公民行使权力，政府可以利用强制手段解决市场、共识协商、自律自治等手段难以解决的问题。

在互联网治理中，政府和各种社会力量形成互动合作关系。一方面，政府要积极动员社会力量参与互联网治理，对社会可以解决的问题逐步放手、放权；另一方面，政府对于社会解决不了的问题，必须配置充分资源予以解决。

总之，多方参与的互动合作有助于建立和谐的网络乃至有助于建立和谐的现实社会。它可以增加各种规则的透明度，鼓励公民广泛参与规则制定，提高规则的科学性和民主性，提升公民对规则的认同感和责任感，促进公民社会的形成。

2. 以事中和事后监管为重点

根据互联网的基本特性，监管部门应采取"取消事前许可，加强事前、事中和事后监管"的思路。取消事前许可，并不是说放弃事前监管，正好相反，政府应加强事前监管，通过备案制等方式将所有的应该纳入监管的网站都纳入监管范围。在传统的"业务许可"制度下，行业监管部门监管的重点是获得许可的网站，未获得许可的企业属于非法经营，一般不纳入日常监管，主要依靠"专项行动"的联合执法予以打击。在新的体制下，行业监管部门努力将所有的相关网站都纳入日常监管范围，提高行业监管的效果。

将事中和事后监管作为监管重点。在取消或放松市场准入的同时，必须加强事中和事后监管。加强事中事后监管，应尽量做到违法必究，以提高监管的效果。必须指出的是，事中和事后监管并不是消除互联网弊端的"独门绝招"，它只是整个互联网治理体系中的一部分，是互联网治理的最后防线。互联网治理依靠的是整体效果，包括制定完善的法律法规，社会力量的广泛参与，以及政府在事中和事后的强制措施等等。

3. 发展与规范双目标并重

互联网治理的目标是促进网络安全、健康、快速发展。既要网络安全、健康，又要网络发展，但归根到底还是要发展。

互联网治理强调创新，利用创新来解决既有问题。例如，为了提高网络安全，可以鼓励企业开发更好的技术，可以鼓励企业采用第三方认证等新的商业模式；为了应对不良信息，可以鼓励国内企业发展更加吸引眼球的内容，可以开发更加有效的过滤技术。

互联网治理重视市场公平竞争。让尽可能多的企业参与市场竞争，可以为用户提供更加多样化的产品，满足不同偏好的用户的需求；可以推动企业不断改进经营和管理，培养出优秀的企业经营人才，并通过优胜劣汰的机制产生具有国际竞争力的互联网企业。

互联网治理强调依法办事。完善的法律法规为企业提供了明确的行动指南，减少企业发展的不确定性。

互联网治理强调"鼓励性"与"限制性"手段并重。一方面，政府部门可以通过各种鼓励性政策，培养中国的优秀互联网企业，承载先进的思想文化，发展电子商务和电子政务；另一方面，监管部门对于违法违规行为一定要予以坚决打击。

表 1.2　　　　　　　　权威管理与共同治理的比较

	权威管理	共同治理
目　　标	规范为主	发展与规范并重
主　　体	政府	所有参与者
手　　段	法律法规	法律法规、协商共识、自律自治等
机　　制	自上而下	自上而下、自下而上、横向协商等

四、新的治理机制初现端倪

在过去的 20 多年里，中国和世界其他国家都在探索互联网治理的方式，并取得了一定的经验，互联网治理的新机制初现端倪。

（一）中国互联网治理的经验

我国互联网领域治理实践中形成大量的宝贵经验，通过总结和积累经验可以逐步探索出具有中国特色的互联网治理模式。这些经验包括以下几方面。

1. 网民开始发挥积极作用

网民共同努力创造了巨大的信息库，整个互联网就是一个浩瀚的数字图书馆和多媒体文化馆。网民除了独自编撰网络内容外，还发明了自愿合作编写网络百科全书的新模式。

网民通过网络形成社会舆论，在民意表达、参政议政、社会监督等方面发挥了越来越重要的作用。"孙志刚事件"导致了一部法律的废除，"最牛钉子户事件"、山西"黑砖窑事件"、陕西"华南虎照事件"、贵州"躲猫猫事件"、湖北"邓玉娇案"等表明普通百姓开始拥有自己的表达申诉渠道。

网民是互联网社区的参与者和维护者。网民不仅在网络上自由发表意见，也是维护网络健康发展的重要力量。比如，有些网民自愿成为论坛的"版主"，义务对论坛言论进行管理，"自治"成为许多大型论坛的主要形式；有些网民对网络不当言论进行纠正或谴责，如在博客后面发送跟帖帮助作者纠正错误信息或不良言论；有些网民主动向行业组织和行业监管部门举报违法违规信息，为行业监管提供方便；一个新的例子是，2010年12月7日20点19分一网友在微博上发出"金庸去世"的消息并被网民疯狂转发，但在该信息传递22分钟后即被另一条微博证实为谣言，该事件从另一方面证明了微博背后的集体力量，信息在传播过程中经过众人转贴、加工、修改、"投票"后会更趋于真实，正好印证了"谣言止于智者"的古训。

网民在互联网体验中不断适应和成熟。绝大多数网民都开始认识到网络安全的重要性，并采取了各种措施防止不安全事件发生；多数网民已经意识到网络内容有精华也有糟粕，开始主动选择主流网站，并引导管理孩子的上网行为；多数网民都认识到网络信用的缺失，在电子商务上采取了"货到付款"、"第三方支付"等手段防止网络诈骗的发生。

2. 互联网服务企业正在成为互联网治理的关键环节

电信企业主动承担社会责任，积极开展黄色信息的封堵工作。例如，中国移动建成了覆盖全国的自动化、智能化拨测体系。该系统具备强大的自动拨测能力和智能图像识别能力，拨测效率比人工拨测提高了1.5万倍。对于拨测出的可疑不良信息，公司组织专人进行人工复核，对于复核确认的"涉黄"网站实现了实时的自动封堵。公司还制定颁布了《中国移动信息安全责任管理办法》、《中国移动信息安全责任矩阵》等多项管理制度，为公司信息安全工作打下了制度基础。

信息服务企业是网络社区的重要组织者，在一些网络社区制定了相应的社区规则，促进网络社区健康发展。例如，新浪为网络新闻制定了《新浪网编辑手册》和《新浪主页推荐规范》，对新闻制作的流程和标准做了详细的规定。搜狐为论坛业务制定了《搜狐社区 ID、昵称管理暂行规定》、《搜狐社区斑竹申请管理规定》、《搜狐社区斑竹、管理员工作条例》、《搜狐社区斑竹请销假制度》、《搜狐社区论坛及论坛斑竹审核制度》、《搜狐社区内容管理员架构》、《搜狐社区论坛扫水员管理制度》、《搜狐社区首席斑竹制度》、《搜狐社区内容管理员审核制度》、《搜狐社区新手引导团队管理制度》等制度体系，对网络论坛进行有效管理。主流的网络信息服务企业都通过技术手段在事中和事后对网络信息进行主动管理。

信息服务企业在引导社会舆论方面发挥积极作用。2010 年 9 月，人民网正式推出"直通中南海——中央领导人和中央机构留言板"，大量网友在留言板中给中央领导人和中央机构提出意见、建议。网友留言可以个人的"网友"身份，也可以"党组织"或单位名义。大量网友给胡锦涛总书记、温家宝总理等主要领导和中组部、中纪委等重要部门留下了大量建议。每年"两会"期间，中央和地方的新闻部门都会开通网络交流渠道，为社会公众参政议政提供渠道。新华网每年都制作"两会"专栏，对政协和人大会议的开幕式进行现场直播，让广大网友在第一时间了解大会实况。"两会网报"以电子报的形式，汇集新华社和新华网的两会报道，并及时传递会外民声和网民建言。"两会网报"实现了一天多次出报、滚动出报、即时出报的功能，大幅增加了新闻信息传播的时效性。

电子商务企业通过商业和技术创新基本解决了网络交易诚信这个影响电子商务发展的关键性问题。例如，淘宝网建立消费者保障体系，内容包括：第三方支付、7 天无理由退换货、假一赔三、闪电发货、正品保障、30 天维修；易趣网建立了安全四重奏体系，内容包括：用户认证、信用评价、安付通、网络警察；当当网建立了无忧购物体系，内容包括：服务支持、货到付款、假一赔五、差价返还、7 天退货、15 天换货；京东商城在中消协设立 500 万元的"先行赔付保证金",用于在京东商城购物发生纠纷时,对因京东商城所销售的产品和提供的服务而遭受损害的消费者进行先行赔付,等等。这些创新为近年电子商务的爆炸性增长创造了条件。

技术服务企业开发出丰富多彩的产品,或者提供更加专业化的安全服务。国内涌现出大量优秀的互联网技术企业,如华为、中兴通讯、东软、联想、方正、神州数码、360、腾讯、瑞星等等,为互联网络发展提供了先进产品和优质服务。

3. 社会组织的重要作用逐步体现

互联网行业协会成为互联网治理的重要角色,例如中国互联网协会的职能包括:团结互联网行业相关企业、事业单位和社会团体,充当政府与企业的桥梁;制订并实施互联网行业规范和自律公约;开展我国互联网行业发展状况的调查与研究工作,促进互联网的发展和普及应用;组织开展有益于互联网发展的研讨、论坛等活动,促进互联网行业内的交流与合作;组织国内互联网相关企事业单位参与国际互联网有关组织的活动,在国际互联网事务中发挥积极作用等等。该协会倡导制定了《中国互联网行业自律公约》、《互联网站禁止传播淫秽色情等不良信息自律规范》、《抵制恶意软件自律公约》、《博客服务自律公约》、《反网络病毒自律公约》、《中国互联网行业版权自律宣言》等自律公约,为行业健康发展作出了贡献。

中国互联网络信息中心负责管理中国互联网域名和地址,并代表中国参与国际互联网社群。该机构不仅在管理互联网关键资源、维护互联网运转等方面发挥了关键作用,还协助监管部门加强互联网监管,如:落实域名申请者实名制,落实网站备案制度,依法停止涉黄网站域名解析等等。

2008 年成立的中国反钓鱼网站联盟是为解决互联网领域频繁出现的网络钓鱼及网络欺诈问题而成立的公益性行业组织,由国内银行证券机构、电子商务网站、域名注册管理机构、域名注册服务机构、专家学者等共同组成,参加联盟的企业超过 150 家。该联盟充分发挥了各方面机构的作用,对钓鱼网站进行了快速高效的处理,有力地保护了重要企业和广大用户的利益。据统计，该联盟运行以来，CN 域名下的钓鱼网站迅速减少，非 CN 域名钓鱼网站数量明显增多。国内注册域名的钓鱼网站迅速减少，国外注册域名的钓鱼网站数量明显增加，这既反映出联盟发挥了积极作用，又反映出互联网治理需要国际合作。

4. 政府部门开始积极主动利用网络

据统计，截至 2009 年底，中国各级政府及组织机构网站数量已近 7 万个，其中，中央级网站 122 个，省级网站 2241 个，地市级网站 17948 个，县区级以下网站 48466 个。目前 100% 的国务院组成部门和省级政府、95% 以上的地市级地方政府、85% 以上的区县级地方政府建成了政府网站。一个电子化政府的体系日趋形成。尽管政府部门在网络办公方面发展水平参差不齐，还存在多方面的问题，但政府部门利用网络提高办公效率已经成为总体趋势。

一些部门开始积极利用网络提高政府决策的民主性和科学性。从中央到地方，越来越多的政府部门将拟出台的政策放在网络上征求社会公众意见。例如：国家发改委开展"十二五"规划建言献策活动，通过网络请全国人民为编制好"十二五"规划《纲要》出谋划策；国务院法制办在网站上设立了"法规规章草案意见征集系统"，供网民在线填写意见。

一些政府部门开始利用网络解决工作中的难题。例如，公安部门将"110"延伸到网络微博。2010 年 2 月，首个公安微博"平安肇庆"诞生，随后，广东 21 个地级市及省公安厅的官方微博相继开通，广东省公安厅将各地的公安微博联系起来，形成全国第一个微博群。广东公安每个微博都有民警专门负责，在线与网友保持互动。不少网友通过微博举报，提供有价值的破案线索。对于一些涉警、涉及社会管理的传闻，公安微博及时予以调查澄清。北京市公安局"平安北京"官方博客、微博和播客在新浪、搜狐、网易、酷 6 播客四大网站正式同步开通，到 2010 年底全国各地超过 500 家公安部门开通了微博、微博群，网友将一系列公安微博统称为"微博 110"。网络微博在公众参与、信息发布、警民对话等方面发挥了重要作用，为社会稳定作出了贡献。

5. 互联网的立法与执法工作逐步加强

1994 年以来，国家颁布了一系列与互联网管理相关的法律法规，主要包括《全国人民代表大会常务委员会关于维护互联网安全的决定》、《中华人民共和国电子签名法》、《中华人民共和国电信条例》、《互联网信息服务管理办法》、《中华人民共和国计算机信息系统安全保护条例》、《信息网络传播权保护条例》、《计算机信息网络国际联网安全保护管理办法》、《互联网新闻信息服务管理规定》等。《中华人民共和国刑法》、《中华人民共和国民法通则》、《中华人民共和国著作权法》、《中华人民共和国未成年人保护法》、《中华人民共和国治安管理处罚法》等法律的相关条款适用于互联网管理。这些法律法规涉及互联网基础资源管理、信息传播规范、信息安全保障等主要方面，对互联网企业、网民和政府管理部门等行为主体的责任与义务作出了规定。

执法部门不断加强执法力度。例如，公安部门已经设立了公共信息网络监察部门，以专门用于应付网络犯罪。从 1998 年开始，公安机关陆续扩编其原先所辖的计算机信息监管队伍，成立"公共信息网络监察处"，有些地区还将该工作延伸到区一级的公安分局，在分局成立相应的科（股），负责互联网的监管，为加强网络信息的管理以及有力地打击网络犯罪提供了组织保证和人员保证。2010 年，公安部门开展了集中打击黑客攻击破坏活动专项行动，共破获黑客攻击破坏违法犯罪案件 180 起，抓获各类违法犯罪嫌疑人 460 余名；通过开展扫黄打非活动，2010 年共破获网络淫秽色情案件 3970 起，查处违法犯罪嫌疑人 4965 名。

（二）全球互联网治理的经验

1. 全球互联网治理已经形成基本共识

2004 年，联合国秘书长根据 2003 年 12 月 10 日至 12 日在日内瓦举行的信息社会世界首脑会议第一阶段会议的授权设立互联网工作组，吸收来自政府、私营部门和民间社会的 40 名成员，成员以个人身份平等参与工作。该工作组提出了互联网治理的工作定义："互联网治理是政府、私营部门和民间社会根据各自的作用制定和实施旨在规范互联网发展和使用的共同原则、准则、规则、决策程序和方案。"

该工作组在实际调查的基础上，确定了公共政策的四大领域：一是与基础设施和互联网重要资源管理有关的问题，包括域名系统和互联网协议地址（IP地址）管理、根服务器系统管理、技术标准、互传和互联、包括创新和融合技术在内的电信基础设施以及语文多样性等问题。这些问题与互联网治理有着直接关系，并且属于现有负责处理此类事务的组织的工作范围；二是与互联网使用有关的问题，包括垃圾邮件、网络安全和网络犯罪。这些问题与互联网治理直接有关，但所需全球合作的性质尚不明确；三是与互联网有关、但影响范围远远超过互联网并由现有组织负责处理的问题，比如知识产权和国际贸易；四是互联网治理的发展方面相关问题，特别是发展中国家的能力建设。

工作组提出了政府、私营部门和民间社会的作用。政府的作用和责任包括：在国家一级酌情进行公共政策的决定、协调和执行，并在区域和国际级别上的政策制定和协调。为信息和通信技术发展创造有利环境。监督职能。制定和通过法律、条例和标准。制定条约。确立最佳实践。促进信息和通信技术方面的能力建设，并通过信息和通信技术开展能力建设。推动技术和标准的研究和发展。推动普及信息和通信技术服务。打击网络犯罪。促进国际和区域合作。推动基础设施及信息和通信技术应用的发展。探讨总的发展方面问题。促进多语种和多文化。争端的解决和仲裁。私营部门的作用和责任包括：业内的自行规范。确立最佳实践。为决策人员和其他利益有关者确定政策提议、准则和工具。技术、标准和进程的研究和发展。协助起草国家法律，参加国家和国际政策发展。促进创新。仲裁和争端解决。促进能力建设。民间社会的作用和责任包括：提高意识和能力建设（知识、培训、技能分享）。促进实现各种公益目标。协助建立网络。动员公民参加民主进程。兼顾受排挤群体的意见，包括受排斥社区和基层活动人员的意见。参加政策进程。在一系列信息和通信技术政策领域提供各种专长、技能、经验和知识。协助自下而上、以人为本和包容各方的政策进程和政策。研究和发展技术和标准。发展和推广最佳实践。协助确保政治和市场力量能够顾及社会所有成员的需求。鼓励社会责任和善政实践。倡导开展可能不"时髦"或不赢利但必不可少的社会项目和活动。协助在人权、可持续发展、社会公正和赋予权能基础上，规划以人为本的信息社会远景。

工作组还提出了高度优先的问题，包括：根区文件和系统的管理，互联费用，网络稳定性、安全性和网络犯罪，垃圾邮件，对全球政策制定的有效参与，能力建设，域名分配，协议地址，知识产权，言论自由，数据保护权和隐私权，消费者权利，语文多样性共 13 项。

2. 全球互联网治理合作开始起步

世界各国都认识到国际合作的重要性，一些国际组织进行了积极努力。

2005 年联合国突尼斯峰会形成了一个成果，由联合国秘书长召集建立一个政府、私营机构、民间团体、个人都可以平等参与，对互联网公共政策进行讨论的互联网治理论坛（IGF）。IGF 为各利益攸关方讨论互联网关键资源管理、安全、开放、隐私、多样性及新兴问题提供了一个联合国层面的场所，为世界各国相互了解、学习经验带来了便利。

世界各国在互联网资源管理上加强合作。在世界各国的要求下，美国改进了单方面控制互联网的做法，于 1998 年 10 月成立了非营利性的国际组织 ICANN，它是一个集合了全球网络界商业、技术及学术各领域专家的非营利性国际组织，负责互联网协议（IP）地址的空间分配、协议标识符的指派、通用顶级域名（gTLD）以及国家和地区顶级域名（ccTLD）系统的管理、根服务器系统的管理。ICANN 理事会是 ICANN 的核心权力机构，共由 19 位理事组成，理事来自世界各国。但是，美国在互联网上仍然拥有强大控制力，如：DNS 根服务器的最终管理权与控制权在美国政府的手里，并且只有美国政府可以授权对 DNS 根服务器中的根区文件进行修改。美国可以凭借在域名管理上的特权，对其他国家的网络使用情况进行监控。

2001 年 11 月由欧洲理事会的 26 个欧盟成员国以及美国、加拿大、日本和南非等 30 个国家的政府官员在布达佩斯所共同签署的国际公约《网络犯罪公约》，成为全世界第一部针对网络犯罪行为所制订的国际公约。网络犯罪公约制定了签署国需要对九类网络犯罪行为以刑法处罚，包括：非法存取、非法截取、资料干扰、系统干扰、设备滥用、伪造电脑资料、电脑诈骗、儿童色情的犯罪、侵犯著作权及相关权利的行为等。

中国积极参与互联网的国际合作。中国派代表参加了历届信息社会世界峰会（WSIS）及与互联网相关的其他重要国际或区域性会议。2009 年中国分别与东盟和上合组织成员国签订了《中国—东盟电信监管理事会关于网络安全问题的合作框架》和《上合组织成员国保障国际信息安全政府间合作协定》。中国公安机关参加了国际刑警组织亚洲及南太平洋地区信息技术犯罪工作组、中美执法合作联合联络小组（JLG）等国际合作，并先后与美国、英国、德国、意大利、香港等国家或地区举行双边或多边会谈，就打击网络犯罪进行磋商。2006 年以来，中国公安机关共办理了来自 40 多个国家和地区有关网络犯罪的协查函件 500 余件，涉及黑客攻击、儿童色情、网络诈骗等多种案件类型。

必须指出的是，互联网国际合作是涉及国家主权的复杂问题。中国一直主张在维护本国信息领域国家主权、利益和安全的前提下和平利用国际信息网络空间，反对少数西方国家利用互联网络干涉别国内政、损害他国利益。

五、改进互联网治理的政策建议

（一）明确目标与原则

1. 目标

建立完善的互联网治理将是一项长期任务。法律的制定和执法能力的建设、政府职能的调整和监管能力的建立、企业和社会组织的作用发挥以及网民责任意识的提升都是一个渐进发展过程。为此，建议提出改善互联网治理的长期发展目标，并以此为基础制订工作计划。

五年发展目标：初步建立互联网治理的基本框架。十年发展目标：建立比较完善的互联网治理体系。

2. 原则

在建立中国的互联网治理体系过程中，应重视以下几项原则。

促进发展与消除弊端双目标并重。促进发展和消除弊端本质上是相辅相成关系，一方面，只有消除或减少互联网存在的各种弊端，互联网才能健康发展；另一方面，互联网的创新和发展是消除或减少弊端的最有效方式，这是互联网的基本特性决定的。政府政策应避免走两条极端路线：或者只盯住互联网的负面因素，对互联网进行过度管制；或者以发展为借口，无视互联网的负面因素，采取自由放任的态度。这两种思路都破坏了互联网发展的辩证统一关系。

遵循互联网的发展规律。互联网具有五大重要特性，最根本的特性是全球开放性。互联网的基本特性是互联网快速发展的基础，也是它成为未来信息社会关键基础设施的原因。互联网治理应充分发挥互联网的基本特点，扬长避短，促进互联网健康发展。尊重互联网的发展规律并不反对互联网的改进甚至改革，但应按照互联网发展的一般规则，坚持互联网的全球开放性。事实上，正是互联网的全球开放性保证了互联网旺盛的生命活力，促进了互联网的创新，从而推动互联网不断向更加安全和高效方向发展。

坚持以我为主。中国的互联网治理要维护中国的国家利益，让互联网服务于中国的社会经济发展。中国的互联网治理要考虑中国的制度、文化、技术和物质基础，要结合中国的实际需求，同时还要防止它国利用互联网损害中国利益，防止境内外敌对势力利用互联网破坏国家安定团结的大好局面。因此，中国的互联网治理不能简单照搬少数西方国家的规则，必须根据中国的实际环境条件制定适合中国情况的规则，通过中国人自己的创新走有中国特色的发展道路。

（二）主要建议

1. 制定国家互联网发展战略，加强总体指导

制定国家互联网发展战略具有极其重要的意义。首先，互联网不仅在现实社会经济中发挥重要作用，而且正在发展为未来信息社会的关键基础设施，是决定未来国家竞争力的关键要素。第二，互联网发展存在一些虚拟社会特有的矛盾，与现实社会存在较大差异，需要国家战略予以指导。第三，互联网国家发展战略有利于协调短期目标和长期目标的关系。

国家的互联网战略应制定互联网发展的长期目标和建立良好互联网治理的计划。互联网治理是实现互联网长期目标的关键机制，建立符合产业特性的互联网治理机制是一项长期性艰巨任务，互联网长期发展目标与互联网治理之间是相辅相成的关系。

2. 加强部门协调，提高政策的综合效能

加强部门协调是互联网发展的客观要求。我国目前的互联网管理体制沿用了"分行业管理"的传统体制，或者说传统行业管理部门将行业管理职能延伸到互联网上。其优点是：管理体制简单易行，设立成本低；传统业务与新兴业务可以协同管理。其缺点在实践中也日益显现：行业管理部门缺乏全面视野且管理手段较少，不能充分发挥互联网的创新特性来促进发展和解决发展中存在的弊端；难以应对互联网上业务融合与创新。

建议在国家层面设立互联网发展协调组织，该组织可常设或非常设，其职能是：协调制定互联网发展的中长期战略；根据发展与规范兼顾的目标，促进和协调部门之间的合作。

3. 加快互联网立法步伐，依法促进互联网治理

互联网立法是互联网治理的基础。由于各种客观原因，我国互联网立法相对滞后，实践中已经出现了一些无法可依的现象，如网上造谣和侵犯隐私的行为得不到应有处罚。只有建立相对完善的法规体系，才能为互联网相关利益方的行为提供法律依据，才能为社会力量参与互联网治理提供保障。

互联网立法建议采用"开门立法"的方式。所谓"开门立法"就是公开立法过程和程序，通过会议、报纸、互联网等各种渠道开门听取社会各界对法律的意见，甚至可以尝试吸收更多社会力量参与到立法工作中来。最近几年的实践证明，"开门立法"利用了社会资源，加快了立法进度，集中了群众智慧，合理平衡了各方利益关系，有利于法律的顺利实施，也有利于社会和谐。

4. 监管重心从事前向事中和事后转移，增强监管效果

互联网的市场准入管制是互联网治理不完善情况下的替代选择。最近几年，各行业管理部门相继出台市场许可制度，它虽然在解决短期矛盾方面可以发挥一定作用，但不利于互联网的长期发展。

建议逐步放松市场准入管制，过渡一段时间后取消该管制。可以先降低市场准入的门槛，比如取消企业所有制身份的限制，去除模糊性审批条款，让具有一定实力的企业参与业务发展，提高市场竞争性。同时，加快政府能力建设，在条件成熟时完全取消业务许可制，代之以"全体备案制"，建立更加广泛的政府监管。

主管部门在逐步放松市场准入管制的同时，必须建立和加强事中和事后监管能力，否则互联网上的违法违规行为就会客观上得到纵容，影响互联网的健康发展。建议：首先应根据互联网的发展状况相应增加人力资源和工作经费等资源投入，让政府监管资源与互联网的发展规模相匹配。其次应开展体制机制创新，比如适当开展业务外包，政府部门在控制决策性事务的条件下，将日常性、技术性事务外包给社会组织，充分利用市场机制和社会力量提高政府监管的能力。再次，政府应充分利用先进技术手段，特别应优先采购国内技术和服务，建立技术检测系统。

5. 充分调动社会力量参与，鼓励网络自治

为了充分调动社会力量的参与，建议在互联网相关的法律中进一步明确政府与社会力量的权利与责任，一方面可适当减少政府的管制，另一方面应要求企业、社会组织、个人承担更多的责任，让权利与义务相对等，因为互联网的基本特性赋予了使用者过去未曾有过的自由权利，任何使用

者都不应该滥用该权利。

政府部门还应该鼓励互联网社会组织的发展。在我国的实践中，社会组织开始发挥作用，如行业协会、产业联盟、事业单位等组织在行业自律、关键资源管理、反钓鱼反病毒等方面已经有所作为。除了这些正规组织外，互联网上也出现大量的自愿性群体行为，这些群体行为可以发挥积极作用，也可能导致一定的混乱，政府有关部门应鼓励影响较大的群体组成正式组织，并进行正式登记，予以引导和支持。特别应鼓励龙头企业和事业单位发挥领导作用，组织产业内的各种资源共同解决产业共性问题，比如网络诚信认证、反钓鱼、反垃圾邮件、反病毒等等。

6. 鼓励市场竞争，培育中国的创新企业群体

互联网服务企业是互联网技术的提供者、互联网应用的组织者，在国家的互联网发展中发挥着基础性作用。可以说，如果国内没有强大的互联网服务企业，中国就不可能有强大的互联网。

培育具有国际竞争力的互联网服务企业主要依靠市场竞争。首先应逐步放松和取消市场准入管制，包括网络设施和网络应用等各个领域的市场准入管制；其次，应利用《反垄断法》维护互联网市场的竞争格局，防止少数强势企业利用市场垄断地位阻碍创新和竞争。再次，应学习美国硅谷的经验，建立起鼓励创新的市场环境。主要包括：完善人才市场，充分发挥中国的人力资源优势；完善技术市场，鼓励技术转移和扩散；建设多层次的资本市场，鼓励社会资本参与互联网创新；促进产业集群，发挥产学研等资源的聚集效应。

7. 鼓励先进文化和技术发展，提高国家软实力

互联网的竞争本质是眼球的竞争。在全球开放的互联网上，限制性的政策并不能控制网民的眼球，我们只能通过鼓励性政策发展先进的文化和先进技术来吸引网民的眼球，从而引导社会舆论的方向。

建议政府出台扶持性政策，包括财政、金融、科技等政策工具，扶持先进文化和先进技术的发展。有关部门在传统文化事业和思想教育领域制定了一系列鼓励性政策，取得了良好的效果。由于社会公众特别是年轻一

代的注意力正在往互联网转移，未来应将这些鼓励性政策延伸到互联网上，充分发挥互联网的传播效能，促进我国先进文化的繁荣发展。

8. 深化行政体制改革，建设电子政府

电子政务的核心不是电子，而是政务，电子只是为政务提供支撑和服务。提高电子政务水平的关键不在于技术，而在于对公共管理行为的改进。电子政务的实践中，一些政府部门把电子政务建设看成是技术问题，利用现代信息技术包装原有的行政业务流程和办事方式，政府工作人员使用电子手段比原来手工处理还麻烦，信息技术应用项目没能发挥出应有的作用，只见投入不见产出，电子政务成了"烧钱"工程。

电子政务是政府管理方式的革命，它不仅仅是政府管理工具的创新，更是推动行政体制改革的力量。建议政府部门将行政体制改革与电子政务的发展结合起来，实施电子政务的同时要改革政府部门的管理结构和工作方式，重塑政府业务流程。通过电子政务的实施，提高工作效率，精简机构和人员，降低管理成本，提高政府工作的透明度，鼓励社会公众的参与，推进廉政、勤政建设，更好地为公众服务。

9. 加强网络安全建设，构建安全高效网络

根据互联网的基本特点，按照"积极防御，综合防范；多方参与，共同治理"的基本思路构建互联网安全治理体系。

"积极防御、综合防范"指全面构筑"减少外部攻击、加固网络、提高应急水平"三道防线，按照市场与监管并重、技术与管理并重、法规与执行并重、网络与信息并重原则提高网络安全管理水平。

"多方参与，共同治理"指政府、企业、社会组织、用户等利益相关者发挥各自作用，共同提高网络安全水平。政府拥有立法权、审判权和强制力量，对网络犯罪进行惩罚和震慑。政府拥有大量公共资源，可以建设专门的队伍维护公共秩序，解决市场和社会自身难以解决的问题。企业具有创新的活力和较高的效率，通过市场竞争和政府的政策鼓励，可以成为维护网络安全的巨大积极力量。社会组织可以充分组织社会资源从事与网络安全相关的公益活动。个人用户提高网络安全意识和采取必要的安全措

施，不仅可以保护个人计算机系统的安全，还有助于整个网络的稳定。

10. 加强国际合作，改善互联网的国际治理

互联网是全球共用基础设施，跨境服务是互联网的基本特性，而且大量中国企业和个人注册了境外域名或者将应用放置于境外的服务器，中国的法律法规难以适用于这些领域，必须加强国际合作。

中国作为用户最多的互联网大国，应积极参与和领导全球互联网的治理。建议政府有关部门根据互联网国家战略，制定国际合作的目标和计划，包括通过联合国和国际电联等国际组织推动全球互联网规则的制定，鼓励企业、社会组织和个人参加国际标准组织和国际论坛的活动，提出中国的标准和建议，加强双边和多边交流共同打击跨境犯罪等等。

第二章

网络设施的治理

网络设施治理指政府、企业、个人和民间社会等利益相关者，根据各自的作用，共同参与发展安全、高效、普及的网络设施的机制。本书中主要研究网络设施发展、互联网关键资源、网络安全三方面的治理问题。

一、网络设施的发展

互联网网络大致可以分为四个层次：骨干网、接入网、互联网应用系统、用户或企业端计算机。本书的网络设施主要讨论互联网骨干网和互联网接入设施，这些设施的运营者可以统称为互联网服务商。

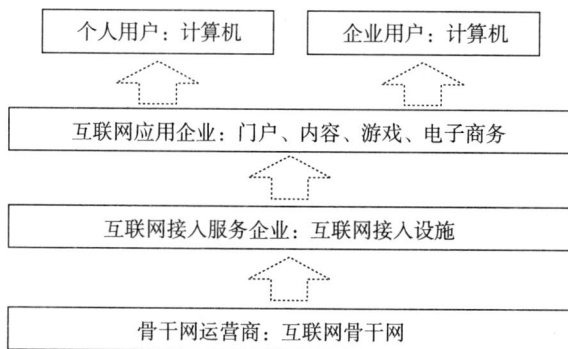

图2.1 互联网设施及其运营者

（一）网络设施的发展规律

1. 网络设施具有可竞争性

以美国互联网网络设施为例，可以看出互联网市场是可以充分竞争的市场。

美国互联网市场是自然演进的结果。在互联网发展初期，美国的互联网服务商通过对等互联进行信息交换。所谓对等互联（P2P）是指两家规模相当的服务商实行互联互通，双方之间不进行结算。对等互联开始采用网络接入点（NAP）方式，后来转变为以网络直联为主。随着互联网的发展，大量新的服务商进入，希望与在位的服务商网络互联。在位运营商认为新运营商不应"搭便车"，应该为互联服务付费，于是美国互联网市场逐步形成了层级结构。

美国互联网服务商大致分为三层结构：最高层是 6 家顶级互联网运营商，包括 AT&T、Sprint、UUNet、Qwest、C&W 和 Level3，它们都是在美国科学基金网时期发展起来的大型 ISP，拥有全国性甚至跨国骨干网，在美国构成了充分竞争的顶级互联网市场；中间层是若干跨区域的互联网运营商，在全国多个区域拥有互联骨干网；下层是地区级互联网运营商，主要在一个地区范围内提供互联网服务。如图 2.2 所示。

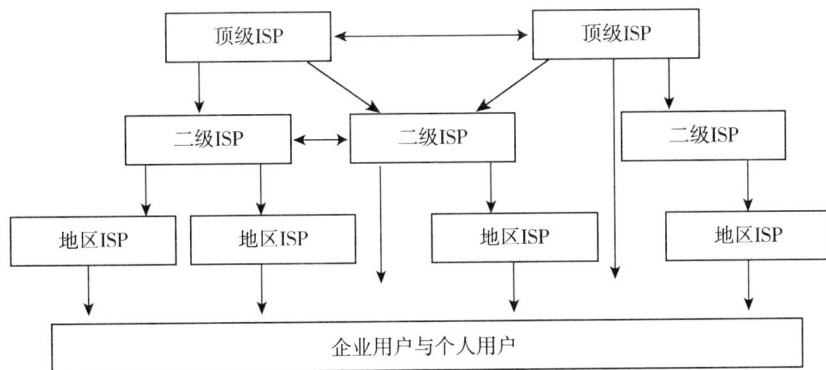

图 2.2　美国互联网服务商结构

注：→表示非对等互联；←→表示对等互联。

美国互联网网络市场的基本规则包括：顶级服务商实行对等互联网，其骨干网间形成全网状网互联结构，互相提供免费信息传输服务；顶级服务商向下级骨干网出售非对称互联，下级服务商必须向一个或多个顶级服务商购买不对等互联服务，下级骨干网之间可以对等互联；最下层 ISP 之间通常不建立对等互联，只向上级（可以是顶级服务商，也可以是中间层服务商）购买不对称互联；实行穿透服务，即弱势运营商可以通过任何其他骨干网接入强势运营商网络，而不必直接成为强势运营商的客户。

市场竞争促进了网络设施的发展。一方面，互联网服务商为了吸引更多客户，必须不断投资网络设施，改善网络服务质量。另一方面，尽管上层服务商比下层服务商少，但每层服务商之间都维持充分竞争格局，即使在顶级骨干网市场也存在 6 家企业相互竞争，避免了垄断导致的高价格、低质量现象。

美国政府将互联网市场视为竞争性市场，并利用《反垄断法》维护市场竞争。1999 年 10 月，美国排名前两位的互联网骨干网运营商 WorldCom 和 Sprint 向 FCC、美国商务部和欧盟提出了合并的申请。美国司法部反垄断机构反对该交易，其理由包括：合并后相关市场的 HHI 指数由 1850 上升到 3000，市场集中度过高；合并将会产生一个市场份额超过 50% 的超级运营商，均衡竞争局面被打破；竞争性的市场激励运营商升级和维护互联点，主导运营商的出现将降低互联互通质量，损害弱势运营商和消费者利益；合并将提高市场进入门槛，降低市场的潜在竞争性。在各方面的压力之下，WorldCom 与 Sprint 于 2000 年 7 月主动撤回了合并申请。

新技术的发展促进了市场竞争，特别是多种接入技术的出现促进了接入市场的竞争。用户接入互联网的技术方式包括：拨号上网、ADSL、光纤、有线 Cable Modem、卫星、Wi－Fi、蜂窝无线技术等等。在高速接入方式中，目前 Cable Modem 占据一定的领先优势，其次为 ADSL。可以预料，未来几年光纤到户将会成为固定接入的主要手段，无线宽带也将快速发展。

美国的互联网服务市场竞争非常充分。根据美国市场调查公司 sta-towl. com 公布的数据，到 2010 年 6 月，用户市场前三位的互联网服务商分别为 Comcast Cable、Road Runner、SBC Internet Services，市场份额分别为 17%、11% 和 10%，其他大量企业市场份额都很小。如图 2.3 所示。

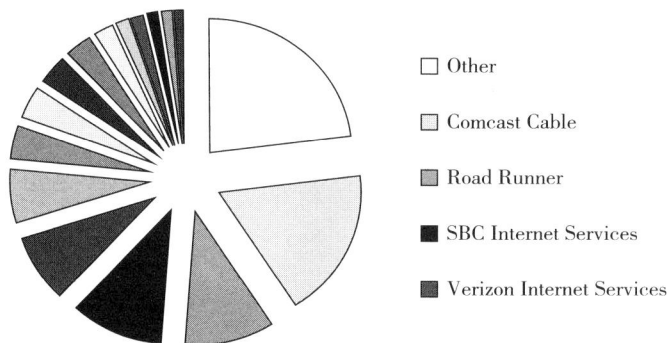

图 2.3　美国互联网服务商所占市场份额

专栏 2.1　美国"网络中立"的争论

"网络中立"（Net Neutrality）指网络运营者必须坚持中立原则，平等对待所有使用该网络的用户，不得通过调整网络配置使服务产生差别。例如，不得以更快的速度传输特定服务，不得以高速传输服务向网络内容提供商和网络应用提供商额外收取费用。

"网络中立"反映了不同团体利益冲突。由于 P2P 方式的文件传输占用了绝大多数宽带资源，网络运营商花费了大量的资金扩大带宽却没有从中得到任何好处，于是运营商要求实行分级服务，按服务质量向互联网的用户收取不等的费用。这立即遭到了美国广大网民、高校、互联网内容提供商的强烈反对，他们认为这种做法违背了互联网公平、自由、开放的原则，损害了广大消费者的权益。该争论逐渐演变成了政治党派间的博弈：民主党支持"网络中立"，共和党反对。FCC 支持网络中立，FCC 主席提出了六条"网络开放原则"，包括：用户有资格根据自己选择接入合法网站；用户有资格根据自己需要运行各种联网的应用和服务；用户可以选择合法的终端设备接入到系统，但必须保证不危害网络系统；用户可以在不同运营商、不同应用、不同服务之间自由选择；运营商的非歧视原则；运营的透明原则。

　　民主党政府决心推动"网络中立"立法，预计国会两党将有激烈较量。

资料来源：根据新浪、搜狐等网站相关新闻编写。

2. 政府实施促进政策

　　互联网已经成为信息社会的关键基础设施，是社会经济发展的必要条件。为此，世界各国政府都纷纷制定了专门发展战略，促进本国互联网的发展。

　　（1）美国宽带计划。美国历届政府都很重视信息基础设施的发展。1992年老布什提出用20年的时间耗资2000亿~4000亿美元建设美国国家信息基础设施（NII）。1993年克林顿总统上任不久就公布了国家基础设施计划，将美国的信息基础设施建设称为总统工程。小布什总统致力于"反恐战争"而忽视了信息设施的建设。2009年刚上任的奥巴马签署了法案促进宽带和无线互联网技术应用。

　　2010年3月，美国联邦通信委员会（FCC）向国会提交了《国家宽带计划》。该计划从某种意义上讲是全体美国人制定的计划。FCC于2009年4月发布意见征询通告，正式启动国家宽带计划的制订程序，此后举办了36场公共研讨会，吸引了10000多人次在线和线下参与，他们的意见通过31次公共通告反馈得到进一步精炼，共得到了来自700多个党派团体的23000个评论，形成74000页文档。同时，FCC还收到大约1100份总共13000页的单方面报告，并在全国范围内举办了9次公共听证会，进一步明晰计划中涉及的问题。

　　美国宽带计划认为：有近1亿的美国人在家中没有接入宽带，国家还没拥有借助宽带去改革政府服务、健康、教育、公共安全、节能、经济发展以及其他的国家重要事务的能力。为此，国家宽带计划提出了未来十年实现的六个目标：至少 1 亿个美国家庭应该负担得起接入下行大于等于 100Mbps、上行大于等于 50Mbps 的宽带服务；美国将以比其他国家运行更快、分布更广泛的无线网络，在移动创新上领先；每个美国人都负担得起接入强健的宽带服务，并且这种订阅是按照他们的意愿来选择的；每个美国社区都负担得起接入大于等于 1Gbps 的宽带服务，来访问学校、医院和政府大楼等机构；为了确保美国公众的安全，每位先遣急救员都可接入可互操作的、安全的全国无线宽带网络；为了确保美国在清洁能源经济中的领导地位，每位美国人都应该能够通过宽带来实时跟踪和管理他们的能源消耗。

（2）其他国家或地区的信息设施发展计划。其他国家或地区也都制定了各自的信息设施发展计划，如表 2.1。

表 2.1　　　　　　　　　世界部分国家或地区的信息发展计划

国家或地区	计　　划	目　　标
日本	政府发布了 e-Japan（2001 ~ 2005）、u-Japan（2004 ~ 2010）、i-Japan（2015）计划	e-Japan：2005 年建成世界上最先进的互联网，3000 万家庭以能承受的价格得到超高速（30 ~ 100Mb/s）接入，该目标在 2003 年提前实现 u-Japan：宽带接入广泛化，并加强 ICT 的应用及深化，利用 ICT 技术解决日本社会各种问题 i-Japan：大力发展电子政府和电子地方自治体，推动医疗、健康和教育的电子化
英国	2009 年 6 月，政府公布了《数字英国》（DigitalBritain）白皮书	到 2012 年保证英国所有人口都可享有至少 2Mbps 的宽带网络 建设下一代高速光纤网络 全面升级数字广播，在 2015 年取消中波（MW），调频（FM）将仅用于小区域电台广播

国家或地区	计 划	目 标
韩国	2009 年 9 月，韩国召开"IT 韩国未来战略"报告会，决定未来 5 年内投资 189 万亿韩元发展信息核心战略产业，以实现信息产业与其他产业融合	把信息整合、软件、主力信息、广播通信、互联网等 5 个领域确定为信息核心战略领域，促进信息产业与汽车、造船、航空等其他产业的融合，建立大企业和中小风险企业一起成长的产业链于 2013 年建成在 10 秒钟内即可下载完一部 DVD 级电影的千兆位宽带网
澳大利亚	2009 年澳大利亚宣布启动"光纤进家庭"建设计划，拟投资 434 亿澳元	澳大利亚 90% 的家庭和工作单位获得比目前宽带速度快 100 倍的互联网服务，最高接入速度达 100Mbps
加拿大	作为加拿大经济刺激计划的一部分，加拿大政府将在 2009～2012 年间投入 2.25 亿加元用于扩大宽带接入	帮助那些采用电话接入或者接入速度低于 1.5M 的用户以及处于边远地区的农村用户实现高速宽带接入
欧盟	2010 年公布了"数字化议程"计划，将在欧盟 27 个成员国部署超高速宽带，并将促进通信增长定为首要任务	到 2013 年，实现欧盟全部人口的宽带覆盖到 2015 年，实现欧盟 50% 的购物和使用公共服务的行为通过在线方式实现到 2020 年，欧盟最少有一半的家庭宽带速率超过 100Mbps
巴西	政府于 2009 年 11 月底提出全国宽带计划	在全国的低收入家庭中普及宽带网络，实现全国范围内的宽带网络覆盖

资料来源：根据新浪、搜狐等网站相关信息整理。

（二）治理现状

1. 业务实行许可制

《中华人民共和国电信条例》规定："国家对电信业务经营按照电信业务分类，实行许可制度。"电信业务分为基础业务和增值业务两大类，前者许可较严格，后者许可较宽松。

互联网网络的运营属于基础电信业务。互联网服务企业大致可以分为三类：一类是传统的电信企业，包括中国电信、中国联通、中国移动（含中国铁通）三大运营商。二是广电网络运营商，包括各级部门成立的地方性有线电视运营商，以及由它们重组形成的新运营商。三是驻地网运营商，即根据 2001 年信息产业部发布的《关于开放用户驻地网运营市场试点工作的通知》在全国 13 个城市批准的 100 多家开展用户驻地网运营试点工作的企业。

　　在许可制下，我国形成了三个层次的市场结构。第一层次是三大电信运营商，它们拥有全国性的骨干网络、庞大的接入用户群和互联网的国际出口建设许可，是纵向一体化的顶层运营商。第二层次是广电网络运营商，它们拥有全国性的骨干网络和庞大的"潜在"用户群体，但是在互联网国际出口和经营许可上受到一定制约。第三层次是驻地网企业，除长城宽带等少数企业规模较大外，多数企业规模小、用户少，市场影响力可忽略不计。

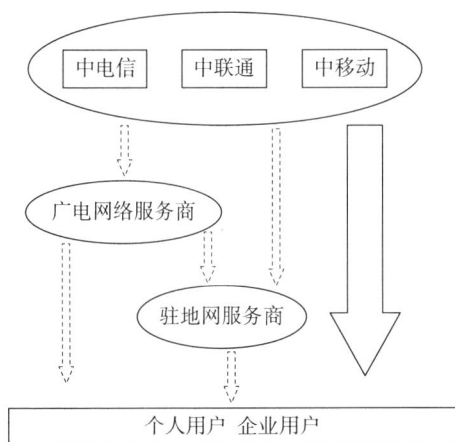

图 2.4　互联网络运营市场结构

专栏 2.2　电信业务分类目录

　　国家对电信业务经营按照电信业务分类，实行许可制度。下表是工业和信息化部发布的电信业务分类目录。

A. 基础电信业务

一、第一类基础电信业务

（一）固定通信业务

1. 固定网本地电话业务

2. 固定网国内长途电话业务

3. 固定网国际长途电话业务

4. IP 电话业务

5. 国际通信设施服务业务

（二）蜂窝移动通信业务

1. 900/1800MHz GSM 第二代数字蜂窝移动通信业务

2. 800MHz CDMA 第二代数字蜂窝移动通信业务

3. 第三代数字蜂窝移动通信业务

（三）第一类卫星通信业务

1. 卫星移动通信业务

2. 卫星国际专线业务

（四）第一类数据通信业务

1. 互联网数据传送业务

2. 国际数据通信业务

3. 公众电报和用户电报业务

二、第二类基础电信业务

（一）集群通信业务

1. 模拟集群通信业务

2. 数字集群通信业务

（二）无线寻呼业务

（三）第二类卫星通信业务

1. 卫星转发器出租、出售业务

2. 国内甚小口径终端地球站（VSAT）通信业务

（四）第二类数据通信业务

1. 固定网国内数据传送业务

2. 无线数据传送业务

（五）网络接入业务

1. 无线接入业务

2. 用户驻地网业务

（六）国内通信设施服务业务

（七）网络托管业务

B. 增值电信业务

一、第一类增值电信业务

（一）在线数据处理与交易处理业务

二、第二类增值电信业务

（一）存储转发类业务

（二）呼叫中心业务

（二）国内多方通信服务业务　（三）互联网接入服务业务

（三）国内互联网虚拟专用网　（四）信息服务业务
　　　　业务

（四）互联网数据中心业务

　　资料来源：工业和信息化部。

2. 市场竞争不断深化，但仍不充分

我国电信业从完全垄断到引入竞争，从政企合一到政企分开，市场竞争不断深化。1994 年以中国联通的成立为标志，电信业打破垄断，引入竞争。1998 年后，我国实现了政企分开、邮电分设，重组了中国电信和中国联通，正式成立了中国移动。2001 年，以打破固定电信领域的垄断为重点，实施了企业重组，成立了新的中国电信和中国网通，形成了中国电信、中国网通、中国移动、中国联通、中国卫通、中国铁通 6 家基础电信企业竞争格局。2008 年，为了形成相对均衡的电信竞争格局，提升电信企业的竞争能力，促进行业协调健康发展，充分利用现有三张覆盖全国的第二代移动通信网络和固网资产，我国对电信产业进行重组，形成了新的中国电信、中国移动、中国联通三家全业务运营商，并颁发了三张移动 3G 牌照。

我国持续的电信改革促进了市场竞争，互联网市场初步形成了竞争性格局。在顶级服务商中，中国电信、中国联通、中国移动互相竞争。广电网络运营商和驻地网运营商也成为参与市场竞争的有生力量。同时，互联网服务商之间也存在合作关系，顶级服务商主要是中国电信和中国联通为其他运营商提供传输和国际出口接入服务，各运营商之间也常常互相租用宽带网络。但是，我国互联网服务实行"非穿透原则"，即弱势运营商不能通过任何其他骨干网接入强势运营商网络，要接入强势运营商网络就必须成为其直接客户。

总体上看，我国互联网服务市场竞争还不太充分。随着改革的深入，未来可能有所改善。

（1）顶级骨干网双寡头垄断将有所缓解。我国电信业一直处于渐进改革过程中，在 2008 年产业重组前，顶级骨干网主要由中国电信和中国网通（后并入中国联通）两家运营，中国移动虽然是中国规模最大的运营商，但只有移动运营牌照。长期的许可管制导致了顶级骨干网双寡头竞争的格局。从国际出口带宽看，截止到 2010 年 6 月，中国电信、中国联通、中国移动的带宽占全部国际出口带宽的比重分别为：61.8%、33.1% 和 3.1%（三家运营商之外还有部分教育科研网的国际出口带宽）。由于国际出口的限制和非穿透原则，中国电信和中国联通成为网络流量的主要承载者。电信重组后，中国移动获得固定牌照，预计将增加国际出口。据有关媒体报道，中国移动要在 5 年内将国际出口带宽建成国内第一，为未来数据业务特别是移动互联网的竞争打下基础。由此可以预期，未来顶级骨干网的双寡头垄断将有所缓解。

（2）固定宽带市场的高集中度可能降低。由于历史原因，固定宽带市场主要由中国电信和中国联通两家企业分别在南方和北方市场占主导地位。从用户数看，截止到 2010 年 9 月，中国电信、中国联通分别拥有宽带用户 0.61 亿和 0.46 亿，中国移动和广电网络服务商大约拥有 0.12 亿和 0.05 亿（作者估算）。从发展趋势看，中国移动、广电网络服务商和驻地网运营商正在成为宽带市场重要的竞争者。根据发展趋势，未来固定宽带市场的高集中度可能降低。

（3）移动接入一家独大可能持续较长时间。在 2008 年电信产业重组前，我国移动通信领域只有中国移动、中国联通两家企业获得移动牌照，两家企业由于发展的条件和环境差异形成了用户规模上的巨大差距。2008 年电信重组后，中国电信获得了移动牌照，政府通过颁发不同类别的 3G 移动牌照扶持弱势运营商，以促进移动市场的均衡发展。截止到 2010 年 9 月，中国移动仍然占有 70% 的市场份额（按用户数计算）。由于中国移动在经营效率、网络覆盖、用户规模、销售渠道、资本实力等方面具有强大的优势，中国移动在移动接入市场一家独大的格局可能将持续较长时间。

尽管如此，移动接入市场出现了三家竞争的格局，为用户提供了一定的选择机会。

专栏2.3 中国互联网连接速度低于全球平均水平

中国互联网络信息中心于 2011 年 1 月发布的《第 27 次中国互联网络发展状况统计报告》显示：虽然我国有线（固网）用户中宽带普及率已经高达 98.3%，但是全国互联网平均连接速度仅为 100.9 KB/s，远低于全球平均连接速度（230.4 KB/s）。各省中河南、湖南和河北的平均连接速度排名前三，分别为 131.2 KB/s，128.2 KB/s 和 124.5 KB/s。

中国互联网络信息中心与合作伙伴一起，通过 IDC 方式模拟测试互联网连接速度。具体测试方式是：选取中国前 20 家主流互联网网站作为目标网站，以对这些网站的测试情况代表中国整体互联网速度情况。在 31 个省市均选取出样本点，全天 24 小时，每个小时测试一次，通过机器模拟访问 20 个目标互联网网站，得到平均连接速度。

资料来源：www.cnnic.net.cn。

---

3. 政府制定了促进政策

（1）产业促进政策。中国政府高度重视信息化工作，将"工业化与信息化融合"作为国家的重要发展战略，即以信息化带动工业化，以工业化促进信息化，走出一条科技含量高、经济效益好、资源消耗低、环境污染少、人力资源优势得到充分发挥的新型工业化道路。

为了促进信息化，政府大力支持信息基础设施的建设。2006 年中国政府公布的《2006～2020 年国家信息化发展战略》提出："提升网络普及水平、信息资源开发利用水平和信息安全保障水平。抓住网络技术转型的机遇，基本建成国际领先、多网融合、安全可靠的综合信息基础设施"。2010 年，工业和信息化部、国家发展和改革委员会、科学技术部、财政部、国土资源部、住房和城乡建设部、国家税务总局七部委联合发布《关于推进光纤宽带网络建设的意见》，提出"到 2011 年，光纤宽带端口超过 8000 万，城市用户接入能力平均达到 8 兆比特每秒以上，农村用户接入能力平均达到 2 兆比特每秒以上，商业楼宇用户基本实现 100 兆比特每秒以上的接入能力。3 年内光纤宽带网络建设投资超过 1500 亿元，新增宽带用户超过 5000 万"，并制定了具体的鼓励政策。

一些地方政府也制定了产业促进政策。如北京市政府 2009 年 6 月发布的《北京信息化基础设施提升计划（2009～2012 年）》提出：到 2012 年年底力争吸引社会滚动投资 1000 亿元，建设符合首都功能定位，国内领先、国际先进的信息基础设施，在全国率先建成城乡一体化的高速宽带信息网络。到 2012 年年底，互联网家庭入户带宽超过 20Mbps，进入企业的带宽达到 100Mbps，中关村企业入户带宽最高达到 10Gbps。

（2）普遍服务。信息产业部制定了通信业的"村村通工程"。"十一五"的目标是 2010 年农村实现"村村通电话、乡乡能上网"。预计"十二五"规划还将提出新的发展目标。由于我国区域发展的不均衡性，各地普遍服务的目标也不同。发达地区制定了更高的目标，如江苏省第一个在全国实现了行政村"村村通宽带"，目前正在努力实现 20 人以上的自然村"村村通宽带"。

我国政府创造了具有本国特色的普遍服务机制。2004 年，为了完成"十五"计划的村通目标，信息产业部依照《中华人民共和国电信条例》规定，决定采用"分片包干"的办法推动行政村"村村通电话"工程。基本做法就是：把没有通电话的 4 万个行政村在六大运营商之间进行分配，每个运营商承担"普遍服务任务量"的大小与运营商的业务收入和利润情况挂钩。其后，该机制从"村村通电话"延伸到"乡乡能上网"。

专栏2.4　山西信息化改变了农村生活

山西移动从 2000 年就开始了"乡乡覆盖工程"，到 2006 年山西移动实施了宽带进村入户、网络文化站、"农信通"信息服务、农村电子政务、农产品电子商务、远程教育、疾病防控等工程，消除城乡数字鸿沟，建设新农村的网络。到 2009 年 12 月，山西移动光缆总长度达到 25.6 万公里，覆盖了所有乡镇及 98% 以上的行政村，已完成农村户线建设具备发展"三网融合"的村庄有 2 万多个，提供的交换机端口数为 120 万。在山西全省 1196 个乡镇、17235 个行政村开通农村宽带，用户 19.7 万户，宽带电话及多媒体用户总数超过 33 万户。在 755 个乡镇、3044 个村庄满足了 4.8 万户群众的 IPTV 需求。"三网融合"工作已在山西"初具规模"。

农村信息化改变了农民生活。应县龙泉村成为远近闻名的胡萝卜第一村，全村 700 多户人家，1/10 都上了网，农民生产已经离不开网络，采购种子、化肥和销售产品都要靠网络。在应县金城镇胡寨村小学，同学们可以通过远程教育网上语文课，老师也可以结合网上的名师经验改进自己的教学方法。在应县大黄巍乡卫生院医生由于以前信息不通，疾病预防很难管理。现在村里开通了疾病预防控制系统，具备了疾病预防培训、网络直报管理和信息发布等功能，同时结核病管理系统、公共卫生应急系统等都已延伸到村，有何疫情可随时上报。此外，娃娃们的接种情况，在电脑上看得十分清楚，基本上没有防疫漏洞。这些系统实现了对防疫的跟踪，对中国人口素质的提高都发挥了非常重要的作用。村医们在这个系统上还开设了一个论坛，有人这样留言：网络开通了，真好；社会和谐了，真强；信息收到了，真快；预防针打了，真准；素质提高了，真棒。

资料来源：作者调研。

（三）改进建议

网络设施是互联网发展乃至未来信息社会发展的重要基础。我国的网络设施发展从覆盖率和速率方面都处于较低水平，未来应大力发展。发展网络实施需要改革现有体制和机制，充分利用互联网的竞争特性，发挥市场的基础性作用。

1. 制定中国的宽带发展战略

借鉴西方国家的经验，制定中国的宽带发展战略，促进中国信息基础设施的建设。

中国宽带战略的最终目标是建设消费者和企业用得起的、先进的信息基础设施，因此中国的宽带战略应包含全面的发展指标，包括宽带普及率、宽带速率和资费水平。考虑到中国区域发展的差异，应鼓励地方政府制定适合本地社会经济发展水平的宽带发展战略，鼓励各种有线和无线技术相互补充发展。

中国的宽带战略应制定科学合理的路线图，落实相应的配套政策，包括监管政策改革，频率资源合理利用，财政税收政策和科技政策的扶持，普遍服务的改进等各个方面。

中国宽带战略应重视体制机制创新，按照信息基础设施和互联网的发展规律来促进宽带的发展。

专栏 2.5 阚凯力教授提出"全民共建无线城市"

世界各国的无线城市运行模式还处于摸索阶段。已有的模式包括：由政府部门直接投资、建设、运营无线城市的"公营"模式；由企业投资、建设、运营无线城市的"私营"模式；由政府通过招标等方式授权一个企业投资、建设、运营无线城市的"公私合营"模式；由大量互联网用户互相共享每个社员所贡献出来的 Wi－Fi"热点"的"公社"模式。

阚凯力教授认为，既然无线城市就是互联网的无线接入，所以要成功地建设无线城市，就必须充分发挥互联网的特点。他建议采用"全民共建"模式。以北京市为例，市政府在交通要道、公共场所、办公地点等热点地区投资建设运营 2000～3000 个 Wi‐Fi 基站。北京市的政府机构、企事业单位、宽带个人用户，部分实现了 Wi‐Fi 无线宽带覆盖，这些单位或个人只要向"无线北京公社"开放自己的基站，就可以成为"无线北京公社社员"，免费享用其他公社成员的无线网络接入。据北京市有关部门测试，几年前北京的核心市区就已经有近十万个 Wi‐Fi 热点，可以预计，在几年内，"无线北京公社"的 Wi‐Fi 热点总数可以达到十万个以上，在全市基本实现室内外的全面覆盖。

如果政府不愿意投资，可以授权电信运营商投资建设和运营公共热点无线接入。运营商虽然要支付一定成本，但通过收取更多用户的"包月费"，收益相当可观。考虑到运营商的市场力量，政府应该通过招标发放经营牌照，并规定运营商的责任、义务，集中精力保护消费者的利益。

2. 放松管制，促进竞争

从长期看，应逐步取消严格的市场准入管制制度。在目前的许可体制下，应继续增加牌照数量。首先，应取消对驻地网市场准入的严格限制，只要满足一定的条件，就应允许各类企业特别是民营企业投资建设；第二，应减少各种技术管制，鼓励新技术参与竞争。各种互联网技术层出不穷，政府应允许光纤、FTTH、PLC、无线宽带、移动宽带、卫星通信等各种技术试用，让市场而不是政府来进行选择。第三，应适当增加顶级服务商数量，降低顶级服务商市场的集中度。

完善市场竞争规则。建议借鉴西方发达国家经验，允许网络服务商之间采用"穿透"原则互联互通。建议认真研究和总结 2001 年开放用户驻地网运营市场试点工作以来的经验教训，切实解决民营资本参与驻地网竞争的障碍，为民营资本参与市场竞争创造条件。

统一网络设施的监管。将电信网、有线电视网络等所有通信网络统一到一个部门监管，制定平等、公平的市场竞争规则，促进市场有序发展。

3. 进一步完善普遍服务体制

应重新评估"分片包干"的普遍服务体制。该体制有效解决了"村村通电话"的问题，但对于"村村通宽带"的作用需要观察，因为宽带的作用本质在于应用，没有应用的宽带就是投资浪费。因此，建议将通信的普遍服务与地方政府的信息化目标联系起来，共同促进农村地区的信息发展。

如果继续实施"分片包干"的普遍服务体制，应进一步完善相应的管理。包括：组织独立机构对各地区的成本和收入进行更加细致的调查研究，根据自然经济条件对普遍服务任务量进行量化，然后在运营商之间进行分配，增强公平性；完善合同细节，对通信质量、资费水平制定更加明晰的要求；定期对普遍服务的任务进行调整，通过动态管理合理分配普遍服务义务；加强事后监督，对未达标企业进行处罚。

4. 大力发展互联网应用

我国的互联网应用相对滞后。无论从网络应用使用率还是从流量结构看，我国互联网应用表现出典型的"娱乐化"特征。互联网应用的滞后，一方面不利于电子商务、文化事业的发展，另一方面也抑制了网络部门的投资积极性。

应采取"鼓励性"政策大力发展网络应用。首先，应改变行业监管的思路，从"事前市场准入监管为主"向"事后行为监管为主"转变，鼓励社会力量广泛参与网络应用的创新。其次，应利用财政税收政策鼓励电子商务和文化产业的发展，将电子商务与互联网信息服务业培养成国家支柱产业。第三，在网络信息社会，政府应提供相应的文化公共服务，如建立中国的免费网络图书馆，建立公共网络电视台和广播电台，建设对青少年有吸引力的视频和文字信息网站等等。第四，鼓励教育机构、研究机构、企业、民间组织等在网络上贡献有价值的内容，如美国哈佛、麻省理工、耶鲁等知名高校分别在网上开课，陆续将知名教授和最受学生欢迎的课程视频公布在网上，并提供免费下载，为教育发展贡献力量。

专栏2.6　互联网应用的许可制度

最近一段时间，政府相关部门在互联网应用领域纷纷出台各种部门规章，在市场准入方面实行严格的许可制度，行政许可成为当前我国行政部门实施互联网管理的主要抓手。

政府的行政许可普遍设立了较高的准入门槛。例如：《互联网视听节目服务管理规定》对申请从事互联网视听节目服务的申请者要求：具备法人资格，为国有独资或国有控股单位，且在申请之日前三年内无违法违规记录；有健全的节目安全传播管理制度和安全保护技术措施；有与其业务相适应并符合国家规定的视听节目资源；有与其业务相适应的技术能力、网络资源和资金，且资金来源合法；有与其业务相适应的专业人员，且主要出资者和经营者在申请之日前三年内无违法违规记录；技术方案符合国家标准、行业标准和技术规范；符合国务院广播电影电视主管部门确定的互联网视听节目服务总体规划、布局和业务指导目录；符合法律、行政法规和国家有关规定的条件。《非金融机构支付服务管理办法》对支付业务设定的条件是：申请人申请在全国范围内从事支付业务的，其注册资本至少为1亿元；申请在同一省（自治区、直辖市）范围内从事支付业务的，其注册资本至少为3000万元，且均须为实缴货币资本。同时，业务申请者应具备反洗钱措施、支付业务设施和相关的资信要求等。

政府的严格许可制度引起了一些争议。支持严格许可制度者认为，许可制度有利于打击非法运营，加强行业秩序管理，保护社会公众利益。反对者认为，市场许可制度限制了市场竞争和商业创新，有些部门的许可条件模糊不清，许可审批存在极大的随意性，许可制最终成了部门利益保护工具。

资料来源：根据新浪、搜狐、人民邮电报等媒体信息整理。

二、互联网关键资源

互联网关键资源主要包括域名（Domain Name）、IP（Internet Protocol）地址、技术标准等内容。

（一）网络关键资源的基本特点

1. 网络地址和域名具有唯一性和稀缺性

（1）IP 地址与域名。在互联网中，计算机之间要进行通信联系，每台计算机都要有一个唯一的标识，这个唯一的标识就是 IP 地址。每个 IP 地址由 4 个小于 256 的数字组成，数字之间用点间隔，例如 123.213.113.223 就表示一个 IP 地址。

不难看出，IP 地址难以记忆，使用非常不方便，为此互联网上用一套和 IP 地址对应的字符来表示地址，因此就产生了域名（Domain Name）。域名和 IP 地址之间有对应关系。

IP 地址和域名具有唯一性、排他性和全球性。唯一性指每一个域名在整个互联网上都是独一无二的，没有两个完全相同的 IP 地址或域名。排他性指拥有者获得了绝对的垄断权利，别人无法使用。全球性指它们可在整个互联网上使用，不受国别、地区的限制。

（2）IP 地址与域名的稀缺性。传统 IP 地址采用 32 位地址长度（IPv4），只有约 43 亿个地址。到 2010 年，全球网民数量已经接近 20 亿，网络上计算机数量近 8 亿部，随着 Web 网络、传感器、智能网和 RFID 的快速发展，IPv4 可能会很快消耗殆尽。为此，必须尽快采用 128 位地址长度的 IPv6，理论上可提供数量几乎无限的地址。

域名的数量在理论上是无穷的，因为它可由各种文字符号自由组合而成，世界上的文字可以组合出难以计量的域名。但大家都希望注册一个易记、易用或与个人、机构特征有关的域名，这种名称对于特定个人或组织是一种稀缺性资源。

随着互联网的广泛应用，域名的标识作用越来越突出。网民在使用网络时都倾向于将某些符号与同名的机构、企业商标等现实世界中的内容联系起来，现实世界中的名称和商标随之扩展到互联网领域，由此产生了互联网域名的知识产权问题。

2. 网络资源管理的自治性

互联网的一些重要资源需要进行管理。例如：IP 地址分配，即为网络上的计算机分配唯一的 IP 地址；域名登记，即按照一定的规则，登记用户的域名；域名解析，即将域名解析到相应的 IP 地址；查询服务，即为用户提供域名和 IP 地址相关的信息；技术标准的制定，即为互联网的发展制定各类技术标准，等等。

互联网资源一般由自治性民间组织管理。互联网的命名与定址由 ICANN 及相关区域组织机构负责。以 ICANN 为例，ICANN（The Internet Corporation for Assigned Names and Numbers，互联网名称与数字地址分配机构）是一个非营利性的国际组织，成立于 1998 年 10 月，是一个集合了全球网络界商业、技术及学术各领域专家的非营利性国际组织，负责互联网协议（IP）地址的空间分配、协议标识符的指派、通用顶级域名（gTLD）以及国家和地区顶级域名（ccTLD）系统的管理、根服务器系统的管理等。

再如，互联网的技术标准由 IETF、IAB、IRTF、W3C 等机构完成。其中，IETF（Internet Engineering Task Force，Internet 工程任务组）成立于 1985 年底，是全球互联网最具权威的技术标准化组织，制定了国际互联网的多数技术标准。IETF 是松散的、自律的、志愿的民间学术组织，是由专家自发参与和管理的国际民间机构，汇集了与互联网架构演化和互联网稳定运作等业务相关的网络设计者、运营者和研究人员，并向所有对该行业感兴趣的人士开放。任何人都可以注册参加 IETF 的会议。IETF 大会每年举行三次，规模均在千人以上。该组织通过讨论达成共识制定技术标准。制定互联网技术标准的另一个重要组织是 W3C（World Wide Web Consortium，万维网联盟）。W3C 于 1994 年 10 月在麻省理工学院计算机科学实验室成立。创建者是万维网的发明者 Tim Berners‑Lee。W3C 致力于万维网技术标准的制定，如 HTML、XHTML、CSS、XML 等技术标准。W3C 大约有 500 名会员，包括生产技术产品及服务的厂商、内容供应商、团体用户、研究实验室、标准制定机构和政府部门。他们一起协同工作，致力在万维网发展方向上达成共识。

尽管网络资源管理由民间组织负责，但是各国政府都制定了资源管理的相关政策，不同程度介入网络资源的管理。

（二）治理现状

1. 域名管理体系

（1）政府部门、民间组织、商业企业的合作。中国的域名管理体系为：工业和信息化部为政策制定和行业监管机构，中国互联网络信息中心（非盈利机构）负责中国国家顶级域名和中文域名体系注册管理和域名根服务器的运行，大量商业企业提供域名注册服务。如图 2.5。

工业和信息化部的职责包括：制定互联网络域名管理的规章及政策；制定国家（或地区）顶级域名 CN 和中文域名体系；管理在中华人民共和国境内设置并运行域名根服务器（含镜像服务器）的域名根服务器运行机构；管理在中华人民共和国境内设立的域名注册管理机构和域名注册服务机构；监督管理域名注册活动；负责与域名有关的国际协调。

中国互联网络信息中心的职责包括：互联网地址资源注册管理；互联网调查与相关信息服务；目录数据库服务；互联网寻址技术研发；国际交流与政策调研；承担中国互联网协会政策与资源工作委员会秘书处的工作。大量商业企业提供域名注册服务。

工业和信息化部制定的相关政策有：《中国互联网域名管理办法》、《中国互联网络域名体系公告》等。工业和信息化部对境内设立互联网域名根服务器及域名根服务器运行机构、域名注册管理机构和域名注册服务机构实行审批制管理。

中国互联网络信息中心制定了域名管理相关规则，包括：《中国互联网络信息中心域名注册实施细则》、《中国互联网络信息中心域名争议解决办法》、《中国互联网络信息中心域名争议解决程序规则》等。

为了推动行业行为规范化，给用户提供更好的域名注册服务，2007年7月，由中企动力、万网、新网、广东互易、厦门中资源和铭万公司六大机构发起，40余家域名注册服务机构在京联合签署了《互联网地址注册服务行业自律公约》。该公约得到注册服务机构的广泛响应，几个月内就有数百家企业签署公约，签约单位不仅遍布全国三十多个省、市、自治区，而且覆盖了98%以上域名注册用户。根据《公约》监督执行机构CNNIC报告，公约签署后几个月内域名注册服务行业投诉直线下降。该公约内容包括："互联网地址注册服务行业从业机构自觉遵守国家有关互联网地址管理的法律、法规和政策，积极推动互联网地址注册服务行业的职业道德建设；互联网地址注册服务行业从业机构在提供互联网地址注册相关服务过程中，应自觉履行如下自律承诺：严于律己，不欺骗用户注册互联网地址；文明经营，不胁迫用户注册互联网地址；诚信推广，不误导用户注册互联网地址；严格管理，不滥用电话、传真、邮件骚扰用户；年限自主，用户自主决定注册年限；信息真实，真实提交用户注册信息；快速反应，及时响应用户需求；转移自由，尊重用户转移意愿。"

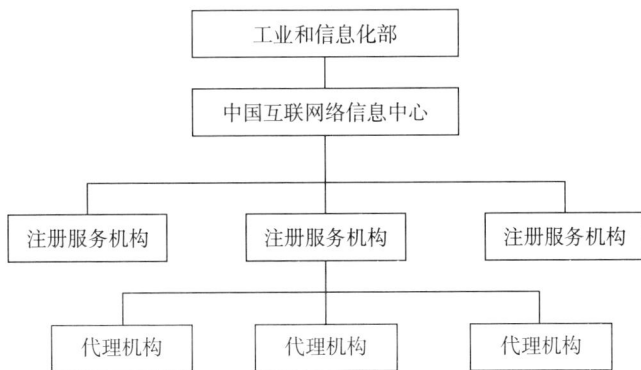

图 2.5　中国域名管理体系

（2）中国域名的注册和管理。中国域名注册遵循全球域名管理的一般规则：先申请先注册。

中国的域名注册必须遵守中国的法律。《中国互联网域名管理办法》规定，任何组织或个人注册和使用的域名，不得含有下列内容：（一）反对宪法所确定的基本原则的；（二）危害国家安全，泄露国家秘密，颠覆国家政权，破坏国家统一的；（三）损害国家荣誉和利益的；（四）煽动民族仇恨、民族歧视，破坏民族团结的；（五）破坏国家宗教政策，宣扬邪教和封建迷信的；（六）散布谣言，扰乱社会秩序，破坏社会稳定的；（七）散布淫秽、色情、赌博、暴力、凶杀、恐怖或者教唆犯罪的；（八）侮辱或者诽谤他人，侵害他人合法权益的；（九）含有法律、行政法规禁止的其他内容的。

中国域名注册只为依法登记并且能够独立承担民事责任的组织提供服务，不为个人注册提供服务。虽然工业和信息化部颁布的《中国互联网络域名管理办法》（2004年12月20日起实施）没有禁止个人注册域名，但是中国互联网络信息中心制定的《中国互联网络信息中心域名注册实施细则》（2009年6月5日起施行）第十四条明确规定："域名注册申请者（以下简称申请者）应当是依法登记并且能够独立承担民事责任的组织。"国际上一般开放个人注册域名，如美国、英国、法国、德国、澳大利亚、日本、韩国、新加坡、马来西亚以及我国的台湾、香港地区等都已经开放了个人域名。

中国的域名注册实行"实名制"。《中国互联网络域名管理办法》第二十八条规定："域名注册申请者应当提交真实、准确、完整的域名注册信息，并与域名注册服务机构签订用户注册协议。"域名注册机构负责执行"实名制"：保证域名注册系统信息的注册组织或注册人经核实为真实存在的组织或个人；保留注册组织或个人的身份证明文件复印件；通过对域名注册者联系电话进行回访，接听方确认为域名联系人且办理过该域名的注册。通过上述措施，可以令每个使用中的域名，都存在现实社会中对应的联系人，有真实的书面材料追溯。

中国互联网络信息中心根据国家有关法规提供或停止解析服务。例如，按照政府有关部门要求，对于某些违法违规网站特别是没有依法备案的网站停止解析服务，以维护网络正常秩序。

与国际通行规则相似，我国法律保护域名权。域名权出现纠纷，可通过两条途径解决：按照《中国互联网络域名管理办法》和《中国互联网络信息中心域名争议解决办法》等相关规定解决，或者走司法途径解决。

（3）境外域名的注册和管理。中国用户可以通过境外域名管理机构在中国授权的注册服务机构或注册服务代理商注册境外域名，甚至可以直接通过互联网在境外直接注册境外域名。中国用户不仅可以注册后缀为.com、.net、.org、.edu、.tv、.cc、.biz的域名，还可以注册后缀为特定国家的域名。

中国用户注册境外域名后，将遵循境外域名的相关规则，包括：命名规则、转让规则、实名制规则、域名权保护规则、解析服务规则等。可以说，政府相关部门根据中国国情制定的针对国内域名的规则基本都失效了。

由于互联网是全球网络，域名注册在一定程度上存在"双轨制"：国内域名按照国内规则管理，境外域名按照境外规则管理。

专栏2.7 中国互联网络信息中心

中国互联网络信息中心（China Internet Network Information Center，简称CNNIC）是经国家主管部门批准，于1997年6月3日组建的管理和服务机构，行使国家互联网络信息中心的职责。中国互联网络信息中心（CNNIC）以"为我国互联网络用户提供服务，促进我国互联网络健康、有序发展"为宗旨，负责管理维护中国互联网地址系统，引领中国互联网地址行业发展，权威发布中国互联网统计信息，代表中国参与国际互联网社群。

CNNIC承担的主要职责：互联网地址资源注册管理；互联网调查与相关信息服务；目录数据库服务；互联网寻址技术研发；国际交流与政策调研；承担中国互联网协会政策与资源工作委员会秘书处的工作。

> CNNIC 按照非营利组织运行。CNNIC 在行政上接受中国科学院领导，在业务上接受中国互联网络信息中心工作委员会（简称 CNNIC SC）的监督和评定。CNNIC 工作委员会由 CNNIC 业务主管机构代表、行政主管机构代表、互联单位代表、相关领域的专家和学者，以及互联网络业界有关人士等成员组成。
>
> 资料来源：中国互联网络信息中心官方网站 www.cnnic.net.cn。

2. IP 地址分配体系

（1）IP 地址的全球分配。全球互联网络 IP 地址必须统一分配。互联网的 IP 地址的分配是分级进行的。ICANN 是对全球 IP 地址进行编号分配的最上层机构，根据 ICANN 的规定，ICANN 将部分 IP 地址分配给地区级的互联网注册机构 RIR（Regional Internet Registry），然后由这些 RIR 负责该地区的登记注册服务。目前全球一共有 4 个 RIR，即负责北美地区业务的 ARIN，负责欧洲地区业务的 RIPE，负责拉丁美洲业务的 LACNIC，负责亚太地区业务的 APNIC。在 RIR 之下还可以存在一些 IR（Internet Registry），如国家级 IR（NIR，National Internet Registry），普通地区级 IR（LIR，Local Internet Registry）。这些 IR 都可以从 RIR 得到 IP 地址，并向各自的 ISP 分配到最终用户。

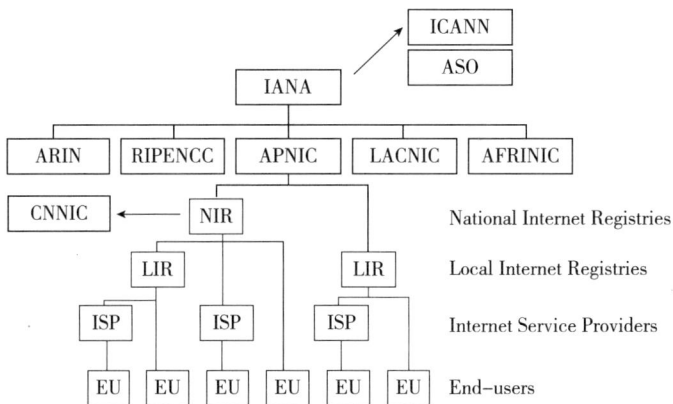

图 2.6　IP 地址全球分配图

（2）中国的 IP 地址分配。中国企业申请 IP 地址有两种方式：直接向 APNIC 申请地址，或者向 CNNIC 申请地址。

中国企业直接向 APNIC 申请地址未必是最佳选择，主要表现在：语言和程序不熟悉，容易出差错；获得的 IP 地址数量少，时效性差；申请的成本高。

通过中国互联网络信息中心 CNNIC 申请 IP 地址是一条捷径。CNNIC 以国家 NIC 的身份于 1997 年 1 月成为 APNIC 的联盟会员，成立了以 CNNIC 为召集单位的分配联盟，称为 CNNIC 分配联盟。CNNIC 召集成立的 IP 地址分配联盟，采用与 APNIC 相同的模式，通过向联盟成员收取会员费和 IP 地址使用费，代众多中小企业向 APNIC 申请 IP 地址。通过 CNNIC 地址分配联盟申请 IP 地址比直接向 APNIC 申请有众多优势：CNNIC 向 APNIC 申请 IP 地址的时间早、数量大、熟悉 APNIC 的 IP 地址分配规则，并且已经在 APNIC 形成了 IP 地址的规模化、专业化申请；CNNIC 每年都派员参加 ICANN 和 APNIC 的年会和其他重要会议，参与各种 IP 地址资源分配政策的制定，为国内的申请单位争取利益，同时积极邀请 APNIC 在国内开展培训和推广活动，为用户提供各种咨询服务。

3. 技术标准的制定

全球互联网技术标准主要由全球性民间组织制定，典型机构包括 IETF、W3C 等。这些机构吸收了全球研究专家、企业、科研机构等各方面的智慧，推动全球互联网技术标准的发展演进。

中国的有关部门和研究专家也积极参加全球互联网技术标准的制定，早期中国的贡献主要集中在中文的相关处理技术方面，如：

1996 年 3 月我国研究人员在清华大学胡道元教授指导下向 IETF 提交的适应不同国家和地区中文编码的汉字统一传输标准 Chinese Character Encoding for Internet Messages 被 IETF 通过为 RFC1922 标准，成为中国第一个被认可为 RFC 文件的提交协议。

2000 年中国互联网络信息中心 CNNIC 开始参与 IETF 国际化域名工作组的工作，并先后向 IETF 提交了《中文繁简字符转换》和《国际化域名和独特标识/名称》等六篇有关国际化域名的互联网技术草案。2006 年，CNNIC 牵头在 IETF 推动成立了国际化电子邮件地址 EAI 工作组，李晓东任工作组主席，开创了国人担当工作组主席的先河。到目前为止，CNNIC 共牵头制定了 3 项 RFC 标准，并正在推动 5 项工作组草案和 12 项个人草案。

最近几年，中国企业和研究机构在互联网技术标准演进中的作用不断增强，如在 IPV4 向 IPV6 的演进过程中需要制定大量技术标准，中国企业踊跃参加，成为全球互联网技术标准制定的一股重要力量。

2010 年 7 月 IETF 第 78 次会议，华为公司联合中国电信和中国移动组建了 V4 to V6 Transition Bar BOF（Birds of Future，兴趣小组），并相继成功举办了 3 次研讨会议，研究 IPv4 网络过渡 IPv6 的演进路线和运营问题。华为公司邀请 FT、TI、Comcast、Rogers、Free 等国外重量级运营商，以及 Cisco、Juniper、ALU 和 Nokia 等主流设备厂商成为该 Bar BOF 及其后续工作成员，大大提升了中国在 IPv6 领域的影响力，掌握了业界 IPv6 过渡的主动权。近年来，华为公司、中兴通讯、中国电信、中国移动和清华大学在 IETF IPv6 领域非常活跃。清华大学和中国移动也在 IPv6 过渡标准研究方面有较大投入，贡献了数篇 RFC。华为公司目前已在 IETF 内部担任 IAB、AD 等多个重要职位并相继贡献 32 篇 RFC，在 IPv6 标准研究方面，华为覆盖 IPv6 过渡、翻译、接入和安全等多个领域，已提出 3 篇 RFC、12 篇工作组文稿（即将发布为 RFC）和 25 篇个人文稿。

专栏 2.8　中国领先通信设备制造企业——华为

华为是全球领先的电信解决方案供应商。公司在电信基础网络、业务与软件、专业服务和终端等四大领域都确立了端到端的领先地位。公司凭借在固定网络、移动网络和 IP 数据通信领域的综合优势，产品和解决方案已经应用于全球 100 多个国家，服务全球运营商 50 强中的 45 家及全球 1/3 的人口，收入达到 1491 亿元。

公司将创新作为企业发展的主要动力，始终坚持将收入 10% 作为研发投入。到 2009 年底，华为公司约有 9 万名员工，其中将近一半员工进行产品与解决方案的研究开发，并在美国、德国、瑞典、俄罗斯、印度及中国等地设立了 17 个研究所，与领先运营商成立 20 多个联合创新中心。

2009 年，华为新申请专利 6770 件，累计申请专利达到 42543 件，其中包括中国专利申请 29011 件、国际专利申请 7144 件、国外专利申请 6388 件。据世界知识产权组织（WIPO）报道，2009 年 PCT（Patent Cooperation Treaty，专利合作条约）的国际专利申请数华为位居全球第二。在 LTE/EPC 领域，华为基本（核心）专利数全球领先。

华为融入和支持主流国际标准并做出了积极贡献。2009 年，华为在 123 个标准组织中担任了 148 个关键领导职位：如在 ITU 中担任 ITU－T SG11 主席、SG16 副主席，以及 ITU－RSG5 副主席和 WP5D 技术组主席，在其他组织中担任的重要职位包括 3GPP CT 副主席、GERAN 副主席、SA5 主席，IEEENGSON 主席，IETF Routing Area AD 和 OMA DM 主席等。截至 2009 年 12 月 31 日，华为共向标准组织提交文稿 18000 多篇。2009 年，华为获得了 IEEE 标准组织授予的 2009 年度杰出公司贡献奖。

资料来源：华为官方网站 www.huawei.com。

（三）问题与建议

互联网资源治理方面的问题主要体现在域名的治理机制上。

为了保证域名的合理和有效使用，各国政府和相关资源管理部门都制定了本国的域名管理措施。从我国的域名管理情况看，基本特点是"重事前管理、轻事后管理"。不仅在域名上重视事前管理，而且将域名管理作为网站监管的重要事前管理手段。

我国域名的事前管理相对比较严格，主要内容包括：域名注册服务机构实行审批制管理，严格控制域名注册服务机构的数量；严格落实域名注册申请者应提交真实、准确、完整的域名注册信息的规定，域名持有者为法人组织的，应当提交组织机构代码证（复印件或扫描件）、注册联系人身份证（复印件或扫描件）、有效联系方式（联系电话、电子邮箱、联系地址等）。域名持有者为个人或非法人组织的，应当提交注册联系人身份证（复印件或扫描件）、有效联系方式（联系电话、电子邮箱、联系地址等）；从 2009 年开始，在一段时期内，中国互联网络信息中心停止受理个人域名的申请。为了落实已注册域名的实名制，中国互联网络信息中心从 2009 年开始的专项整治行动中，完成信息真实性核验的域名共计 468.6 万个，停止解析未备案域名 63.6 万个。

严格的域名管理有利有弊。域名实名制是国际公认的准则，总体上看利大于弊。ICANN 在《注册商认证协议（RAA）》中的第 3.7.8 款明确要求域名注册信息必须"真实、完整、准确"，但实际上 ICANN 的政策并没有被注册商们有效执行。国际反钓鱼工作组（APWG）公开抱怨，ICANN 管理的 COM 等域名因为实名率太低导致"whois 信息是一个没有价值的资源"，纵容了利用域名便利开展网络攻击、钓鱼、欺诈等行为的泛滥。国际安全软件制造商赛门铁克和中国反钓鱼网站联盟的数字都表明，自 2009 年 12 月中国加强实名制管理以来，CN 域名的不良域名比例大幅下降，其表现远远超过 COM 域名。

个人域名的限制政策则存在很大争议。许多人认为，该政策实质是"将孩子与脏水一起泼掉"，它虽然有助于限制少数不良分子利用个人域名开展不良活动，减少相关部门的监管难度，但也限制了大多数个人申请者合理利用域名的机会。从实际效果看，在全球化的互联网上，该政策并未达到预期效果，大量个人用户转到境外注册，相当于国内的资源流失到境外。中国互联网络信息中心也表示，个人域名限制是阶段性政策，正在积极协商制定新的个人域名管理政策。

依赖事前管理反映出事后管理能力不足。由于事后管理能力不足，事前管理成为简便有效的选择。事后管理能力不足有客观原因：互联网发展迅速，难以及时制定适应中国实际情况的事后管理规则，互联网的社会经济影响也有待观察；政府、资源管理部门、企业等利益相关方还没有形成无缝合作的关系。

事前管理是简单有效的方式，但是过严的事前管理不利于国内的互联网发展。首先，互联网是全球性基础设施，大量的用户资源可能迁移到境外发展；第二，互联网是快速创新领域，严格的事前管理不利于发挥国内企业和个人创新的积极性。

建议放松事前管理，加强事后管理。这应是一个渐进的过程，它需要建立事后监管体系，任务极其艰巨。主要内容包括以下几方面。

明确行业监管部门、资源管理部门、企业的权利和责任。当前的突出问题是：行业监管部门对各类网络行为的事后监管能力不足，处罚权利不明确；有些注册服务企业没有切实履行域名实名的义务；资源管理部门CNNIC不得不承担较多管理责任。未来应增强行业监管部门的事后监管能力，鼓励注册服务企业承担起应尽义务。

建立更加明确的网络规则。政府部门应出台相应的法规，更加详细地界定哪些网络行为是非法的，哪些是不提倡的，为广大的互联网网站提供行动指南，也为管理部门提供依据。对于各类违法违规行为，应明确相应的监管主体，如果政府相关部门没有足够的资源和能力进行直接监管，可以通过法规明确授权行业协会或资源管理部门采取一定的技术措施协助开展事后监管。

三、网络安全

网络安全包括网络设施安全和网络信息安全两个层面的内容。

网络设施安全指网络设施保持完整性和安全运行。网络设施安全的主要内容包括：网络连接的各类硬件设备免遭破坏，网络中运行的各类软件免遭破坏或非法修改，网络运营免遭人为中断或人为降低效率。

网络信息的安全指网络上存储和传输的数据的安全。网络信息安全的主要内容包括：用户信息在存储和传输过程中免遭破坏，用户隐私信息免遭不当收集与利用。

（一）网络安全问题的主要特征

1. 网络不安全事件传播快、破坏面广

网络不安全事件在互联网上传播速度快、破坏面广。如2006年底湖北李俊编写的"熊猫烧香"病毒，在互联网上快速传播，感染了数百万台计算机。根据国家计算机病毒应急处理中心的描述，"熊猫烧香"是蠕虫病毒，该蠕虫感染计算机系统后，可使系统中所有.exe文件都显示为"熊猫烧香"图案，同时受感染的计算机系统会出现蓝屏、频繁重启以及系统硬盘中数据文件被破坏等现象。病毒变种可以通过局域网进行传播，进而感染局域网内所有计算机系统，最终导致整个局域网瘫痪，无法正常使用。

暴风门事件（5·19断网事件）是中国互联网遭遇的一次典型大范围的网络安全事故。2009年5月18日开始，某著名域名解析服务网站（为暴风影音等域名提供解析）遭到攻击，在史无前例的大流量攻击下该网站的6台解析服务器开始失效，大量网站开始间歇性无法访问，其中包括国内诸多知名网站。在19日晚的攻击高峰期，该网站耗尽了电信机房将近1/3的带宽资源，为了不影响机房其他用户，电信机房被迫离线，该网站的服务完全中断。由于暴风影音播放器客户端无法解析出服务器的IP，开始不断向网络供应商的域名解析服务器发送解析请求，造成当地运营商的域名解析服务器堵塞。19日晚上，浙江电信域名解析服务开始瘫痪，之后的两个小时内天津、北京、上海、河北、山西、内蒙古、辽宁、吉林、江苏、黑龙江、浙江、安徽、湖北、广西、广东等地区的域名解析服务相继瘫痪。

CNNIC和CNERT的调研表明，2009年，中国有52%的网民曾遭遇过网络安全事件，对网民使用互联网的信心造成了较大冲击。

2. 危害网络安全的方式层出不穷

互联网是一个开放网络，危害网络安全的新方式层出不穷、防不胜防。以网络攻击为例，最近几年出现了新的发展趋势：自动化程度和攻击

速度不断提高，攻击者可以利用分布式等新技术加快攻击速度，像红色代码和尼姆达这类工具能够自我传播，在不到 18 个小时内就达到全球饱和点；攻击工具越来越先进，自我更新能力强，传统手段难以侦破，可绕过多种防火墙；网络上的安全漏洞被广泛利用，新发现的安全漏洞每年都要增加一倍，入侵者常常在厂商修补这些漏洞前发现攻击目标。

CNNIC 和 CNERT 的调研表明，2009 年，网民在网络下载或浏览、使用移动存储介质、电子邮件、使用即时通信软件、网络游戏等活动中都遭遇过网络安全事件，其中病毒、木马等恶意代码入侵计算机事件占绝大多数。网络下载和浏览成为病毒和木马传播的主要渠道，77.5% 的网民在网络下载或浏览时遭遇病毒或木马的攻击。移动存储介质，如 U 盘、移动硬盘、光盘等，成为病毒或木马传播的第二渠道，有 26.9% 的网民遭遇过此类的攻击。有 10.1% 的网民并不知道是什么原因导致其感染病毒或木马。

3. 社会经济损失巨大

网络不安全对企业、政府、网民等所有网络使用者都带来了巨大的损失，包括：网络使用者要额外投入大量设备和人力保证系统安全运行，网络安全事件给使用者造成了各种直接和间接损失。

CNNIC 和 CNERT 调查了中国网民 2009 年在安全方面的损失，主要包括以下部分。

计算机系统的破坏。2009 年，71.9% 的网民发现浏览器配置被修改，50.1% 的网民发现网络系统无法使用，45% 的网民发现数据、文件被损坏，41.5% 的网民发现操作系统崩溃，还有 32.3% 的网民发现 QQ、MSN 密码、邮箱账号被盗。

修复系统的成本。77.3% 的网民反映遇到网络安全事件要付出大量的时间成本，平均每人需要花费约 10 小时来处理安全事件。网民处理安全事件所支出的服务费用共计 153 亿元人民币；在实际产生费用的人群中，人均费用约 588.9 元；如按国内 3.84 亿网民计算，人均处理网络安全事故费用约为 39.9 元。

直接经济损失。网络安全事件给国内 21.2% 的网民带来直接经济损失，包括即时通信、网络游戏等账号被盗造成的虚拟财产损失，网银密码、账号被盗造成的财产损失，以及因网络系统、操作系统瘫痪、数据、文件等丢失或损坏，对其找回或修复产生的费用等。

（二） 网络安全风险的来源

网络安全风险主要来自两类行为：网络攻击和信息收集。网络攻击行为可能破坏网络设施安全，还可能进而破坏网络信息安全。信息收集行为主要影响网络信息安全。

1. 网络攻击

网络攻击是复杂的社会行为。美国网络专家 Howard 和 Christy 根据大量的网络攻击案例，从攻击者、工具、漏洞、行为、目标、非法入侵、目标描述了网络攻击的类型（《CHRISTY J Cyber threat & legal issues 》，1999），如图 2.7。

国内学者，如刘欣然（2004、2006）、郭林（2007）、王昭（2009）等，也对网络攻击进行了综合分类。

综合以上文献，可以看出，网络攻击是非常复杂的社会行为，表现在以下几个方面。

（1）网络攻击者的身份非常复杂。常见的网络攻击者包括以下几种类型。

黑客（来自英文 Hacker），原指一些热衷于计算机和网络技术的人，他们热衷于破解密码，入侵他人设防的系统，挑战技术极限。其出发点可能并非破坏网络，只是个人兴趣，但其行为后果可能对网络带来不同程度的损害。

骇客（来自英文 Cracker 或 Vandal），指以破坏整个网络或网络上特定设施为目标的人群，包括泄愤者、野蛮人、精神不健康或不正常者等等。

抗议者，指对某些机构或个人不满的人群，他们常常通过网络攻击抗议对象以表达不满情绪。

窥隐私癖，指采用各种手段通过网络窥探他人隐私者。

恐怖组织，指以破坏社会稳定和危害人民生命财产安全为目标的社会组织。这些组织通过破坏网络或者网络控制的设施达到破坏社会的目标。

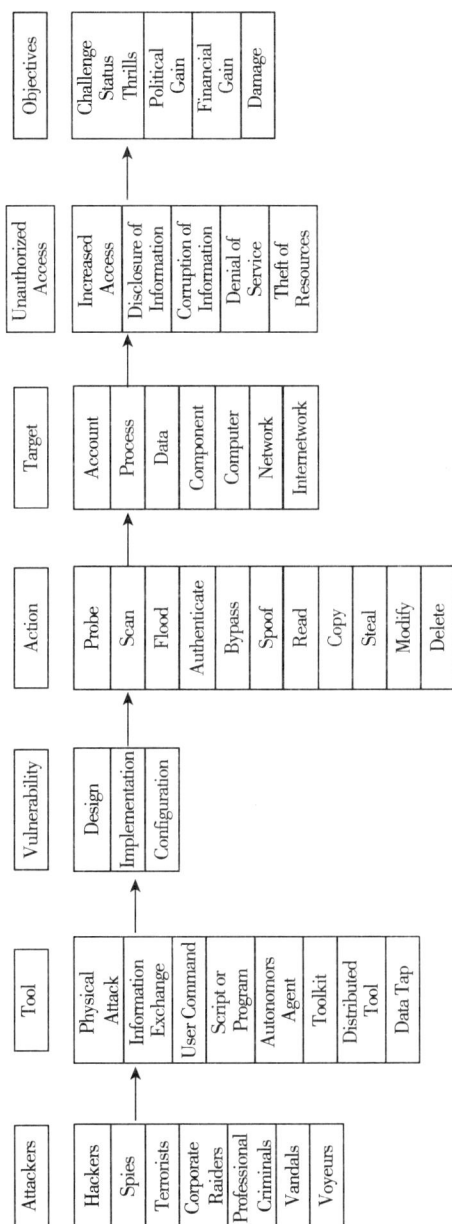

图 2.7 Christy 改进后的攻击分类方法

Attackers	Tool	Vulnerability	Action	Target	Unauthorized Access	Objectives
Hackers	Physical Attack	Design	Probe	Account	Increased Access	Challenge Status Thrills
Spies	Information Exchange	Implementation	Scan	Process	Disclosure of Information	Political Gain
Terrorists	User Command	Configuration	Flood	Data	Corruption of Information	Financial Gain
Corporate Raiders	Script or Program		Authenticate	Component	Denial of Service	Damage
Professional Criminals	Autonomors Agent		Bypass	Computer	Theft of Resources	
Vandals	Toolkit		Spoof	Network		
Voyeurs	Distributed Tool		Read	Internetwork		
	Data Tap		Copy			
			Steal			
			Modify			
			Delete			

间谍，指情报机构中专门通过网络收集特定信息的人员，包括军事间谍、商业间谍等。

企业狙击者，指通过网络破坏竞争对手的企业，这些企业利用一定的技术手段破坏竞争对手的计算机系统、网站、域名解析、客户端软件等等，以提高本企业产品的市场占有率。

网络部队，指执行网络战任务的部队，主要由计算机、信息安全、密码学方面的专业技术人员组成，其任务包括网络侦察、网络攻击和网络防御等。据报道，20世纪90年代以来，一些军事大国纷纷组建了自己的网络部队。

（2）网络攻击的手段五花八门。从网络攻击的来源、入口、技术、工具、漏洞等看，网络攻击的手段五花八门。

网络攻击的来源，可以是远程网络，即来自外部网络的数据访问，也可以是本地网络，即来自内部网络的使用。

网络攻击的入口，即攻击者进入到被攻击目标的通道，包括：用户接口（应用服务系统与用户的交互接口），系统接口（操作系统与应用程序和外界网络的交互接口），设备接口（操作系统与各外围设备之间的接口）等。

攻击技术，即常见的技术手段，包括：伪造信息攻击、拒绝服务攻击类、信息利用攻击类、数据驱动攻击类、信息收集攻击类等。

攻击工具，即由技术专家编写的网络攻击软件。由于大量的攻击工具软件的出现，网络攻击成为一件容易的事情，网络攻击者也可以分为三类：不需要编程经验；需要少量的编程经验；需要丰富的编程经验。

网络漏洞，即网络攻击者可以利用的软件或硬件缺陷，主要包括：设计漏洞，即在系统设计阶段出现的问题；实施漏洞，即在编码过程中，没有遵循严格的安全编码方法或测试不严格而造成的漏洞；配置漏洞，即在使用阶段，配置不当而形成的漏洞。网络攻击可以利用网络漏洞，也可以不利用网络漏洞。

（3）网络攻击带来多方面的风险。网络攻击的直接风险包括以下几个方面。

控制账户。网络账户实际代表了使用网络系统资源的权限，包括使用应用软件的权限、使用操作系统的权限、管理和配置系统资源的权限等等。网络账号可以根据不同的权限进行分级，高级别账号可以控制较多系统资源。网络攻击者获取网络账号后，就可以获取系统的合法使用权，其行为仅受所取得账户权限的约束而且很难被发现，隐蔽性极强。

破坏文件系统。网络攻击者对他人计算机上的文件进行读取、修改、删除操作，获取他人文件信息，甚至破坏他人程序或数据。最常见的是"流氓软件"，某些企业利用一定的技术手段在用户终端上强制安装软件并对抗用户删除，安装的软件包括广告软件、间谍软件、浏览器修改和劫持软件、行为跟踪软件等。

控制进程。网络攻击者可以控制计算机上运行的进程，如杀死进程、修改进程资料、修改进程执行顺序等等。

控制和消耗资源。常见的行为包括：通过自动和不间断攻击网络节点，造成网络资源的大量占用甚至耗尽，使得网络无法正常提供服务；通过运行特定进程消耗计算资源和存储资源，使得计算机无法工作等等。

专栏2.9　5·19断网事件

5·19断网事件，也叫暴风门事件，是指2009年5月19日21时起，中国互联网遭遇了连锁反应，出现了大范围的网络故障。其过程为：2009年5月18日开始，著名免费dns服务提供商的6台服务器开始受到攻击。dnspod为诸多网站提供域名解析服务，其中包含暴风影音。在史无前例的大流量攻击下dnspod的6台解析服务器开始失效，大量网站开始间歇性无法访问。由于dnspod耗尽了整个机房将近1/3的带宽资源，为了不影响机房其他用户，dnspod的电信主力dns服务器被迫离线。19日晚上，在另一轮高强度攻击下，dnspod服务完全中断，由于暴风影音播放器客户端无法解析出服务器的IP，开始不断向网络供应商的dns服务器发送解析请求，造成当地运营商的dns服务器堵塞。19日晚上21点左右，浙江电信dns开始瘫痪，之后的两个小时内天津、北京、上海、河北、山西、内蒙古、辽宁、吉林、江苏、黑龙江、浙江、安徽、湖北、广西、广东等地区的 dns 陆续瘫痪。在零点之前，部分地区的运营商进行了处理，将暴风影音的服务器 IP 加入 dns 缓存或者禁止这个域名的解析，网络开始恢复。

中国互联网络信息中心副主任兼总工程师李晓东博士认为此次事件是典型的多米诺效应。故障的起源点在于 DNSPOD.COM 被人恶意大流量攻击，承担 DNSPOD.COM 网络接入的电信运营商断掉了其网络服务。这是导致本次网络瘫痪的第一个骨牌。由于 DNSPOD 网络服务被中断，致使其无法为包括 BAOFENG.COM 在内的域名提供域名解析服务，诸多采用 DNSPOD 服务的网站无法访问。这些采用 DNSPOD 服务的网站或者网络服务（包括暴风影音在内）同时成为此次网络故障的第二张骨牌。本来 DNSPOD 的故障不一定会对互联网造成大面积的扩散影响，但是由于暴风影音的安装量巨大和网络服务的特性，使得暴风影音成为此次网络故障的焦点。第三张骨牌就是电信运营商的本地域名服务器。安装了暴风影音软件的用户电脑产生的巨量域名请求拥塞了为这些用户提供服务的各地电信运营商的本地域名服务器，导致多个省份的本地域名服务器出现故障甚至无法提供正常服务，终于推倒第三个骨牌。

2009 年 6 月 1 日，暴风公司 CEO 冯鑫宣布，为了避免类似事件再发生，公司官网停止所有旧版本暴风影音的下载服务，用户可删除所有之前的版本，并将针对 1.2 亿用户软件进行召回，更新为全新版本。

随后，公安部、工信部将此案列为全国最大的督办案件。公安网警在广东佛山将疑犯徐×兵（男，23 岁、浙江温州人）等 4 人抓获，当场缴获"黑客攻击工具"服务器 5 台。案中核心人物为徐×兵，经小学同学阿卿介绍，他尝试投资搞私人服务器，经营网络游戏和广告，由阿卿负责技术。徐×兵小打小闹的私服，常常被其他经营私服的对手攻击，极少盈利。徐×兵与阿卿又投资了 28 万元，租用了 81 台私服，专门用来攻击其他私服。但阿卿的网络技术不强，由他的朋友阿刚编制一套网络攻击程序，但效果不好。于是，他们在网上发帖寻求"行内人"帮助。帖子发出不久，一个网名叫"传奇一侠"的人回了帖，表示愿意免费提供技术帮助。"传奇一侠"在浙江东阳经营网络公司，也以经营私服为主。5月18日晚7时左右，阿卿用公司的电脑开始向网络服务器发起攻击。

资料来源：根据新浪、搜狐、新华网等新闻编写。

2. 信息收集

互联网是一个全球性开放网络，网络上存在无数的信息收集机会，主要表现在以下方面。

（1）网络应用环节的信息收集。主要有以下几种形式。

网页浏览。在线企业可以通过网络服务器日志、访问数据包中的IP地址、浏览器标题字段、cookies、用户账号等内容获取访问者信息。有些不良在线企业甚至设立仿冒网页，通过钓鱼骗取用户信息。

网络搜索。网络搜索公司可以通过收集特定用户输入的关键词，了解用户的工作和生活状况。网络搜索公司还会发送大量"网络爬虫"收集网络信息，存储在公司的庞大数据库中，即使原始网页删除了它们也不会消失。

在线地图和定位服务。在线地图泄露了个人的行动信息，定位服务更加详细地提供了个人的地理位置和行动路线。

即时通信。即时通信软件为用户提供了方便，也为在线服务企业和窥探者提供了收集信息的机会。

邮箱服务。邮箱服务企业存储了用户的大量邮件信息，如果它们愿意去读这些邮件，目前似乎还没有技术和法律障碍。

桌面软件。输入法、浏览器、杀毒软件、电脑管家、即时通信、多媒体播放器、高速下载等厂商纷纷将自己的软件安装在用户桌面上，在线跟踪用户行为，以便为用户提供及时的个性化服务。这些企业完全可以"悄悄分享"用户的输入信息和存储信息。

网上购买。用户在网上购买商品、服务和虚拟货币时，难免会泄露个人信息，包括注册时使用的姓名、身份证、地址、电子邮件等信息，购买时泄露的信用卡号码和密码等重要信息。

在线软件升级。在线软件升级为厂商和用户都提供了极大的方便，但是也为不良厂商安装"软件后门"打开方便之门。

数据挖掘。一些企业在网上从事数据挖掘工作，将相关信息进行收集整理和对比分析，获取有商业价值的信息，其中可能包含用户的隐私信息。

在线外包和云计算服务。在线外包和云计算服务提供企业无疑可以获得用户的大量业务信息，这些企业一般制定严格的保密合同，信息泄露的风险常常来自意外事故。

（2）传输和存储环节的信息收集。互联网用户的信息需要本地 ISP、骨干网运营商、域名运营者等机构帮助传输。这些传输者可以窃听、更改、重定向、减速或者阻拦传输信息。如果这些部门的安全管理存在漏洞，外部人员也可能刺探传输中的信息。无线信号实行空中传输，理论上存在被人截获的可能。

ISP 拥有更多的信息优势。ISP 可以看到其用户发送的所有非加密信息。另外，ISP 拥有其客户的大量真实信息，包括姓名、身份证号、住址、电话、信用卡号等关键信息。如果 ISP 将网络信息与真实信息进行对比分析，用户的隐私将一览无余。

移动互联网的发展也增加了用户信息泄露的潜在风险。移动运营商每时每刻都掌握着用户的位置信息，这些信息有可能在移动互联网中扩散到更多在线企业手中，成为其商业盈利的手段。

服务器托管获取了完善的机房设施、高品质网络环境、丰富带宽资源、专业的运营管理经验、实时监控等外部优势资源，提高了系统运营的可靠性和稳定性，但也带来了信息泄露的风险。在线企业将大量信息尤其是第三方信息放置于他人的存储设备之上，如果托管人和保管人在信息使用、管理和废弃处置方面没有建立严格的制度，有可能出现信息安全失控的局面。

（3）终端上的信息收集。台式电脑、笔记本电脑、手机、机顶盒以及其他各种智能化终端设备都存在信息泄露的风险。

智能终端都离不开高度复杂的操作系统。多年来一些学者怀疑某些操作系统可能安装软件后门，尽管无从证实，但它说明这在技术上是可行的。当然，商业企业出于自身利益的考虑，一般情况下不会冒险安装软件后门，因为用户一旦知晓将集体抵制其产品。

智能终端上一般要安装大量驱动程序和应用程序，这些程序还可能在线升级。用户将智能终端对这些厂商开放带来了极大的使用方便，但用户也承担了个人信息外泄的风险。

个人终端一般存储了大量重要私有信息，包括社会关系信息、电子邮件、日程安排、金融理财等，信息泄露可能对个人带来重大损失。

专栏 2.10　Google 知道你多少秘密？

Google 帝国年收入达到数百亿美元，吸纳了 10000 位全球绝顶聪明的人才，管理着分布于 25 个不同区域的 450000 台服务器。

Google 全方位收集你的信息：通过你使用它的工具套件直接提供的信息；通过 Googlebot 网络爬行器收集的信息；来自 Google Adsense 和 Google Analytics 服务的网络冲浪统计；其他用户使用 Google 提供的信息；来自第三方数据库以及商业合作伙伴的信息。

很多人目光短浅地认为单个个人信息的泄露不重要，但他们忽视了这些行为的总和。绝大多数人没有意识到他们泄露的信息总量有多大，以及他们泄露的信息可以通过很多站点和社会组织进行收集、数据挖掘以及捆绑。在很多情况下，他们的真实身份都可以通过较少的在线活动量确定。

Google 可能真的没有私心，并且事事从你的角度出发考虑。但是 Google 也可能居心不良地利用你的个人信息。Google 作为一家商业企业，理应采取针对股东而非你的最佳盈利模式。就算 Google 为你着想，你仍然面临极大的危险。你的搜索行为是公开的，别人也能轻易觉察到；信息保管不周、内部职员蓄意行为或外部攻击都可能导致信息泄露；政府可能要求 Google 提供个人隐私信息，如 2006 年美国司法部签发传票，要求提供两个整月内的搜索查询以及 Google 索引中所有的 URL。

　　资料来源：（美）Greg Conti 著：《Google 知道你多少秘密》，机械工业出版社 2010 年版。

（三）网络特性与安全风险

　　传统的电信、广电网络具有较好的"可管可控"性，但其创新性受到极大限制。互联网具有强大的创新活力，但在发展过程中暴露出大量的安全风险。当前互联网在发展中暴露出的安全风险与互联网络的特性有直接关系，可以说，为了保持互联网的创新特性，我们必须承受一定的安全风险。

　　1. 网络的开放性、全球性、互动性和匿名性

　　网络的开放性、全球性、互动性和匿名性是网络的基本特性，如果改变这些特性，互联网就不称其为互联网了。

　　开放的互联网海纳百川。进入网络的设备和应用可能存在重大技术缺陷，也可能暗藏杀机；网络使用者绝大多数是守规者，但某些角落也隐藏着黑客、骇客、抗议者、窥隐私癖、恐怖组织、间谍、企业狙击者，甚至有些国家正在建设强大的网络部队。由于互联网在各个环节都敞开了自己的大门，破坏者与建设者一同进入了美丽的花园，建设者们实现了人类历史上最激动人心的创新，而破坏者也轻易地完成了其破坏行为。

　　互动的互联网为破坏者提供了新的手段。网络互动性为用户提供了巨大的方便，但网络攻击者却将它用作网络攻击的工具。例如，网

络攻击者用被攻击主机的 IP 地址作为源 IP 地址向多个域名解析服务器发送大量查询请求，域名解析服务器将会把大量的查询结果发送给被攻击主机，从而导致被攻击主机所在的网络拥塞。又如，微软公司推出 Active X 的目的是提高网络应用的交互性，但它自动下载和运行网络程序的功能为网络攻击者和盗窃者搭建了进入他人系统的桥梁。另外，由于网络的互动性，安全事件具有一定的传染性和扩散性，一台计算机的病毒可能传染给网络中的计算机，一台服务器的故障可能影响其他服务器的工作效率。

匿名的互联网降低了破坏者的风险。网络破坏者通过网络破坏他人系统或窃取信息，受害者一般难以知晓破坏者的真实身份，也无从知晓其居住或作案地址。理论上可以利用一定的技术手段寻找破案线索，但成本很高，绝大多数用户不愿追究。如果破坏程度未达到"公共事件"的程度，政府部门也不会干预这些"小事"。在一定程度上，在网络上干"不太大的坏事"，基本上没有什么风险。

全球性的互联网为破坏者提供了天然隐蔽所。跨国犯罪是互联网的一个巨大漏洞，受害国一般难以制止或惩罚境外的犯罪行为。一些国家尝试加强国际合作，如 2001 年 11 月由欧洲理事会的 26 个欧盟成员国以及美国、加拿大、日本和南非等 30 个国家签署了全球第一部针对网络犯罪行为的国际公约《网络犯罪公约》（Cyber – crime Convention），该公约规定签约国要对非法存取、非法截取、资料干扰、系统干扰、设备滥用、伪造电脑资料、电脑诈骗、儿童色情、侵犯著作权等九类网络犯罪行为予以刑法处罚。由于该公约部分条款有损签约国的主权，如允许国外调查机构绕开政府直接与网络运营商接触等，多数国家都未签字。

2. 系统的复杂性

据专家估计，全球约有近 7 亿台计算机与互联网相连，构成一个庞大的复杂系统。互联网的复杂性表现在两个层面：计算机系统的复杂性和网络结构的复杂性。

（1）网络结构的复杂性。互联网是按照"网络自治、尽力而为的传输模型、无状态的路由设备、非集中式的控制"原则发展起来的网络。互联网虽然是人造系统，但并没有对网络结构进行集中规划，在网络结构上却更像一个由计算机构成的逐渐生长形成的生态系统，或者社会关系系统，网络结构总体上表现出无序的特征。

网络拓扑结构表现出无标度网络（scale - free network）的特征。1998 年，Barabasi 等学者开展一项研究表明，如果以网页为节点，以网页的超文本链接为连接，可以发现一个突出的结构特征：互联网不是随机网络，少数的节点往往拥有大量的连接，而大部分节点却只有很少的连接。万维网基本上是由少数高连通性的页面串连起来的，80% 以上页面的连接数不到 4 个节点，而占节点总数不到万分之一的极少数节点却和 1000 个以上的节点连接。这里的无标度是指网络缺乏一个特征度值（或平均度值），即节点度值的波动范围相当大。网络的无标度特性表明，随机攻击基本上不会破坏无标度网络的连通性，但在有目的的最大度攻击下，很小比例的顶点移除就会对网络的连通性造成重大的破坏。

由于互联网的动态多变性、多种网络应用的混合、网络接口速度的差异以及用户行为的不确定性等，互联网业务的流量很难精确地描述。近几年的研究表明，互联网的网络流量表现出突发性、不稳定性、不均匀性等特点，网络容易出现局部拥塞现象，而且网络拥塞没有机构可以进行"统一管理"。

与传统的集中管理的电信网络相比，互联网既表现出鲁棒性（robustness，也译作稳健性），也表现出脆弱性。鲁棒性主要体现在网络的总体稳定性方面，局部的破坏一般难以摧毁整个网络。脆弱性主要表现在网络局部，如集中突发的流量可能影响某些节点无法正常工作。互联网也有关键节点，虽然不会出现传统电信网络那种被彻底摧毁的风险，但关键节点的失效可能对整个网络的运行带来较大影响。与传统电信网相比，互联网面临的系统性风险较小，但非系统性风险却多得多。

（2）计算机系统的复杂性。互联网由无数的计算机系统组成，具有"网络简单、边缘智能"的特征，计算机系统的安全性是网络安全的基础。

计算机系统也是复杂的系统，其核心是运行于计算机中的软件。需求复杂性、设计复杂性和程序复杂性等因素造成了软件开发过程的复杂性，软件开发常常按照系统工程来管理。例如微软的操作系统包含千万条以上的源代码，由数百位程序员花费数年时间完成。由于软件的复杂性，软件的漏洞也在所难免，造成漏洞的原因包括：编程设计人员的能力、经验不足导致的编程疏忽；多个系统之间的潜在冲突；软件与具体的系统环境（软、硬件环境）不匹配；软件设计、编译与测试工具不完善；软件修补导致的新漏洞等等。过去几年，微软自己公布的操作系统漏洞逐年上升，每年都在 80 个以上。

网络攻击者常常利用软件漏洞进行网络攻击。大多数 IT 安全事件都与软件编程错误有关，美国非赢利调研机构 MITRE 和美国系统网络安全协会（SANS Institute）经过调研发现了 700 多处常见的软件编程错误，这些编程错误为网络攻击者提供了机会。网络攻击者开发出大量的漏洞挖掘技术和漏洞利用技术，对网络安全形成很大威胁。

（3）工具的广泛传播性。具有讽刺意义的是，互联网上广泛传播的软件工具常常被用来攻击互联网自身。

网络攻击一般包括五个步骤：搜索、扫描、获得权限、保持连接，消除痕迹，每个步骤几乎都可以借助现有的软件工具。这些软件工具可以在互联网上搜索获取，用户还可以通过网络形成兴趣小组，相互交流技术和经验。

以 5·19 暴风断网事故为例，几名肇事者仅有小学和初中文化，计算机技术也不高明，主要是借助他人编制的工具攻击网络，才造成了触目惊心的安全事故。

网络攻击工具的广泛传播，有如现实社会中的武器滥用。如果现实社会中人人有机会获取枪炮和炸弹，社会安全管理的难度将大大增加。

（四）治理现状

1. 网络用户具有一定安全意识，但有待继续提高

根据《2009 年中国网民网络信息安全状况调查报告》（中国互联网络信息中心和国家互联网应急中心）显示，我国网民已经具备一定的安全意识，但有待继续提高。

（1）网民具有一定的安全意识。绝大多数网民已经具备较强的防范意识。82.2% 的网民在个人计算机上安装了安全防护软件，78.3% 的网民对操作系统及时升级和打补丁，72.6% 的网民较少浏览陌生网站，不下载不明文件，慎重接受陌生人的邮件，69.5% 的网民用杀毒软件检查邮件附件后再打开，使用磁盘、U 盘、移动硬盘等设备前先查毒。

多数人认识到网络的安全的责任。有 69.7% 的网民意识到如果个人计算机出现安全问题，将会影响他人电脑甚至公共网络的安全，如感染恶意代码被黑客利用发送垃圾邮件、发动拒绝服务攻击、传播病毒等。

（2）网民安全意识有待继续提高。多数网民个人信息保护意识不强。85.8% 的网民虽然担心安全问题但还是会在网上填写个人真实信息。多数网民都没有采取必要措施保护个人信息，如：只有 33.6% 的网民定期进行系统和数据备份，31.3% 的网民定期更改用户名/密码、密码避免使用简单的口令，28.7% 的网民加密存储重要信息。

大量网民对新技术手段不了解、不善使用。例如，有将近 40% 的网民不知道数字签名（数字证书）技术，正在使用数字证书的网民只有 30%，有近 50% 的网民不能区分各种安全防护软件的功能并为自己设定全面的防护。

2. 企业发挥基础作用，但安全水平需要提升

（1）电信运营商建立了安全保障体系。以中国电信集团为例，该公司从 2000 年开始建设公司内部的安全保障体系，该保障体系分为安全管理体系和安全技术体系。安全管理体系包括组织体系、策略体系和保障机制。公司建立了三级管理组织体系，即在集团公司成立了互联网网络安全管理中心，在省公司成立了与集团相应的安全管理中心，在地市有专职网络安全人员从事网络安全的工作。三级管理体系保证了政令的上传下达，保障了相应工作的开展和运行。各级安全管理中心和行业的主管部门以及各省通信管理局保持紧密的合作关系，在主管部门的领导下开展相关工作。与组织体系相对应的就是正确的策略指导，通过层次化的网络安全策略和制度对工作加以指导和落实，中国电信的安全保障组织体系构建在运维的部门，发挥运维部门的丰富经验，既可以快速响应快速处理网络安全事件，又可以把网络安全工作落实到日常维护工作中。在技术保障方面，首先提高网络本身的健壮性，在整个网络的规划、建设、运行维护、设备冗余方面都进行了系统性考虑，为网络安全打下坚实基础。第二建设网络安全支撑平台，加强网络流量的监控，对安全事件进行及时响应。第三，加强网络安全基础技术的研究，及时将最新成果应用到实践中。

中国电信还利用资源、管理和技术优势，为用户提供网络安全服务，包括网络安全监控、流量安全监控、应用安全监控、安全设备租赁、安全巡检服务等，服务客户包括国家机关和大量重要企业。

互联网企业日益重视网络安全，但安全水平有待提高。多数互联网企业非常重视网络安全，只有做好安全保护工作，为网民提供良好持续的服务，才能在激烈市场竞争中形成优势。以腾讯公司为例，腾讯作为中国互联网领域用户数庞大、应用服务广泛的企业，业务发展面临严重的安全威胁，如用户安全意识薄弱，QQ盗号事件产业化，用户虚拟财产时常丢失等等。为了保证公司业务稳定发展，公司探索建立了Web应用安全生命周期体系，将Web安全看做是安全教育、安全技术、安全制度的综合，是一个持续演进的过程。公司探索出一套Web应用开发生命周期管理体系，从需求分析、业务建模、分析设计、编码、测试，发布、部署、上线等都建立了比较完善的网络安全管理，控制网络安全的绝大部分风险，对于安全管理的剩余风险，通过应急响应进行积极应对。

由于一些互联网企业对网络安全重视不够或技术水平不高，其网站经常出现安全事故，对网络安全形成较大威胁。如国内某社区交友网站，其网站曾经出现过网站蠕虫，这些蠕虫利用个人空间、模板上的 bug，可以自动向用户的好友发送带毒链接，用户浏览后就会中毒。还有些社区交友网站对 cookie 使用不当，导致黑客可以轻易发动 CSRF（cross – site request forgery，跨站请求伪造）攻击。又如，有些网友声称，通过某些搜索引擎，可以轻易搜索到大量个人隐私，包括私人邮箱的注册信息和邮件内容。

少数领先互联网企业特别是海外上市公司制定了用户隐私保护规定，如新浪网制定的隐私保护规定包括：信息收集内容尽可能少；采取适当的步骤保护用户隐私；在未得到用户的许可之前，不会将任何个人信息提供给无关的第三方（包括公司或个人）；公司按照五项公开的原则管理用户隐私信息；有时会使用 cookies 以便提供更好的服务，但 cookies 不会跟踪个人信息，存储的 cookies 信息仅用于新浪网站识别用户再次访问时的身份，不允许第三方使用。

互联网企业在隐私保护上还有很长的路要走。互联网企业在多大范围内利用隐私和保护隐私是一个世界性难题，国际上也没有系统的经验可资借鉴。少数领先互联网企业虽然制定了隐私保护规定，但是隐私保护的程度仍有待进一步明确，如信息收集的范围限制，信息存储的时间，过期信息的销毁，信息泄露的责任等都缺乏明确条款。更令人担心的是，多数互联网企业都没有制定明确的隐私保护规定，对用户隐私形成了潜在威胁。

（2）重要电子商务企业网络安全水平较高。国内重要电子商务企业网络安全水平较高，因为网络安全是电子商务的基础，没有必要的安全保障，网上业务也难以获得用户支持。

以中国建设银行的网上银行为例，为了能让客户安全、放心地使用网上银行，建设银行制定了八大安全策略，以全面保护客户的信息资料与资金的网上交易安全。具体包括：短信服务，提供从登录、查询、交易直到退出的每一个环节的短信提醒服务，客户可以直接通过网上银行捆绑其手机，随时掌握网上银行使用情况；加强证书存储安全，网上银行系统可支持 USB Key 证书功能，USB Key 具有安全性、移动性、使用的方便性；动态口令卡，网上银行动态口令卡充分考虑客户使用习惯，与双密码保护、密码软键盘输入器、USB Key 用户证书载体、IE 浏览器 128 位密钥、SSL 传输加密、数字证书等安全手段互为补充，共同加强安全保护；先进技术的设计，网上银行系统采用了严格的安全性设计，通过密码校验、CA 证书、SSL 加密和服务器端的反黑客软件等多种方式来保证客户信息安全；带密码强度要求的双密码控制，网上银行系统采取登录密码和交易密码两种控制，并对密码错误次数进行了限制。在客户首次登录网上银行时，系统将强制要求用户修改在柜台签约时预留的登录密码，通过检测要求客户增加密码强度；交易限额控制，网上银行系统对各类资金交易均设定了交易限额，以进一步保证客户资金的安全；以信息提示增加透明度，在网上银行操作过程中，客户提交的交易信息及各类出错信息都会清晰地显示在浏览器屏幕上，让客户清楚地了解该笔交易的详细信息；客户端密码安全检测，网上银行系统提供了客户端密码安全检测，能自动评估网上银行客户密码安全程度，并给予客户必要的风险警告。

重要金融机构罕有重大网络安全事故，但网络信息安全一直是公众关心的问题。据 2010 年 3 月有关媒体报道，广东省一些个人经常接到一些私募投资公司打来的荐股电话，发现对方知道自己的姓名、住址、手机号码等信息。更有甚者，网上一些论坛叫卖股民资料的信息，资料内容包括姓名、性别、手机号码、住址、股票市值、股票代码等信息。广东证监局组织人员进行了调查核实，初步证实这些股民资料均来源于网上公开的商务信息，其中绝大部分为商户在某著名商务网站上留下的联系人及其联系方式，并非来自证券机构的内部信息。证监会表示，《证券法》明确规定，证券公司应当妥善保存客户资料、为客户账户信息保密。证监会一直以来高度重视证券市场客户资料的保护工作，先后制定发布了《证券公司内部控制指引》、《关于加强证券经纪业务管理的规定》等监管规定，要求证券公司建立健全客户资料管理制度及保密机制。

（3）中小企业网络安全令人担忧。独立网站 e－works 于 2007 年完成的《制造业企业信息安全调查报告》在一定程度上反映了中小企业的网络安全状况（调查的 300 家制造业企业主要为中小企业）。该报告称，有近一半的企业对于自身的信息安全现状不满意，调查时点附近三个月内没有发现任何与信息安全有关故障的企业仅占被调查企业总数的 1%，发生过 3 种以上故障的企业比例高达 68.93%。企业信息安全事件造成的后果最为常见的是网络故障甚至瘫痪，占企业信息安全事故的 62.6%，还有 23.5% 的被调查出现过重要文件丢失和损坏，其他问题还包括 ERP 等关键应用瘫痪、服务器损坏、客户资料泄露等。制造企业信息安全攻击来源复杂，内网安全与外网安全同等重要。大部分制造企业尤其是中小型企业的信息安全建设处于起步阶段，缺乏系统的信息安全建设方面的指导，安全意识不够、资金投入不足。

中小企业信息系统虽然简单且规模较小，但网络安全系统也是麻雀虽小，五脏俱全。一般而言，中小企业防病毒体系应该包括：客户端安全系统、邮件服务器病毒防范系统，其他网络应用安全系统，网关安全系统等。中小企业由于信息系统规模小达不到规模经济，企业实力弱投入不足，网络安全意识不强等原因，网络安全状况与大型企业存在较大差距。

3. 软件产业和网络安全产业发展迅速，但核心技术有待突破

（1）软件产业与网络安全产业。软件的安全性是网络安全性的重要基础。2009 年中国软件产业收入将近 1 万亿元，年增长速度超过 25%，产生了华为、中兴通讯、神州数码、北大方正、浙大网新、浪潮集团、同方集团、东软集团等一大批优秀软件龙头企业。软件业的发展有利于夯实网络安全的基础。但是，我国的软件产业主要集中在应用领域，在基础软件领域还没有形成竞争力。基础软件在网络安全中发挥核心作用，但国内基础软件市场基本被国外产品控制，国内企业基本没有发言权。

我国信息安全产业发展较快，形成了比较完整的产业链。据中国电子信息产业发展研究院统计，2009 年中国信息安全产业规模达到了 123 亿元，网络安全产业已经初具规模，产品门类较为齐全，基本建立了技术研发、产品生产和销售服务体系。产业链包括商用密码、防火墙、防病毒、

防入侵、身份认证、网络隔离、安全审计、可信计算、备份恢复等主要产品，以及咨询、认证等相关服务。另一方面，我国信息安全产业的弱点也非常突出，主要是核心技术缺乏，市场竞争和用户服务不规范，用户信心不足。

（2）市场竞争与商业创新。市场竞争有利于促进网络安全产业的发展。2010 年开始的 360 网络技术有限公司（下称 360 公司）与腾讯公司之间的竞争，再次掀起了网民对网络安全的关注。腾讯与 360 公司是国内最大的两家客户端软件厂商，腾讯利用捆绑的策略推广 QQ 电脑管家产品，与 360 的核心产品安全卫士直接竞争。360 公司于 2010 年 9 月发布了一款称为"隐私保护器"的软件，可让用户了解自己电脑中所装的客户端软件是否侵犯用户隐私，并将那些侵权行为进行实时曝光。据媒体报道，某些客户端软件，会在后台密集扫描用户硬盘，并悄悄查看与自身功能毫不相关的文件，如用户浏览历史、网银文件、下载信息、视频文件等。腾讯公司随后声称 360 的软件暗藏后门，专门针对腾讯公司软件。360 公开回应，公司已将产品源代码托管到中国信息安全测评中心，随时接受用户监督，并发布《360 用户隐私保护白皮书》，全面讲述了旗下产品的工作原理。应该说，两家企业的竞争给用户提供了更多的选择和更好的服务。只要两家公司通过合法手段开展竞争，就可以促进产业发展，正如一位网络评论人士所言："不怕腾讯和 360 吵架，就怕他们一起喝茶！"

商业模式的创新也有利于网络安全。北龙中网公司提供的"可信网站"验证和可信服务器证书等服务是提高网络安全性的新服务。"可信网站"验证服务是由北龙中网公司提出的验证网站真实身份的第三方权威服务。它通过对域名注册信息、网站信息和企业工商或事业单位组织机构信息进行严格交互审核来验证网站真实身份，并利用先进的木马扫描技术帮助网站了解自身安全情况，为合格网站提供"可信身份证"。可信服务器采取了国际强身份认证的技术及理念，在页面出现防伪"锁"的基础上，提供能够方便网民识别的签章，在用该证书能够保障用户与网站间信息加密传输的同时，进一步提升该可信服务器证书的身份易识别性能。对重点行业的网站，例如金融、医疗、保险、教育等，使用第三方认证服务认证的可信网站，可保证网民不受虚假网站的侵害。

专栏2.11 桌面战争

2010年5月以来，用户终端成为软件公司激烈争夺的对象。可牛称，公司推出的新产品"可牛免费杀毒"被360安全卫士拦截；金山公司称，360安全卫士在新版本升级的过程中提示用户强行卸载金山网盾；傲游浏览器指责360浏览器为超越竞争对手，开始有计划、有步骤地将其列入"危险"软件行列，利用360安全卫士恐吓用户；百度将360告上法庭并索赔1000万元，原因是360安全卫士7.0软件版本将百度开发的百度工具栏和百度地址栏两款软件定义为"恶评插件"，并建议立即清理。360则因百度公司拒付佣金，反将其告上了法庭。

360与腾讯公司的纷争引起了社会广泛关注。有分析人士认为两家公司的纷争可能与商业竞争有关系，腾讯QQ发布的QQ医生3.3升级版QQ电脑管家，包含云查杀木马、系统漏洞修补、实时防护、清理插件等多项安全防护功能，QQ电脑管家与360安全卫士展开直接竞争。

360与腾讯公司争斗的主要过程：9月27日，360安全卫士宣布发布隐私保护器，监控QQ软件，曝光其窥私行为。9月28日，腾讯科技发表文章，称360浏览器涉嫌借色情网站推广遭公安立案调查，360公司称腾讯科技"纯粹是造谣，360公司已经向北京市公安局报案，快播公司也向深圳市公安局报案"。10月14日，腾讯正式起诉360不正当竞争，360称将反诉。10月26日，互联网企业百度、腾讯、金山、傲游、可牛共同发表一份《反对360不正当竞争及加强行业自律的联合声明》，表示通过发布联合声明的方式表达愤怒是"忍无可忍"的无奈选择。10月29日，360公司推出一款名为"扣扣保镖"的安全工具，称该工具全面保护QQ用户的安全，包括阻止QQ查看用户隐私文件、防止木马盗取QQ账号以及给QQ加速等功能。11月3日，腾讯向其用户发布消息称，将在装有360软件的电脑上停止运行QQ软件，表示此举是为了保障广大QQ用户的账户安全、对没有道德底线的行为说不和抵制违法行为，并提出三项和解条件，包括要求360必须在所有客户端完成对"扣扣保镖"和隐私保护器的卸载，公开承诺今后不拦截腾讯程序，并向腾讯公开道歉赔偿损失。11月10日，经过工业和信息化部与公安部的干预，两家公司恢复兼容。11月21日，两家公司向社会公众道歉。

互联网的桌面战争引起了产业界和学术界的热烈讨论，讨论的问题涉及网络安全、隐私保护、公平竞争与反垄断、消费者权益保护、不良软件的标准等各个方面。

资料来源：根据新浪、搜狐、新华网等网站相关新闻整理。

4. 政府部门网络安全水平参差不齐

一般而言，高级别政府部门如国家部委、省级政府部门等机构网络安全水平较高，主要是政府投入得到一定保障。以科技部为例，科技部对应用系统安全建设进行统一规划，从技术层面和安全管理制度层面构建一套立体防护体系，确保应用系统安全运行。在技术层面，加强安全防范措施，在应用系统的安全防护上从外到内地建立了"纵深防御"结构，依次包括"网络边界防护"、"主机安全防护"、"应用安全防护"和"数据安全保护"。在管理层面，提升安全防范能力，包括：建立统一的安全管理平台，建立完备的信息安全管理制度，建立监控管理工作流程，建立安全态势分析机制，建立应急处理方案。由于网络安全得到有效保障，科技部电子政务建设不断深入，应用系统数量不断增多，规模不断扩大，在各项工作中的重要性也不断增强。

但是，我国政府部门信息安全问题也相当突出。据2010年9月《长江日报》报道，武汉大学沈阳教授对我国一些政府网站"暗链攻击"状况所做的统计显示，我国政府网页收录总数为3000多万个，被恶意网站"暗链"上的高达10.22%；其中，有诈骗信息、色情信息、赌博信息的网页最多，达308万个，占10.13%。暗链攻击指在无授权状态下，通过各类攻击手段，在网站中植入无行为能力的恶意文本，然后将非法网站链接到该网站，获得广泛的广告传播效果，提升搜索引擎排名获得更大幅度的流量，故又被称为网络"牛皮癣"。公安部网络安全保卫局发布的第九次全国信息网络安全状况与计算机病毒疫情调查报告表明，经对23000多家政府网站检测发现，154家政府网站遭网络攻击；经对6000余家政府网站检测显示，37%的政府网站存在网页安全漏洞，极易遭到网页篡改和网页挂马等攻击破坏。

政府网站存在大量安全漏洞，这与相关单位对信息安全不够重视有关。有些政府部门特别是基层政府部门信息投入严重不足，网站缺乏专业的安全网管人员维护。有些政府网站一次投入后就长期处于无人管理状态。由于政府网站具有较强的公信力，人们往往放松了安全防范意识，而浏览用户主要是政府公职人员和社会公众，多数对电脑技术不太了解，更容易上当。

5. 民间组织正在成为重要力量

大量民间组织在维护网络安全方面发挥了重要作用。

（1）行业协会发挥倡导作用。中国互联网协会及各地方互联网协会积极开展各种活动促进互联网安全。中国互联网协会单独或与其他机构共同发起了多项网络安全公约，如《中国互联网行业自律公约》、《抵制恶意软件自律公约》、《反网络病毒自律公约》等。该协会设立了12321网络不良与垃圾信息举报受理中心，受工业和信息化部（原信息产业部）委托，协助工业和信息化部承担关于互联网、移动电话网、固定电话网等各种形式信息通信网络及电信业务中不良与垃圾信息内容（包括电信企业向用户发送的虚假宣传信息）的举报受理、调查分析以及查处工作。该协会举办了大量研讨会和宣传活动，提升社会对网络安全的关注度。

专栏2.12 中国互联网协会

中国互联网协会成立于2001年5月，由国内从事互联网行业的网络运营商、服务提供商、设备制造商、系统集成商以及科研、教育机构等70多家互联网从业者共同发起成立，是由中国互联网行业及与互联网相关的企事业单位自愿结成的行业性的全国性的非营利性的社会组织。

中国互联网协会的宗旨是：遵守国家宪法、法律和法规，遵守社会道德风尚；坚持以创新的思维、协作的文化、开放的平台，有效的服务的指导思想，为会员的需要服务，为行业发展服务，为政府决策服务。

中国互联网协会的基本任务是：

（一）团结互联网行业相关企业、事业单位和社会团体，向政府主管部门反映会员和业界的愿望及合理要求，向会员宣传国家相关政策、法律、法规。

（二）制订并实施互联网行业规范和自律公约，协调会员之间的关系，促进会员之间的沟通与协作，充分发挥行业自律作用，维护国家信息安全，维护行业整体利益和用户利益，促进行业服务质量的提高。

（三）开展我国互联网行业发展状况的调查与研究工作，促进互联网的发展和普及应用，向政府有关部门提出行业发展的政策建议。

（四）组织开展有益于互联网发展的研讨、论坛等活动，促进互联网行业内的交流与合作，发挥互联网对我国社会、经济、文化发展的积极作用。

（五）积极开展国际交流与合作，组织国内互联网相关企事业单位参与国际互联网有关组织的活动，在国际互联网事务中发挥积极作用。

（六）办好协会网站、刊物，组织编撰出版中国互联网发展状况年度报告，为业界提供互联网信息服务。

（七）承担会员单位或政府有关部门委托的其他事项。

资料来源：www.isc.org.cn。

（2）域名管理。加强域名管理可以促进网络安全，其作用主要体现在两个方面：一是严格落实实名制，方便事后监管。二是根据有关法律法规，对不安全网站停止解析服务。

从2009年12月开始，CNNIC按照工业和信息化部的要求对所管理的CN域名开展专项整治活动，内容包括以下几方面。一是严格落实域名申请者应提交真实、准确、完整域名注册信息的规定，对进行域名转让并提供他人使用的，必须重新注册，违反上述要求的，依法予以注销。二是落实网站备案制度，对网站未备案的域名不予解析。三是在相关部门依法认定网站涉黄和违规时，要配合停止域名解析，同时将域名持有者的全部其他域名暂停解析。四是建立和完善域名持有者黑名单机制，将被关闭网站域名持有者纳入黑名单进行管理，防止违规网站重新申请域名，继续从事违规经营活动。五是重点清理域名注册管理机构、域名注册服务机构在业务推广渠道中业务合作伙伴、合作方式、业务推广模式和网络连接方式存在的问题。

（3）反钓鱼联盟。中国反钓鱼网站联盟成立于2008年7月，是为解决互联网领域频繁出现的网络钓鱼及网络欺诈问题而成立的公益性行业组织。由国内银行证券机构、电子商务网站、域名注册管理机构、域名注册服务机构、专家学者等共同组成。参加联盟的企业超过150家。联盟设立了专家指导委员会、秘书处、第三方认定机构等下属部门。

联盟的定位：中国网络钓鱼治理领域的权威和专家；中国网络钓鱼数据的共享平台；中国政府进行网络不良应用治理、打击钓鱼网站政策的思想库；中国政府与企业在互联网应用领域沟通互助的桥梁。联盟的口号：

权威、专业、公益、共享。

联盟建立了钓鱼网站快速处理流程：联盟成员/用户举报钓鱼网站，秘书处和认定机构核实钓鱼网站，域名注册服务机构暂停域名解析，钓鱼网站被关闭，申诉处理。钓鱼网站处理方式：对于 CN 域名，通知域名注册服务机构于 2 小时内暂停域名解析；对于境内注册的非 CN 域名，协调境内域名注册服务机构暂停域名解析；对于境外注册的非 CN 域名，将钓鱼网站 URL 推送给合作伙伴，在浏览器、杀毒软件及搜索引擎中进行隔离或页面提示。

电子商务网站依然是网络钓鱼的重点仿冒对象，在处理结果中，仿冒淘宝网的钓鱼网站投诉高达 52.52%，其他依次为腾讯 19.3%、工行 10.25%。经过 2010 年的互联网专项整治，CN 域名下的钓鱼网站迅速减少，非 CN 域名钓鱼网站数量明显增多。国内注册域名的钓鱼网站迅速减少，国外注册域名的钓鱼网站数量明显增加。这既反映出联盟发挥了积极作用，又反映出互联网治理需要国际合作。

（4）企业自律公约。全国各地的行业协会、民间组织、企业等联合制定了许多企业自律公约，对促进网络安全发挥了积极作用。下面是三个典型案例。

2004 年 6 月，互联网企业《中国互联网行业自律公约》实施，该公约遵照"积极发展、加强管理、趋利避害、为我所用"的基本方针，规范从业者行为。中国互联网协会作为公约的执行机构，负责公约的组织实施。公约由中国互联网协会发起制定，中国互联网协会会员均为该公约的发起单位，但发起单位不以中国互联网协会会员为限，我国互联网行业的从业单位，无论是否加入中国互联网协会，均可以加入该公约。到 2009 年底，签约企业已超过 1500 家。该条约第十三条明确指出："全行业从业者共同防范计算机恶意代码或破坏性程序在互联网上的传播，反对制作和传播对计算机网络及他人计算机信息系统具有恶意攻击能力的计算机程序，反对非法侵入或破坏他人计算机信息系统。"

2006 年 12 月，中国电信、中搜、百度、雅虎中国、瑞星等反恶意软件协调工作组的 30 余家成员单位现场签署了《抵制恶意软件自律公约》，表示坚决遵守该公约的自律条款，不制作、不传播恶意软件，为业界做出了表率。该公约的出台与近几年流氓软件在互联网上横行有直接关系。流氓软件是指为谋取商业利益而强行进入用户系统的软件，其特征包括：强行或秘密侵入用户电脑，使其无法卸载；强行弹出广告，以此获取广告收入；偷偷监视电脑用户上网行为，记录用户上网行为习惯，或窃取用户账号密码；强行劫持用户浏览器或搜索引擎，妨害用户浏览网页；强行安装软件或修改软件设置，以占领用户桌面。该公约提出，"自觉遵守国家有关法律、法规和政策，尊重互联网用户知情权和选择权，维护用户正当权益，改善用户体验，为用户提供优质满意的服务；提供软件安装服务时，应明确提示用户并经用户许可，反对强制或欺瞒安装；提供通用的卸载方式，反对难以卸载；尊重用户上网选择，反对浏览器劫持；尊重用户上网体验，反对恶意广告弹出；保护用户上网安全，反对恶意收集用户信息；提倡公平有序竞争，反对恶意卸载；倡导良性合作，反对恶意捆绑；反对其他侵害用户知情权、选择权的软行为"等内容。

2009 年 7 月，国家互联网应急中心与中国互联网协会联合基础电信运营企业、网络安全厂商、增值服务提供商、搜索引擎、域名注册机构等单位共同发起成立"中国反网络病毒联盟"，中国电信、中国移动、中国联通、CNNIC、腾讯、百度、启明星辰、神州绿盟、天融信、奇虎360、金山、阿里巴巴等反网络病毒自律联盟发起单位签署了《反网络病毒自律公约》，表示遵守自律公约的条款，抵制网络病毒的传播、使用等不良行为。《反网络病毒自律公约》倡导互联网企业和广大网民遵守公约的自律条款，自觉抵制网络病毒的制造、传播和使用。公约规定互联网服务机构应确保自有产品和服务安全可靠，拒绝为网络病毒、黑客活动等提供信息发布、软件下载和内容链接等服务；一旦发现本单位签约客户从事上述不良活动，应立即通知用户停止相关活动或根据国家有关法律、法规、行政命令或客户服务合同采取抵制措施。

6. 政府职能不断完善

（1）部门分工负责与共同监管。国家信息化领导小组是国家信息化和信息安全的最高领导和协调机构。工业和信息化部和公安部是负责信息安全监管的主要部门，国家安全部、国家保密局、国家标准化管理委员会等部门参与某些环节的工作。

工业和信息化部的网络安全管理主要是从市场准入、技术、标准、行为规范等方面为网络平稳运行提供一个环境。主要负责部门是信息安全协调司，其职能为：承担通信网络安全及相关信息安全管理的责任，负责协调维护国家信息安全和国家信息安全保障体系建设，指导监督政府部门、重点行业的重要信息系统与基础信息网络的安全保障工作，协调处理网络与信息安全的重大事件。

公安部的职能是保护互联网的公共安全，维护从事互联网业务的单位和个人的合法权益和公众利益。具体而言，其职能包括：会同有关部门，对计算机信息系统实行安全等级保护；对互联网上的计算机信息系统备案；对互联网上发生的违法犯罪案件进行处理；对计算机病毒和危害社会公共安全的其他有害数据进行防治和研究；对计算机信息系统安全保护工作进行监督、检查、指导等；在紧急情况下可以就涉及计算机信息系统安全的特定事项发布专项通令。

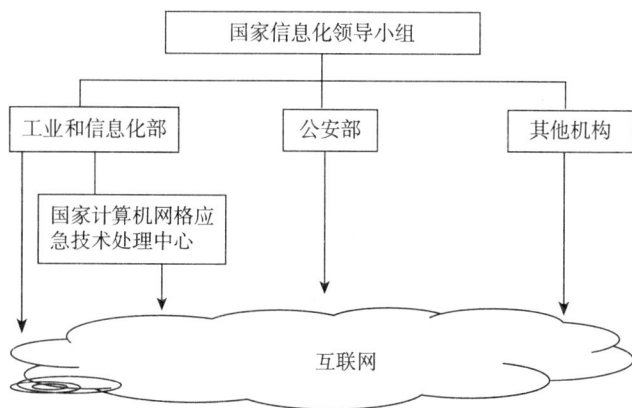

图 2.8 信息化和信息安全监管结构

为应对日益严峻的安全形势，我国建立了国家公共互联网安全事件应急处理体系。工业和信息化部协同相关部门共同领导该体系的运行。工业和信息化部设立国家通信保障应急领导小组，负责领导、组织、协调互联网网络安全应急工作，国家通信保障应急领导小组下设互联网应急处理工作办公室，负责互联网网络安全应急工作方面的日常事务处理及互联网网络安全应急响应期间的具体组织协调工作。国家计算机网络应急技术处理协调中心在工业和信息化部直接领导下，负责收集、汇总、核实、发布权威性的应急处理信息，为国家重要部门提供应急处理服务，协调全国的 CERT 组织共同处理大规模网络安全事件，对全国范围内计算机应急处理有关的数据进行统计，根据当前情况提出相应的对策，与其他国家和地区的 CERT 进行交流。

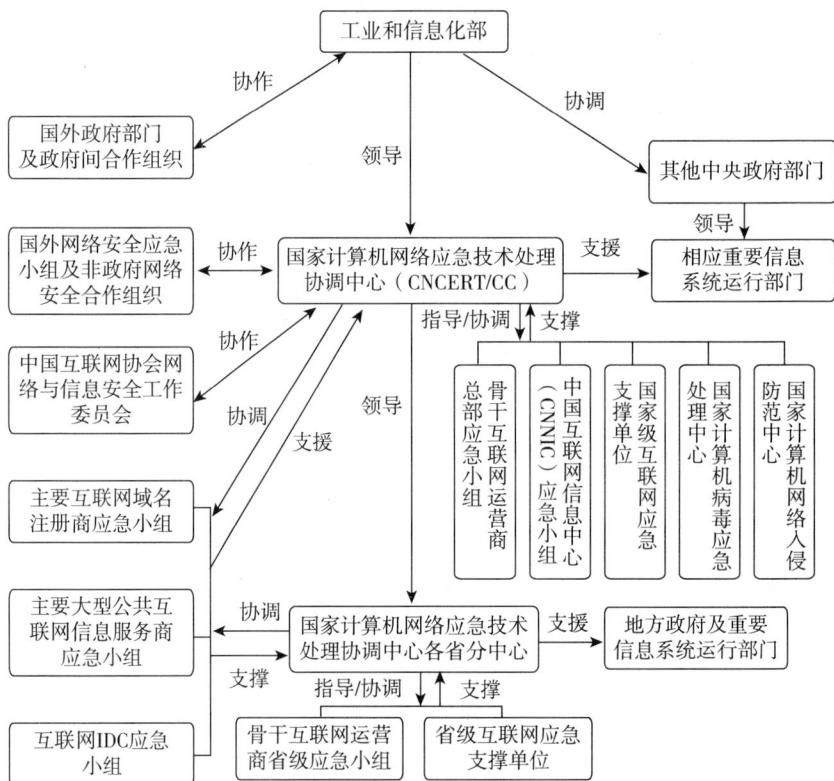

图 2.9　国家公共互联网安全事件应急处理体系

资料来源：www.cert.org.cn。

专栏 2.13　国家计算机网络应急技术处理协调中心

国家计算机网络应急技术处理协调中心是工业和信息化部领导下的国家级网络安全应急机构，致力于建设国家级的网络安全检测中心、预警中心和应急中心，以支撑政府主管部门履行网络安全相关的社会管理和公共服务职能，支撑基础信息网络的安全防护和安全运行，支援重要信息系统的网络安全检测、预警和处置。该机构在全国 31 个省市自治区成立了分中心，完成了跨网络、跨系统、跨地域的公网互联网安全应急技术支撑体系建设，形成了全国性的互联网网络安全信息共享、技术协同能力。

该机构的工作原则："积极预防、及时发现、快速响应、力保恢复"，主要业务包括以下几方面。

信息沟通：通过各种信息渠道与合作体系，收集、交换网络安全事件与网络安全技术信息，并通报相关用户或机构。

事件监测：及时发现各类重大网络安全隐患与网络安全事件，向有关部门发出预警预告，并提供网络安全技术支持。

事件处理：协调国内计算机应急组织处理公共互联网上的各类重大网络安全事件；同时，作为中国对外开展网络安全事件处置合作的主要接口，协调处理来自国内外的网络安全事件投诉。

数据分析：对各类网络安全事件的有关数据进行综合分析，形成权威的数据分析报告。

资源建设：收集整理网络安全漏洞、补丁、攻击防御工具、最新网络安全技术等各种基础信息资源，为各方面的相关工作提供支持。

安全研究：跟踪研究各种网络安全问题和技术，为网络安全防护和应急处理进行技术储备。

安全培训：提供网络安全应急处理技术以及网络安全应急组织建设等方面的培训。

技术咨询：提供网络安全事件处理相关的各类技术咨询。

> 　　国际交流：组织国内计算机应急组织进行国际合作与交流。
>
> 　　该中心在工业和信息化部领导下，与国内外网络服务部门、网络应用部门、应急组织、安全厂商和其他相关组织也建立了互信和畅通的合作网络，具备了 7×24 小时的应急处置机制，在网络安全维护方面发挥了关键作用。
>
> 　　资料来源：www. cert. org. cn。

　　（2）法律法规逐步完善。我国制定了三部与网络安全相关的法律。1999 年《中华人民共和国刑法》修订后增加非法侵入计算机信息系统、破坏计算机信息系统功能、制作与传播计算机病毒、利用计算机盗窃诈骗与窃取机密等四种罪行。2000 年，全国人民代表大会常务委员会颁布实施了《关于维护互联网安全的决定》，规定了损害互联网运行安全、破坏国家安全和社会稳定、扰乱社会主义市场经济秩序和社会管理秩序、侵犯个人、法人和其他组织的人身、财产等合法权利的四项犯罪行为，将依照刑法有关规定追究刑事责任。同时还明确了利用互联网实施的尚不构成犯罪的违法行为，将按照有关规章、条例承担行政处罚和民事责任，这也是对刑法的有力补充。2004 年 4 月开始实施的《中华人民共和国电子签名法》，首次赋予电子签名与文本签名同等的法律效力，同时也规范了相关行为，明确了电子认证服务市场准入制度。

　　国务院颁布了数部与信息安全相关的条例。1994 年 2 月，国务院颁布了《中华人民共和国计算机信息系统安全保护条例》，第一次对计算机信息系统等相关术语做出明确定义，还规定了计算机系统实行安全等级保护，同时由公安部主管全国计算机信息系统的安全保护工作，国家安全部、保密局等其他有关部门在国务院规定的职责范围内做好计算机信息系统安全保护的有关工作。1997 年 5 月国务院颁布《计算机信息网络国际联网管理暂行规定实施办法》，指出国家将对国际联网统筹规划、统一标准、分级管理，由国务院信息化工作领导小组负责协调、解决有关国际联网工作中的重大问题。1998 年 3 月国务院发布《计算机信息网络国际联网管理暂行规定实施办法》，对《计算机信息网络国际联网管理暂行规定》做出进一步的细化。国务院 2000 年 9 月出台的《中华人民共和国电信条例》则对信息安全特别是对电信安全做出了规定。2000 年国务院发布的《互联网信息服务管理办法》，规范互联网信息服务活动。

工业和信息化部先后颁布了一系列部门管理规章，主要包括：2002 年发布的《国际通信出入口局管理办法》规范了国际通信出入口的管理与运营。2004 年发布的《中国互联网络域名管理办法》规范中国互联网络域名系统管理和域名注册服务。2005 年发布的《互联网 IP 地址备案管理办法》要求 IP 地址实行集中备案制度。2006 年发布的《互联网电子邮件服务管理办法》规范了电子邮件服务的行为，严禁侵犯公民的通信秘密。2009 年发布的《公共互联网网络安全应急预案》制定了安全应急处理办法。《互联网网络安全信息通报实施办法》规范了安全信息通报机制。《电子认证服务管理办法》规范电子认证服务行为，对电子认证服务提供者实施监督管理。2010 年发布的《通信网络安全防护管理办法》规定了分级管理的方式。

公安部先后颁布了一系列部门管理规章，主要包括：1997 年公安部发布的《计算机信息网络国际联网安全保护管理办法》列出了严格禁止的行为，明确了各类组织应当履行的安全保护职责，规定了安全监督的责任。公安部发布的《计算机信息系统安全专用产品检测和销售许可证管理办法》规定了计算机信息系统安全专用产品的管理办法。1998 年公安部、中国人民银行《金融机构计算机信息系统安全保护工作暂行规定》规定了金融安全设施、管理和案件处理的方法。2005 年发布的《互联网安全保护技术措施规定》规定了提供互联网接入服务的单位、提供互联网信息服务的单位、提供互联网数据中心服务的单位、提供互联网上网服务的单位以及其他互联网服务提供者和联网使用者必须遵循的技术措施。2006 年公安部发布的《信息安全等级保护管理办法》要求制定统一的信息安全等级保护管理规范和技术标准，组织公民、法人和其他组织对信息系统分等级实行安全保护，对等级保护工作的实施进行监督、管理。

地方政府也发布了大量管理规章，根据地方实际情况加强安全监管。

（五）完善治理的建议

1. 完善治理的基本思路

根据互联网的基本特点，应按照"积极防御，综合防范；多方参与，共同治理"的基本思路不断完善网络安全的治理。

（1）积极防御、综合防范。全面构筑三道防线：减少外部攻击、加固网络、提高应急水平。第一道防线是减少外部攻击，要从根源上减少危害网络安全的事件。第二道防线是加固网络，提高自身抵抗网络攻击的能力。第三道防线是提高应急水平，对即将发生或正在发生的事件进行主动积极的应对处理。

市场与监管并重。应充分发挥市场机制的基础性作用，通过市场竞争，鼓励在线企业提高安全水平，为用户提供更加安全的服务，将网络安全作为企业的核心竞争力。政府应加大投入，既要严格监管网络上的不法行为，又要致力于安全体系的建立。

技术与管理并重。应组织和动员各方面力量，密切跟踪世界先进技术的发展，加强信息安全关键技术和相关核心技术的研究开发，提高自主创新能力，为网络安全提供强大的技术工具。加强在线机构的内部管理，通过完善管理减少安全漏洞，并充分发挥安全技术的作用。

立法与执行并重。既要根据网络安全发展的新问题及时制定相应法规，也要重视法规的执行。法规的制定应先行，执行需要加大投入和培养能力。

网络与信息并重。既要重视网络的安全运行，也要重视网络信息的保护。网络的安全运行是基础，用户的信息安全是目标。

优化资源，确保重点。网络安全永远是相对的，不可能存在绝对安全的网络。网络安全必须权衡成本与收益，因此需要优化资源，确保重点。对于网络系统的关键节点，应加强防护投入；对于关系国家安全、经济命脉、社会稳定等方面的重要信息系统，应提高保护等级。

（2）多方参与、共同治理。政府在维护网络安全方面发挥重要作用。

政府拥有立法权、审判权和强制力量，对网络犯罪进行惩罚和震慑。政府拥有大量公共资源，可以建设专门的队伍维护公共秩序，解决市场和社会自身难以解决的问题。

仅靠政府的力量是无法维护网络安全的。由于网络的开放性、全球性、互动性和匿名性，以及网络系统的复杂性和网络工具的广泛传播，互联网上危害网络的行为层出不穷，而且追溯的难度大、成本高。政府的资源有限，而且遵循官僚体制，创新步伐缓慢。

社会组织是政府力量的重要补充。社会组织可以充分利用社会资源从事社会公益活动。相比于政府，社会组织具有更强的灵活性和针对性，为特定社会群体解决特定的社会问题。

企业在网络安全方面可以发挥重要作用。企业具有创新的活力和较高的效率，也存在一定的积极性。通过市场竞争和政府的政策鼓励，企业可以成为维护网络安全的巨大积极力量。

个人也可以发挥积极作用。个人用户既是网络的重要组成部分，也是影响企业行为的消费者。如果个人用户提高网络安全意识，采取必要的安全措施，不仅可以保护个人计算机系统的安全，还有助于整个网络的稳定。

2. 主要建议

（1）充分发挥企业的基础性作用。我国企业在网络安全意识和行动方面差异很大，少数企业在网络安全方面正在向世界先进水平看齐，但多数企业网络安全意识不强、技术和管理水平不高，成为制约我国网络安全的重要因素。按照互联网的发展规律，各类在线企业应该在维护网络安全方面发挥基础性作用。

应通过放松市场准入管制，鼓励企业充分竞争，防止市场出现垄断或寡占局面。在垄断或寡占市场，垄断者常常缺乏改进服务的动力。在市场竞争中，企业为争取客户，将不得不增加投入，提高网络设施和网络信息安全水平。

应鼓励企业自律、自保、自愿行为。倡导企业参加各种自律公约，鼓励企业制定适合自身的网络设施和网络信息安全策略，鼓励社会公众和广大用户对企业的行为进行监督。

应通过落实分级管理政策，督促重要企业提高网络安全水平。对社会秩序和公共利益或者对国家安全影响较大的企业，应该设立更高的安全技术标准和管理标准，并实施更加严格的监督。

（2）大力发展安全产业。国家对安全产业高度重视，《国家信息化领导小组关于加强信息安全保障工作的意见》、《国家中长期科学和技术发展规划纲要（2006～2020年)》、《国民经济和社会发展第十一个五年规划纲要》以及《信息产业"十一五"规划》等都对发展信息安全产业提出了明确的要求。但是，我国信息安全技术研究仍停留在应用程序层面，核心技术严重缺乏。

继续实施产业创新战略，提高产业核心竞争力。加大对于自主创新技术、自主创新商业模式、自主知识产权的支持力度。有关部门组织实施一系列科技攻关和产业化重大专项，推动公共平台建设，政府采购一批自主创新产品，加快本土企业创新步伐。

强化标准研究制定和推广应用。加强信息安全标准化工作，逐步形成具有中国特色信息安全标准体系。加大标准宣传贯彻力度，重视信息安全标准的贯彻实施。加强我国信息安全技术标准与国际标准的合作，推进我国信息安全产业国际化的进程。

鼓励市场竞争，规范市场竞争行为。鼓励更多企业参与到产业竞争中，同时也要限制不合理的竞争行为。应根据市场变化趋势不断制定和更新行为规范，防止个别企业以垄断力量或非法行为谋取市场利益，为产业发展营造公平公正、有效有序的竞争环境。

鼓励企业开展商业创新。通过第三方认证等商业模式，利用市场力量推动网络安全。

（3）提高个人的安全意识。我国网民的安全意识不断提高，但仍然需要进一步加强。据中国互联网络信息中心和国家互联网应急中心联合发布的报告显示，我国仍然有大量网民没有认识到个人计算机的安全问题会影响他人计算机甚至公共网络的安全，或者没有采取必要的措施对个人计算机和个人信息进行保护，或者不了解电子签名等新规则。

应加强网络安全的宣传，提高社会公众对网络安全的认识。让社会公众认识到网络安全的重要性和形势严峻性，不仅要注重保护个人计算机安全，还要慎重使用个人信息。特别应在青少年中开展信息安全教育和法律法规教育，增强信息安全意识，自觉规范网络行为。

鼓励网民参与网络安全的监督。我国已经设立了网络警察系统，网民的举报和参与将提高网络安全监管的广度和深度。

鼓励网民选择安全的网站。通过网民的选择，激励企业不断提高网站的安全水平。

（4）积极发挥社会组织的作用。我国的社会组织发展水平较低，未来有很大发展空间。互联网的发展为社会组织的发展既提供了方便，也提出了需求。

继续发挥互联网行业协会在行业自律、宣传交流等方面的作用，倡导互联网企业自愿遵循共同的价值准则，为互联网发展创造和谐的生态。

鼓励各种自愿性组织的发展。通过自愿认证、自愿实名制、自愿技术标准、自愿行为标准等，提高网络的安全性。

（5）加强政府网站的建设。我国电子政务的发展水平远远落后于电子商务的发展，网络安全是重要制约因素。

应加大地方政府特别是基层政府部门的资金投入，为电子政务和网络安全提供必要的资源。

改革"自制"的传统电子政务模式，大力推进电子政务的"外包"。由于体制的限制，政府部门很难建立起专业化的人才队伍。政府部门通过外包，可以充分利用社会上的技术和人才，建立更加安全的信息系统。当然，电子政务的外包需要科学的管理体系支撑。

（6）加强政府监管和完善公共服务。我国政府已经建立了初步的信息安全管理体系，未来应进一步完善。

加快法规和技术标准建设。网络安全形势变化快，网络安全的法律法规也须相应加快步伐。应抓紧研究起草《信息安全法》，建立和完善信息安全法律制度，明确社会各方面保障信息安全的责任和义务，为信息安全提供法律保障。尽快为部门管理法规制定详细实施细则，并定期进行修订。加强信息安全的技术标准工作，为政府监管提供工具。

加大危害网络安全行为的打击力度。随着互联网对社会经济的影响不断增强，政府也要相应增加互联网安全管理的资源投入，建立更加强大的网络安全技术力量，让危害网络安全的行为得到应有的惩处。如果因为政府能力不足而导致大量违法违规行为没有得到应有的处罚，危害网络的行为必将进一步泛滥。

督促社会各机构实施必要的安全防范措施。不仅要规范公共机构的网络行为，还要规范重要企业网络行为。

建立更加高效的网络安全应急体系。根据"积极预防、及时发现、快速响应、确保恢复"的原则，不断加强资源投入，进一步完善我国的网络安全应急系统，为网络安全提供强有力的"最后保障"。

积极尝试"政府采购、免费发放"模式，为用户提供基本的安全防护。考虑到网络安全的"网络性"，如同传染病的"传染性"一样，政府可以尝试通过公开招标方式购买基本的防护软件免费供用户使用。政府购买不仅可以提高网络的安全性，还可以促进安全产业的发展。

加强国际合作。通过共同制定法规、互通信息、执法协作等形式的国际合作，共同预防和打击危害网络安全的行为。

加强专业人才培养。通过加强信息安全研究机构、教育机构、培训机构建设，加快信息安全人才培养。

专栏 2.14　关于实名制的争论

近年来，我国政府在一些领域推行各种类型的"实名制"。如：2004 年教育部下发的《关于进一步加强高等学校校园网络管理工作的意见》中明确提出"高校校园网 BBS 要严格实行用户实名注册制度"。2005 年信息产业部要求境内所有网站和 IP 地址必须实行备案登记。2010 年 7 月，国家工商总局根据《网络商品交易及有关服务行为管理暂行办法》实施"网店实名制"，8 月文化部颁布《网络游戏暂行管理办法》实施"网游实名制"，9 月工业和信息化部开始推行"手机实名制"。国际上也有若干国家在部分业务上推行实名制。如韩国、新加坡、泰国、希腊等国家实施"手机实名制"，韩国率先在部分互联网业务上推行"网络实名制"。

网络实名制包含两方面内容，一是网站开办者实名登记。二是网民实名登记。公众最关心的是网民实名登记。网络实名制通常采用的是"有限实名制"，即"前台匿名、后台实名"，即网民们要用真实姓名和身份证号并通过验证后，才能在网络上开展相应活动。

关于实名制存在截然相反的两种观点。

支持者认为：可以增加网络信息发布者的责任感，有助于减少黄赌毒等不良信息；有助于抑制网络造谣、诽谤、侵犯隐私等不法行为；有助于追查网络攻击等非法行为；有助于减少网络欺诈、网络勒索、侵犯知识产权等犯罪行为；有助于防止青少年沉溺于网络游戏；有利于监管非法结社、串联行为。

反对者认为：收缩了公民自由表达的渠道，可能会压制公民对政府的舆论监督；在我国个人隐私保护不完善背景下，互联网上的各个环节都可能出现个人信息泄露风险；政府与公民权利不对等，政府可能滥用个人信息导致公民失去自由；实名制提高了成本，而且技术创新可能使其失效。

两种观点针锋相对，也有人认为，只要完善制度设计，在合适的业务上采取合适的方式，完全可以去弊存利，使得实名制的好处远远超过弊端。

资料来源：作者根据新浪、搜狐、新华网等网站相关资料整理。

第三章

网络社区的治理

人们按照传播媒介的不同，把新闻媒体的发展划分为不同的阶段——以纸为媒介的传统报纸、以电波为媒介的广播和基于电视图像传播的电视，分别被称为第一媒体、第二媒体和第三媒体。互联网被称为第四媒体，是继报刊、广播、电视之后发展起来的、并与传统大众媒体并存的新媒体。

互联网带来了传播方式的革命。互联网同时包含了人类信息传播的两种基本方式，即人际传播和大众传播，突破了大众传统传播的模式框架，为人类社会建立了新的关系网络。由于互联网的特殊规律，我们应重新审视互联网发展和管理的相关机制，不能将互联网简单当作传统媒体看待，那样做的后果要么是削足适履，要么是竹篮打水。包括中国在内的全球互联网实践已经积累了成功经验，基本思想是：尊重互联网的传播规律，发挥市场的基础性作用，调动个人、企业、政府和各种社会组织的积极力量，共同建设和谐的网络社区。

一、网络媒体的特点与治理

（一）网络媒体的基本特点

1. 传播者的大众化

传统媒体，传播者为少数社会精英。一个国家只有非常有限的电视台和报纸，这些资源只能报道极少数人的言行，主要是少数精英的言行，包括政治、经济和文化领袖，娱乐界明星等。这些组织的管理者担任把关人角色，保证媒体的舆论方向。

互联网时代人人都是传播者。网络媒介更易于被大众掌握，人们可以通过网络自由点击自己需要的信息，通过博客发布自己知道的信息，通过论坛发表自己的观点，这客观上实现了传统媒介所欠缺的传播循环和传播互动。有学者提出人们使用网络这种媒介传播几乎是"零门槛"。

网络兼容了大众传播与人际传播的特征，每个人既是信息的接受者又是信息的发布者，用美国学者尼葛洛庞帝的话说："在网络上，每个人都可以是一个没有执照的电视台。"网络的交互性为网民提供了空前的权利和自由空间。网络媒体的交互性已经超越了观看、浏览、使用等层次，达到了控制的层次。用户可以自由地选择发布信息，甚至可以度身预订自己需要的信息。

2. 受众的互动性和选择性

在过去的传播环境下，信息是"子弹"，受众是"靶子"。传统的传播工具具有强大的传播效果，其情形犹如子弹射向坐以待毙的靶子。传统传播媒介具有无法抵抗的传播效力，受众只是被动地接受信息的刺激。

互联网颠覆了"子弹论"和"靶子论"，信息不是子弹，受众不是靶子，大众传播实现了信息在大众之间的双向传播。大众传播的定义曾经有这样一句话："大众传播是职业传播者通过某种现代化的传播媒介向为数众多的不确定人群传递信息的活动。"然而由于网络这一大众传播媒介的出现，我们很难再认同这一定义了，因为网络传播模式的独有特点使得大众传播行为的传播者不再是职业化的，而那些不确定的人群，受众正在从信息的消费者转化为信息的生产者，我们甚至可以在传统媒介上看见"据网友报料"、"有网友告知"等等这样的话，网友既是受众，也是传者。网友即使要获取新闻，往往也是主动选择自己喜欢的信息源，有选择地获取信息。

网络传播实现了传和接受者之间的双向互动传播，给公众提供一个意见和评论的场所，网民能够直接参与新闻的报道。这不仅做到了媒体与网民之间的沟通，还可以实现接受者与被接受者的传播，交互性网络新闻成为大众共同发言的新闻类型。网络传播带来传播权利的普及，传统的议程设置权力逐渐转移到社会公众之手，体现于微博客，就是其发起、设定和参与话题的功能。具备了发布与传播信息能力和条件的网民能够借助微博客自我设置议程并为大众传媒设置议程。比如2009年底广州番禺居民反对建立垃圾焚烧发电厂，一开始并未引起有关政府部门的重视，当地居民通过微博客等表达自己的意见和正当诉求，迅速传递信息，番禺事件很快成为网络上的热门话题，引起传统媒体的关注，包括中央电视台、新华社、凤凰卫视以及广州本地媒体等都给予了正面的报道，促使事情得到解决。

3. 传播方式的多样化

传统的传播方式主要包括以纸为媒介的传统报纸、以电波为媒介的广播和基于电视图像传播的电视。他们的传播手段相对单一。互联网带来传播媒体的革命，技术创新使得互联网上的传播方式层出不穷。当前常见的传播方式包括：网络新闻、论坛、博客、微博、即时通讯等。

各种网络传播方式各有特点，互相补充。网络新闻传播速度快、信息容量大，网络新闻的超链接方式使网络新闻的内容在理论上具有无限的扩展性和丰富性；网络论坛发挥了网络媒介本身交互、灵活的特点，没有了固定的节目播出时间限制，网民可以随时随地点击鼠标进入论坛参与讨论，并且同时成为观点信息的接受者和发布者，网络论坛的匿名性为网民自由发表言论提供保障，从而大大拓展了谈论话题的范围；博客具有个人性、开放性和交互性的特点，操作简单，管理也简单，进入管理平台后，选择模板、设置参数、日志管理、添加日志、发表日志、预览首页，只要简单走六步，就可以系统发表观点；微博客进入门槛低，发送信息方便，100多个字的文本相当于两三条短信，用户心理负担小，不像博客需要很多精力和耐心去经营，用户浏览起来也方便，看一条微博内容往往花不了几秒钟，不像博客需要长时间的关注，微博客还实现了多媒体参与，手机短信、电子邮件、即时通信工具、网页、MP3等都可以成为微博客平台，用户可以通过它们随时随地上传和接收微博客信息。

4. 传播内容的价值多元化

传统媒体是新闻传播和舆论导向的重要阵地，更是党和政府的喉舌，肩负着重大社会责任。因此，在弘扬主旋律，宣传优秀的精神文明成果，披露社会假、恶、丑现象等方面发挥重要作用。相应地，政府有关部门对传统媒体的监管非常严格，从事传媒的专业人士也具有较好的职业操守和崇高的社会地位，有力地保证传媒报道的客观性、公正性和先进性。

互联网上，传播者的大众化必然导致内容的大众化，传播内容出现价值多元化趋势。例如，网络传播出现了娱乐化趋势，从合理层面上说，游戏、娱乐、消遣本是人类的天性，也是追求人生快乐的有效手段。人们通过电脑游戏、网络聊天、手机短信等工具，缓解了紧张、孤僻、冷漠、疏远的现实人际关系。娱乐文化让欲望生产代替了高尚纯洁的艺术生产，使精神从肉体中退出、理性从感性中退出，审美从艺术中退出，刺激的是人类最感性、最低级的欲望。尽管娱乐化趋势不能代表社会主旋律，但是政府也没有理由予以禁止。

全球化的互联网是价值多元化的温床。全世界人类存在不同的价值观是客观现实，人类必须学会求同存异、和平共处。互联网将全人类连接起来，将不同价值观的人群连接起来，网络成为大家交流思想的通道，并不是要一种思想观念压制另一种思想观念，而是要互相包容、互相借鉴，促进社会和谐发展。

5. 传播效果的广泛性和持久性

网络传播突破了区域界限。网络的出现从根本上突破了地域的限制，任何一台接入互联网的计算机都可以自由畅通地与全世界的计算机交换信息。网络的出现将单个人真正推到了全世界媒体面前，实现了人的世界化和世界的个人化，人与人之间的地理距离概念由于信息的自由高速流通变得模糊，麦克鲁汉在30多年前提出的"地球村"的概念正由理想变成现实。

突破了时间界限。这表现在两个方面：一方面表现在网络新闻传播的时效性，另一方面表现在网络新闻的全时化。全时化播报是网络的一大优势，网络上的新闻信息始终处在动态更新中，新闻信息可以随时发布，同时，过去的信息还可以在数据库中保留，这集中了报纸和广电媒体的优势。

突破了传播手段的界限。传统媒体都有其传播手段的局限，报纸通过文字图片传播，广播通过声音载体传播信息，电视的出现应该是一大突破，它第一次将视、听感官都调动起来而成为最受欢迎的媒体，但其传播的手段主要还是局限在图像声音，文字固然有，但不是最主要的。网络媒体集中了所有传播手段，实现了"多媒体"传播，受众在网络上可以从多角度多层次最大限度地了解一个新闻事实包含的信息。

突破了信息量的限制。网络信息海量不仅表现在广度上，而且表现在深度上。从广度上看，互联网将全世界的计算机和计算机网络连接了起来。每一个用户都面对着来自全世界各地的信息资源，具有空前巨大的选择余地。从深度上看，单个网站提供的信息也日益丰富。

突破了传播成本界限。互联网的发展实现了话语权由传统媒体转向大众的本体的回归，这不仅是由于互联网固有的开放性为公众提供了这种技术上的可能，更重要的在于互联网营造个人的言论空间所需的花费是极其低廉的。网络用户如果想发表言论，只需付很少的上网费，便可在任何一家网站开设的论坛或聊天室里畅所欲言。

（二）互联网传播颠覆了传统的传播理论

1. 网络传播突破了传播主体与受众的身份限制

媒体事件是"历史的现场直播"，这是西方学者戴杨与卡茨在《媒体事件》一书中提出的著名观点，他们分析电视直播出现以来，尤其是随着卫星直播技术的普及，媒介背后的政治权力与资本力量可以更有效地组织"电视仪式"，塑造集体记忆，达成社会共识。网络热点事件作为媒介事件的一种，也具备上述特点。但与传统媒介事件不同的是，在网络热点事件中传播主体与受众的身份具有双重性，"传受双方易位频繁，呈现全方位易位趋势，传受双方往往是双重身份的人，既传且受，既受且传。"较之传统的传播者，网络传播主体由真实走向虚拟，由确定走向不确定，由单一走向多重，由集中走向分散，传统的传播主体则被消解和多元化了。

互联网开放性与交互性的特征使媒体与受众的交流空前频繁。就人类传播活动本体而言，传播行为使人和人之间建立起一种分享信息的关系，这种关系是人类社会得以存在和维系的重要形式。在网络热点事件中，因开放而体现包容，因互动而实现众议。传播双方的互动不受时间、空间的限制，从而达到前所未有的深度和广度。

网络热点事件体现了传播的去中心化与去权威化特征。传统的三大媒介的信息传播模式，从本质上讲都是一对多、点对面的传播，"是一种播放型传播，是一种树立中心意识的传播"。这种"中心—边缘"的传播结构模式在网络条件下得以终结。在网络热点事件中，网民对于现有权威、现有结论都可能持怀疑态度，例如"躲猫猫事件"中对网民调查团结论的质疑，"杭州飙车案"中对司法鉴定组得出结论的调侃。

2. 网络传播突破了"把关人"理论

"把关人"（gatekeepers）一词由美国传播学先驱卢因于1947年提出。他认为，在任何一种制度下，大众传播都要受到各个方面的干预：大众传播的信息在传播过程中通常要经过来自传播机构内部和外部的各种权力机构和个人的"干预"、"控制"和"过滤"。美国的D.M怀特于1949年对一位已有25年新闻从业经验的日报编辑，进行了为期一周的个案调查，并于1950年发表了根据此次调查的著名报告《把关人：一个新闻选择的个案研究》，首次为新闻传播中"把关人"的存在及其作用提供了第一手材料和证据。把关人理论是传播学的基本理论之一，该理论认为，在大众传播的新闻报道中传媒组织成为实际的"把关人"，由他们对新闻信息进行取舍、决定哪些内容最后能与受众见面，"把关人"起着决定继续或中止信息传递的作用。以往，在新闻传播实践中，控制舆论就要控制传媒，控制传媒就要对通过传媒传播的信息的内容、负面信息的数量、新闻信息发布时机等进行控制。

但是，在网络条件下，每一个网民都可以通过网络公开发表意见，由于网络的匿名性，因而对于信息追寻来源和辨别真伪都有着相当的难度。

要通过权力对公共信息加以屏蔽、控制越来越难以做到，而网络条件下传播的新闻信息，一旦传播出去就很难制止它的传播。当然，如果没有网络传播的这些特性，诸多网络事件很可能难以得到传播的机会，更不会形成热点。如果我们一定要去寻找网络传播的把关人的话，可以包括三个层次：首先是网民自己。多数网民应该说具有基本的公民意识和社会责任，对自己的言行进行把关。同时，网民对他人的行为进行监督，包括网民对不良信息发布者的监督，对不良信息发布网站的谴责和放弃。第二是网站，网站作为一个组织具有自身的使命，并且接受国家法律法规的监督。多数网站特别是具有一定规模的网站都会在技术上采取措施进行把关。第三是国家相关管理部门依据法规的监督。由此可见，网络传播的把关人出现了多元化趋势，不再像传统媒体那样可以对内容进行"控制"。

3. 网络传播突破了"议程设置"理论

美国著名记者、作家、政治评论家沃尔特·李普曼在其1922年出版的著作《公众舆论》中最早提出有关议程设置的理论，20世纪60年代M·麦库姆斯和D·肖对美国总统大选进行了调查并于1972年发表论文《大众传播的议程设置功能》。他们认为，大众传播往往不能决定人们对某一事件或意见的具体看法，但可以通过提供信息和安排相关的议题来有效地左右人们关注哪些事实和意见及他们谈论的先后顺序。大众传播可能无法影响人们怎么想，却可以影响人们去想什么。

在网络媒体出现之前，议程设置的权力基本由大众媒体及其背后的政治力量与资本力量掌握，而网络热点事件的出现与系列化则宣告设置议程的权力正在分散。在WEB2.0时代的互联网上，"人人都有麦克风"，"人人都能成为意见领袖"，议程设置的单一性和垄断性的局面被打破，社会议题的设置和传播朝着多元化和分散化的方向发展。在网络热点事件中，议程主导者（既可以是某一网站，也可以是某一网民）一方面作为信息传播的载体，其本身像传统媒体一样具有通过信息传播向社会大众设置议程的功能，通过发帖尤其是帖子的火爆程度引发更多的关注，另一方面又与传统媒体在议程设置方面进行互动，对于2009年的诸多网络热点事件，传统媒介几乎无一例外地进行了报道，网络热点事件自此成为传统媒介的议程，进而成为社会议程。

专栏3.1　维基解密网站

维基解密（Wikileaks）是"信息自由活动家"澳大利亚人朱利安·阿桑奇（Julian Assange）于2006年创办的网站。它专门揭露政府、企业腐败行为，反对权力过度扩张的政府，支持公民活动家、记者以及其他挑战强权的人士。

美军一等兵布拉德利·曼宁（Bradley Manning）在伊拉克服役期间将数十万份外交文件下载至CD-RW光盘中。曼宁将这些电子文档发布至维基解密网站。维基解密从2010年11月28日开始发布了超过25万份美国的外交文件。这是有史以来规模最大的未经授权的当代机密信息被泄露，其中包括1.1万份标记为绝密的文档。根据美国政府的说法，任何此类信息被发布将给美国国家安全带来严重危害。媒体称美国遭遇"外交9·11"。美国国务院与国防部等部门如临大敌、如坐针毡、手忙脚乱。国务卿希拉里等急忙"灭火"、"止血"、"消毒"，又是向盟友解释，又是严厉谴责，企图"减少损失"、"挽回影响"。

有分析家认为，解密事件对美国影响巨大。其一，它暴露了美国外交的两面性。美国素以"人权卫道士"与"文明守护神"自居，私底下却是骄横跋扈、狂妄自大与残暴蛮横。解密事件对美国引以为豪的"软实力"形成巨大冲击；其二，美国一向自诩其情报及保密工作天衣无缝，却连续不断与大规模地"被解密"，凸显了美国存在诸多"霸权软肋"。

也有分析家认为，解密事件加强了互联网对美国政府的监督。美国1966年公布的《信息自由法》规定：政府信息公开是常规，不公开是例外；不公开的信息需要法律明确界定，政府对拒不公开的信息负举证责任；只有政府官员和对国家宣誓的人才承担保密义务，公民和媒体没有保密义务。在此制度下，政府的任何不良行为都可能被互联网曝光。

维基解密事件也表现出信息化带来的效率与安全的矛盾。美国政府曾经长期不愿接受信息技术，从80年代后期开始才加快信息化步伐并受益巨大。2005年，"9·11"事件的调查委员会发现，政府部门之间信息不能共享是导致"9·11"恐怖袭击发生的一个重要原因。为此，美国国务院创建了"网络中心外交数据库"，政府各部门通过各自的安全网络访问这些信息，包括军队各级相关人员。

维基解密事件的最大赢家是互联网和广大民众。哈佛大学尼曼新闻实验室（Nieman Journalism Lab）主任 Joshua Benton 说："无论维基解密的域名和实体组织会遭遇什么不测，维基解密所传达出来的思想将会薪火永传。"

资料来源：根据人民网、新华网、新浪、搜狐等网站相关新闻整理。

（三）互联网传播的机会与挑战

互联网传播对我国社会正在产生巨大影响，我们既要看到互联网传播的机会，也要看到挑战。总体上看，机会远远大于挑战。

1. 网络传播的机会

（1）承载社会舆论。社会舆论，早期称为"公众意见"或"大众意见"。社会舆论是一定时期政治、经济、文化的体现。社会舆论反映了多数人的意志，是群众思想交流的结果。社会舆论是公开流传的，一般通过大众媒介作为表达和传播的渠道。新闻与新闻评论是社会舆论传播最理想的形式，它具有传播信息、反映社会民意、引导社会舆论功能，能够最大限度地满足舆论所要求的各种条件。传统社会舆论的形成依赖的是传统媒体，尤其是大众传播媒介单位的新闻。新闻界要负起反映社会舆论与引导社会舆论的责任，公众对于重大事件与问题的发生，有时由于真相不明，了解不够；有时由于众说纷纭，莫衷一是。新闻界必须说明真相，提出表现正义与公正的见解主张，以求得公众的认同，然后传播开来，渐渐形成一种公论，使大家都能接受，把社会舆论引向正确方向。社会舆论对道德的行为加以赞扬，对不道德的行为加以谴责，从而形成一股强大的精神力量，影响人们的思想、行为，起到抑恶扬善、调整人与人之间关系的作用。

信息化时代主要有两个舆论场，一个是由报纸、广播、电视、期刊等媒体形成的传统舆论场，另一个是由个人传播媒体组成的网络新媒体舆论场。由于互联网具有更高的传播效能，网络新媒体对于社会事件的参与能量越来越大，正在由被动的传统媒体发布新闻的平台，变成更为主动的新闻线索发现者、热点议题设定者、社会事件评论者。网络媒体不仅开展实质性的新闻报道，而且广泛传达民意，如大量跟帖者对社会事件表述自己的观点，大量网民参与讨论，聚合起社会的巨大群体性舆论，使得网络媒体言论逐渐成为重要的舆论场，大量议题已经左右了社会舆论的走向，推动着社会事件向积极解决或是消极对抗的方向发展。网络舆论已成为当代传播格局中的关键力量，并与传统媒体形成良性互动关系。过去几年，网络媒体在民意表达、参政议政、社会监督等方面发挥了越来越重要的作用。有人预测，由于网络传媒的大众化和高效能特性，网络媒体将超越传统媒体成为未来主要的舆论场，为公民社会的建设做出重大贡献。

（2）积累和传播知识。传统的知识积累和传播依赖书籍、报纸、期刊、广播、电视等传统媒介，网络时代互联网成为全球性的海量知识库和快速传播渠道，为知识爆炸和信息社会的发展创造了有利条件。

互联网在知识积累和传播方面具有以下特点：首先，互联网是巨大知识库，全球和网民、企业、社会组织和政府等都是知识的创造者。网站是知识的主要承载者，网站内容包括文字、图片、视频、音频、博客、论坛留言、数据库、数字图书等。网站不仅直接提供了知识，还包括了大量相关链接。由于网站数量浩如烟海，全球网站事实上形成了一种巨大的无序信息库，用户难以通过网站有效获取信息，需要新的工具进行组织和利用。第二，以百度、Google、雅虎等搜索引擎为代表的企业所从事知识的开发利用。百度和谷歌的搜索引擎采用机器式知识整理方式，通过抓取网页、博客、论坛、视频、图片等信息网页进行关键词匹配，为用户提供所需的信息。百度、Google 开发的图书搜索有数字图书馆的功能。Google 的学术搜索有 CNKI 的功能。百度百科有维基的功能。百度知道有威客的功能。雅虎有目录分类检索功能。这些企业的搜索引擎成为人们进行知识搜索的首选门户网站。第三，以维基为代表的网站开展社会化知识积累。维基的基本精神是开放编辑和自由协作，任何人都可参与词条的编撰，而且每个词条可由多人协同编撰。用户可以修改系统中所有的知识信息并添加意见。维基社群的活动反应了网络文化的多元性、开放性、平民化和非权威主义。全世界每一个角落，不分语言文化，都有人奉献自己所知，创造有史以来最庞大的知识库。纽约大学研究维基的教授 Clay Shirky 说："维基（Wikipedia）已经从一个大百科全书演变成了一个综合性网络媒体。"在中国，维基百科方式也得到发展，出现了百度百科、新浪"爱问"、腾讯"问问"、天涯"问答"、奇虎"问答"、Yahoo 中国等网站。第四，远程教育、网络挖掘等其他知识传播方式也在发挥重要作用。而且，互联网还在不断创新知识积累和传播的方式，为人类的发展做出重要贡献。

（3）发展文化事业。互联网为文化事业的发展创造了有利条件。首先，互联网是文化的传播工具。从技术上看，互联网上的每一个人，没有民族、性别、信仰、国籍的区分，都是对等的主体，世界各地的文化都可以在网络上平等传播。过去一些地方性文化在工业化和城市化的大背景下逐步走向消亡，其根本原因是封闭环境下缺乏传播渠道。互联网为各种文化的保存和传播提供了条件，各种文化可在全球范围内寻找知音。第二，互联网创造了新的文化产品经营市场。美术类（绘画、雕塑、摄影、装置、工艺、动漫等设计类）产品、音像类（音乐、电影、广播电视等）产品、演出类（舞蹈/舞剧、戏剧/音乐剧、戏曲、杂技、魔术、马戏等）产品、游戏类产品、文物及艺术教育产品等都已经在互联网上形成了市场，这些产品特别适合网络传播和交易。网络市场促进了文化产品的创新和发展。第三，互联网上出现了新的文化产品，特别是大量利用计算机生产的文化产品，包括网络游戏、动漫等等。

（4）密切人际交流，构建和谐社会。互联网具有人际传播和大众传播的双重特性，在构建和谐社会方面发挥重要作用。

从人际传播看，互联网建立了更加密切的社会关系。传统的人际交流只能局限于少数亲朋好友，现代网络可以帮助个人建立庞大的社交网络。根据美国心理学家米尔格于 20 世纪 60 年代提出的"六度空间"理论（Six Degrees of Separation），"你和任何一个陌生人之间所间隔的人不会超过六个，也就是说，最多通过六个人你就能够认识任何一个陌生人。"互联网成为现代社会人际关系的润滑剂，促进了人与人之间的交流。

从大众传播看，网络传播具有开放性和平等性。社会中公民影响力的大小可能不同，但在网上都是网民，每个人都拥有相同的发言权，并承担相同的责任与义务，其权利与义务的大小不因影响力的大小而增加或克减，这就是我们所说的网民身份平等。在互联网上，网民在发表意见时不受其身份、地位、学历、社会背景等因素的影响，不必服从于任何权威意见，其话语权得到最大限度的尊重，他们无需因担心言论的质量、自我力量的弱小等因素而在舆论活动中持保守甚至退缩状态，而是勇于酣畅淋漓地表达自己的观点。公众的表达和参与有利于社会和谐发展。

专栏 3.2 车票哥的故事

"你回家，我买单"——春节临近，猫扑网上一句承诺感动了无数人。1 月 13 日发帖以来，发起人"颓废牛仔裤"和中途加入的四川网友"shouzhuzhu1314"，两个二十多岁男青年已帮助 50 多位处在窘境中的人踏上回家的路。

"颓废牛仔裤"王乐（化名）说："我不是富二代。我现在开了一个小公司，自己在打理，我妈有时帮我做财务。"据记者现场调查，王乐曾经有过一段悲惨的经历，9岁时父亲就去世了，小时不听话，15岁辍学，离家出走，睡过公园，在外流浪过，在深圳打工无钱回家过年的经历让他终身难忘。因为公司刚走上正轨，王乐今年准备拿出两万元资助他人。王乐说："能资助几个就资助几个。明年视公司情况还会继续资助。"

在长达100多页的跟帖里，绝大多数人对他的善举表示赞赏，也有不少网友担心骗子乘虚而入。"三分感觉，两分故事，五分验证"，他说，会让求助者将身份证、学生证、工作证之类证件上传QQ，通过网上搜索、电话沟通进行甄别。有时会用善意谎言核实一下情况。"一张车票也就一二百元，如果不是真的需要帮助，谁会为了这不多的钱专门制作假证？"

不少人被他的善举感染。四川网友小李20日加入资助行列。

资料来源：根据人民网新闻编写。

（5）提高中国的软实力。软实力的竞争是看不见的战争。1983年，美国推出了一项号称"广播星球大战"的计划，美国国会为此拨款15亿美元，《国际先驱论坛报》则直言不讳地发表评论，揭示了这一技术设备现代化计划背后的政治意图："现在，世界上除了军事上的星球大战之外，还有另一场星球大战，它所涉及的不是导弹，而是通过无线电向世界上各个偏僻地区传播的新闻和意识形态。"1988年，前美国总统尼克松在他出版的《1999——不战而胜》一书中，总结了美国多年来推行武力干涉政策的失败和推行"和平演变"政策的经验教训，得出了一个结论："进入21世纪，采用武力侵略的代价将会更加高昂，而经济力量和意识形态的号召力，将成为决定性的因素。"

以美国为代表的西方国家在传统的国际传播领域拥有显著的优势。

首先，他们以世界自由卫士自居，以"自由、民主、人权"的价值观占领意识形态竞争的高地。其次，他们拥有强大的传播工具，包括全球领先的新闻企业、广播公司、电视公司、电影公司、出版公司等等，如CNN、BBC、VOA等广播公司，好莱坞八大制片公司等。相比之下，大量发展中国家处于守势，采用各种防御措施，比如禁止、限制别国或地区的报刊、电视节目在本国范围内销售或播出，干扰有害的广播频率，审查输入的图书、电影等，努力把信息侵略的危害降低到最低程度。

互联网的传播无孔不入，发展中国家处于"无险可守、无关可防"的状态。我国一些学者惊呼"抵制互联网上的信息侵略"。然而，有远见的学者敏锐地看到，互联网为中国软实力的提升提供了史无前例的机会。互联网是完全开放的网络，是大众传播工具，中国和西方国家在传播手段上基本处于同一起跑线上，即使有差距也不是太大。同时，中国拥有全球最大的互联网用户群，而且用户数量还在快速增长。网络的竞争本质上是智力的竞争，中国庞大的人力资源必将在互联网上创造出人类最灿烂的思想文化。

到2010年6月，中国互联网用户达到4.2亿人，占全球用户21%。目前，英语是互联网的主导语言，但是Google首席执行官施密特预言：五年之内，互联网将再次发生巨变，其中包括中文将成为主导语言。

2. 网络传播的挑战

（1）不良信息危害。互联网不良信息没有明确共识，通常认为，网络不良信息是指互联网上那些容易给人的精神带来污染，使人的思想产生混乱，让人的心理变得异常的信息，常见的不良信息包括色情信息、暴力恐怖信息、伪科学与迷信信息、消沉厌世信息、虚假信息等等。有些不良信息的传播已经构成犯罪，但多数都达不到犯罪标准。

淫秽色情信息已成为公众举报数量最多的不良信息。未成年人出于好奇心往往会主动浏览、收集色情内容，但他们缺乏对事物的辨别能力及自控能力，其生理、心理和思维尚处在发育和发展过程中，色情信息严重影响他们的身心健康，给他们的学习和生活带来许多障碍。

恐怖暴力信息指以非理性的方式宣扬喋血、斗殴、绑架、强暴、凶杀和战争恐怖等内容，让人丧失同情心，日益变得好勇好斗，为达到个人目的而不择手段的信息。大量暴力信息通过网络游戏得以传播，如部分网络游戏以刺激、暴力和打斗等内容吸引未成年人参加，未成年人很容易沉迷其中，甚至将暴力延伸到现实社会中，组建帮会，实施暴力，危害社会。

伪科学与迷信信息指以非科学的方式封闭人的思维、奴役人的精神的信息。如，一些人通过网络开展算命、测字、装神弄鬼等活动，一些人甚至打着"科学"的旗号宣传伪科学，让群众上当受骗。

消沉厌世信息指渲染悲观情绪使人的心理健康产生问题的信息。一些人在工作、生活、学习遇到挫折时，可能从网上寻找慰藉，网络上的悲观厌世信息可能让网民产生共鸣，在其唆使下滋生轻生和弃世的念头。

虚假信息指故意编造错误信息，对网民造成误导。有的杜撰虚假消息，有的编造错误的知识，有的乱造词语等等，对青少年危害较大。

网络不良信息对社会和谐造成严重威胁。北京市海淀区检察院在2009年公布了一组数据：在他们承办的未成年人犯罪案件中，80%以上的未成年人犯罪与接触网络不良信息有关。在未成年犯中，"经常进网吧"占93%，"沉迷网络"占85%，上网主要目的是"聊天、游戏、浏览黄色网页"达92%。网吧几乎成为"90后"犯罪团伙的聚集地和犯罪行为的高发地，"90后"犯罪团伙成员大都在网吧内结识。

（2）利用网络社区的犯罪。网络犯罪的范围依赖于一国刑法条款。网络上很多行为具有危害性，有些行为是违法行为，有些则是违反社会道德、破坏纪律的行为。只有那些社会危害达到一定程度需要采用刑罚手段予以制裁时，刑法才规定为犯罪。我国现有的法律对多数网络犯罪行为都有所规定，但法律仍滞后于网络的发展，关于网络犯罪的规定还有待完善。

利用计算机网络实施的犯罪只是传统犯罪在网络时代的新犯罪形式，

按照现有刑法规定就可以处罚，利用计算机、网络实施犯罪的行为形式不增减罪行的社会危害性，也不对犯罪人的刑事责任有加重或减轻的影响。根据我国法律，该类犯罪主要包括：利用互联网造谣、诽谤或者发表、传播其他有害信息，煽动颠覆国家政权、推翻社会主义制度，或者煽动分裂国家、破坏国家统一；通过互联网窃取、泄露国家秘密、情报或者军事秘密；利用互联网煽动民族仇恨、民族歧视，破坏民族团结；利用互联网组织邪教组织、联络邪教组织成员，破坏国家法律、行政法规实施；利用计算机实施金融诈骗罪；利用计算机实施盗窃罪；利用计算机实施贪污、挪用公款罪；利用计算机窃取国家秘密罪；利用计算机实施电子讹诈；网上走私；网上非法交易；电子色情服务；网络虚假广告；网上洗钱；网上诈骗；电子盗窃；网上毁损商誉；在线侮辱、毁谤；网上侵犯商业秘密；网上组织邪教组织；在线间谍；网上刺探、提供国家机密的犯罪等等。

由于网络的普及以及取证难度大，网络犯罪成为犯罪新动向。国内外的相关报道表明，最近几年网络犯罪呈现快速增长趋势，有些地方的案件数量甚至连续数年成倍增长，引起社会广泛关注。

（四）网络媒体的治理

1. 传统管理方式的困境

传统管理方式的基础是传统的传播方式。在传统的传播方式下，传播者数量有限，信息传播以单向流动为主，传播者掌控议题设置，受众是被动的"靶子"。传统管理方式的理论基础是"把关人理论"，政府只要管理好少数"把关人"，就能掌控议程和引导舆论。

网络传播颠覆了传统的传播方式，突破了传统的理论，管理部门如果坚持传统的管理方式，将面临尴尬的困境，具体包括：找不到"把关人"，或者说"把关人"太多了，管理部门无从下手；市场准入并不能减少传播者数量，因为网络传播方式多种多样，而且技术创新使得互联网上的传播方式层出不穷；受众具有选择传播者和传播方式的能力，管理者希望传播的信息可能无人问津；传播的过程难以控制，信息可能在极短的时间内扩散到世界各地，存储于网络的各个角落。

互联网是全球文化直接竞争的市场，竞争的主角是网站。优秀的网站来自于创新和市场竞争，大量的创新网站经过市场的大浪淘沙才能脱颖而出，建立国际竞争力。如果固执地沿用传统管理方式，优秀网站无法产生，中国文化难觅载体，中国用户失去参与的热情，互联网沦为境外文化入侵的天然管道。

2. 新的治理方式初现端倪

传统的管理方式失效了，互联网并未成为"魔鬼"，相反，它还在快速发展，并渗透到社会文化的各个方面，社会公众对网络的依赖程度越来越高。究其原因，"新的治理"机制正在孕育产生，成为促进互联网发展的重要力量。

"治理"不同于"管理"。"管理"是权力机构向被管理者单向采取措施的过程，其基础是传统的传播方式。"治理"是众多利益相关者共同参与的过程，其基础是开放互动的传播方式。在新的治理体系中，政府、企业、用户都是促进网络健康发展的力量，其中企业和用户是基础性力量。

"治理"具有前提条件：政府与绝大多数企业和用户利益具有一致性，或者说，政府应该相信，绝大多数企业和用户都是维护网络健康发展的积极力量，是可以依靠的力量。正是这股强大力量的支持，互联网在快速向前发展。

"治理"离不开政府的监管和引导。少数企业和用户的"失范"行为和"违法"行为需要强制力予以纠正，其中的"违法"行为必须接受法律制裁，否则整个网络将被少数害群之马破坏。政府的监管也不能简单采取传统手段，必须动员广大企业和用户的参与。

3. 我国已有的经验值得认真总结

中国的互联网可以说是世界上最活跃的网络之一。论坛帖文、博客文章数量之巨大，在世界各国都是难以想象的。中国的网站十分注重为网民提供发表言论的服务，约 80% 的网站提供电子公告服务。中国现有上百万个论坛，2.2 亿个博客用户，据抽样统计，每天人们通过论坛、新闻评论、博客等渠道发表的言论达 300 多万条，超过 66% 的中国网民经常在网上发表言论，就各种话题进行讨论，充分表达思想观点和利益诉求。互联网新应用新服务为人们表达意见提供了更广阔的空间。博客、微博、视频分享、社交网站等新兴网络服务在中国发展迅速，为中国公民通过互联网进行交流提供了更便捷的条件。网民踊跃参与网上信息传播、参与网上内容创造，大大丰富了互联网上信息内容。

如果深入调查分析，我们可以看到中国互联网上的各类传播工具并非是无序发展，而是初步形成了有效的治理机制。各类治理机制一般包含四个层次的内容：第一是网民。多数网民应该说具有基本的公民意识和社会责任，不仅在网上创造丰富的内容，同时也对自己的言行进行把关，对网上的不良行为进行监督，包括对不良信息发布者的监督，对不良信息发布网站的谴责和放弃。第二是网站。网站作为一个组织具有自身的使命，并且接受国家法律法规的监督。凡是成功网站，不仅在技术上和商业上有竞争力，而且在内容上也承担了把关责任。第三是行业协会。行业协会是企业与政府的桥梁，代表了整个行业的利益，行业协会发动的自律公约和自我监督促进了整个行业的发展。第四是政府相关部门依据法律法规开展的监管。国家的法律、部门规章不断出台，监管者的能力不断提高，为网络健康发展保驾护航。

认真总结已经取得的经验，让它们成为构筑完善治理的阶石。网络的治理是一项长期性的探索，国外也没有成熟的模式照搬，世界各国都在逐步积累适应本国环境的治理方式。因此，我们必须重视经验的总结，创造出中国的治理模式。

二、网络新闻的治理

网络新闻指网络新闻机构通过互联网发布的新闻。我国对网络新闻机构实行市场准入政策。

（一）网络新闻的特点

根据中国人民大学新闻与社会发展研究中心研究员彭兰的总结，互联网新闻具以下几个特点：

1. 定时、及时、实时、全时

定时：互联网新闻可以像传统新闻一样，定时发布新闻，如每日进行版面更新，为用户提供过去 24 小时的新闻报道。

及时：广播电视等传统新闻也追求新闻的及时报道，但互联网具有快速报道的优势。例如：2001 年 9 月 11 日，美国发生恐怖袭击后约 8 分钟，新浪网登出第一条消息。2003 年 3 月 20 日 10 时 30 分左右，美国向伊拉克开战，10 时 34 分，新华网依靠新华社巴格达报道员贾迈勒向全世界发出第一条英文快讯。

实时：传统媒体做实时报道需要做充分的准备，互联网新闻实时报道相对简便，只要能上网就可以。例如，现在非常流行的会议实时报道，会议的发言可以通过速记或录音实现网上直播。

全时：网络新闻不仅要最大限度地保障对个别新闻报道的时效性，同时还要作为一个"全天候"的媒体，在一切新闻报道中争取最强的时效性。

2. 层次化、立体化

报纸等平面媒体，在进行新闻资源组织时，遵循的是二维空间的思维，即将所有内容在一个二维平面空间里进行展示，平面空间如版面是新闻的包装容器。电视、广播等媒体则是以时间为容器进行资源的串连。但无论是报纸还是广播电视，都只能用一种单线条的方式来进行新闻内容的组织。

网络新闻资源是以层次化、立体化的方式联系在一起的。网站发布网络新闻时，常常不是一次性的和盘托出，而是在不同的层次中逐渐展示出完整的内容。具体表现为信息之间的多元的、复杂的联系，以超链接方式实现。

一个完整的网络新闻作品通常可以分解为多个层次。例如，层次一：标题；层次二：内容提要；层次三：新闻正文；层次四：关键词或背景链接；层次五：相关文章或延伸性阅读。一些新闻还以专题方式组织起来，专题有着双重含义，一方面，它是网络新闻资源进行包装的一种外在形式，另一方面，它是体现网站的编辑思想与意图的一种内容整合手段。从形式上看，专题将过去、现在以及未来可能发生的互有联系的信息联成一体，构成了一张信息网。它将分散的信息进行了有机的整合，同时，还利用网络所具有的延时性特点，使新闻报道得以长久延续。在新闻网页的组织上，通常采用"立体主导式"，即在新闻导读页只有一到两个屏幕大小，受众如果要获得较为全面的新闻，需要点击到具体栏目。

3. 循环化、多通道

循环化是指网络新闻资源可以通过数据库长期保存，并被加以无限制的反复利用。利用方式也是多种多样的。例如，可以被再次发布，可以作为相关新闻链接，也可以通过分类检索加以利用。因此，在网络新闻发布的业务系统中，数据库技术就成为关键。对于网络新闻记者与编辑则意味着，在现有的新闻报道中，利用已有的新闻资源，成为一种日常工作。如何寻找与当前新闻相关的资源，又如何合理地加以利用，也成为新闻发布的重要环节。虽然在网络新闻发布系统中，很多工作可以自动完成，但在一般情况下，还需要人工的干预。

新闻利用的多通道包括用户登录新闻网站阅读，发送电子邮件到用户信箱，发送短消息到用户手机，利用搜索引擎搜索等。不同渠道各有利弊，网络新闻机构通常采用综合手段传播网络新闻。一个网站如果单纯采用一种新闻发布方式，就较难适应受众的多样化需求。各种方式相互补充、相互促进。发布方式与通道的多样化，也意味着网民的"转发"行为的增加，网民在新闻阅读过程中是积极的参与者，他们在看到自己认为有价值的新闻时，往往会利用电子邮件、转贴或手机转发等方式，使新闻传播更加广泛。

4. 多媒体

1999 年，《人民日报》网络版便全面开通了多媒体服务，包括音频、视频和 360 度照片等。2002 年 2 月 21 日，中央独家授权新华网在人民大会堂对中美两国元首共同会见记者等重大活动进行多媒体现场直播，新华网的摄像机第一次与 CNN 和中央电视台的摄像机并排架设，开创了真正意义上的网络多媒体现场直播先河。

除了探索图片、音频、视频等传统手段在网络中的运用之外，新闻网站还在探索新的技术手段在新闻传播中的运用。其中最具有代表性的是 Flash 技术在网络中的运用。目前，新闻网站已经在两个方面开始运用 Flash 技术，一是利用 Flash 动漫讲述新闻，一是将 Flash 作为整合各种媒体要素的手段。

5. 互动性

互动的方式主要表现为新闻跟帖。读者在阅读新闻后跟帖，发表个人看法，或者网友之间开展讨论。新闻跟帖是附设在新闻报道之后专门供网民对新闻事件发表意见的公告板。新闻跟帖这一形式首先出现在商业网站。从新浪网 2000 年率先开设新闻跟帖功能以来，目前稍有规模的新闻网站都设有跟帖功能，不同的网站叫法各异，新浪和腾讯叫"我要评论"，搜狐叫"我要说两句"。

例如，中新网转载了李长春同志发表在《黑龙江日报》上的文章"母校九十年华诞感怀"，很快引发了 80 多条跟帖，一些网友对哈工大的辉煌成绩表示赞赏，一些网友也提出了当前教育中的一些弊端，还有一些网友提出了新形势下搞好教育、培育优秀人才的建议。

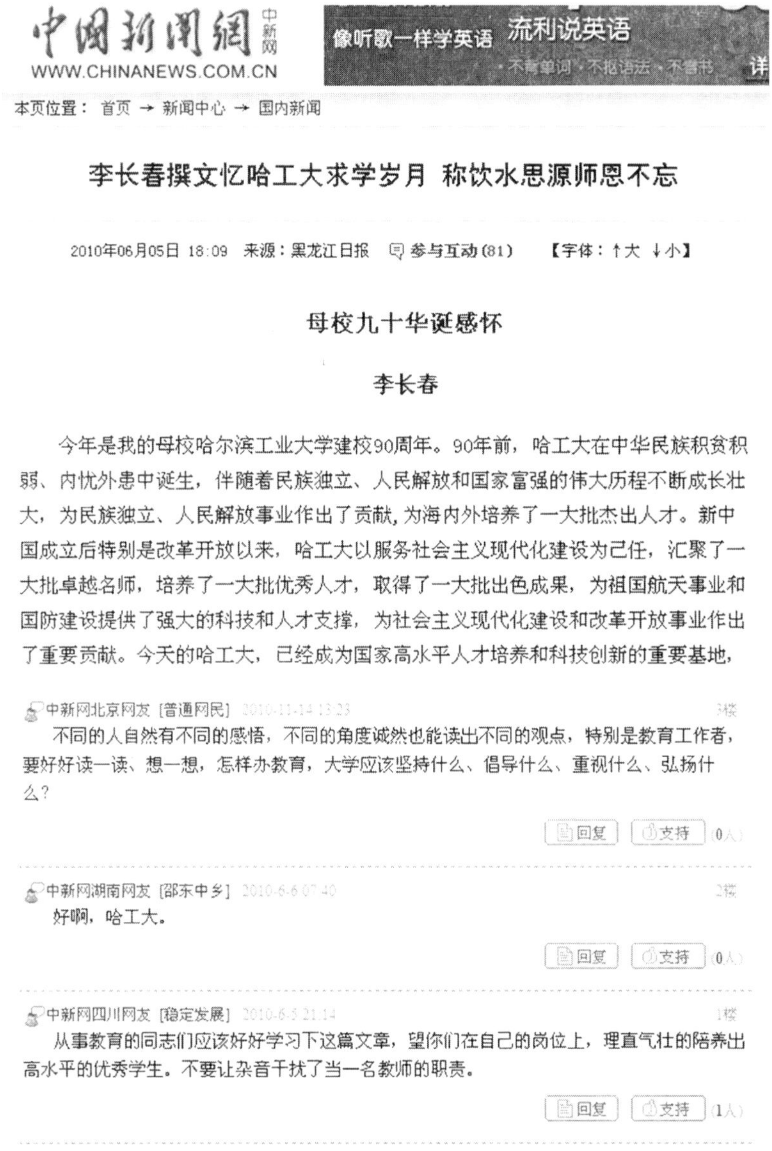

中国新闻网
中新网
WWW.CHINANEWS.COM.CN

像听歌一样学英语　流利说英语
不背单词·不抠语法·不看书　详

本页位置：首页 → 新闻中心 → 国内新闻

李长春撰文忆哈工大求学岁月 称饮水思源师恩不忘

2010年06月05日 18:09　来源：黑龙江日报　参与互动(81)　　【字体：↑大 ↓小】

母校九十华诞感怀

李长春

今年是我的母校哈尔滨工业大学建校90周年。90年前，哈工大在中华民族积贫积弱、内忧外患中诞生，伴随着民族独立、人民解放和国家富强的伟大历程不断成长壮大，为民族独立、人民解放事业作出了贡献，为海内外培养了一大批杰出人才。新中国成立后特别是改革开放以来，哈工大以服务社会主义现代化建设为己任，汇聚了一大批卓越名师，培养了一大批优秀人才，取得了一大批出色成果，为祖国航天事业和国防建设提供了强大的科技和人才支撑，为社会主义现代化建设和改革开放事业作出了重要贡献。今天的哈工大，已经成为国家高水平人才培养和科技创新的重要基地，

中新网北京网友 [普通网民] 2010-11-14 13:23　　　3楼
不同的人自然有不同的感悟，不同的角度诚然也能读出不同的观点，特别是教育工作者，要好好读一读、想一想，怎样办教育，大学应该坚持什么、倡导什么、重视什么、弘扬什么？

回复　支持（0人）

中新网湖南网友 [邵东中乡] 2010-6-6 07:40　　　2楼
好啊，哈工大。

回复　支持（0人）

中新网四川网友 [稳定发展] 2010-6-5 21:14　　　1楼
从事教育的同志们应该好好学习下这篇文章，望你们在自己的岗位上，理直气壮的陪养出高水平的优秀学生。不要让杂音干扰了当一名教师的职责。

回复　支持（1人）

图 3.1　新闻跟帖

（二）网络新闻的发展状况

1. 发展历程

我国传统媒体的网络化进程可以追溯到 1993 年 12 月 6 日的《杭州日报》电子版。自 1995 年 1 月 12 日《神州学人》杂志开中国出版刊物上网

之先河后，同年 12 月 20 日，《中国贸易报》首先开通网络版，成为新闻上网的先行者。1996 年是我国互联网商业化快速发展的一年，也是我国网络媒体呈现出强劲发展势头的一年。

1996 年 1 月 2 日，《广州日报·电子版》和《中国证券报·电子版》在网上正式发行。

1996 年 1 月 13 日，《人民日报》综合数据库国际平台经过 3 个月的调试，开始正常运行，读者可以在互联网上阅读当日出版的《人民日报》、《人民日报·海外版》、和《市场报》的全文和部分图片。

1996 年 10 月，广东人民广播电台建立自己的网站。

1996 年 12 月，中央电视台建立自己的网站。

1997 年 1 月 1 日，《人民日报》正式开通了互联网上的网站，定名为《人民日报·网络版》（人民网）。

中国新闻社的《华声月报》社于 1997 年 4 月申请了自己的独立域名，随即制作了 5 个专栏共 10 多万字的网络版，正式定名为《华声报》电子版，于 5 月 25 日亮相互联网。

1997 年 11 月 7 日，新华社正式开通自己的网站（新华网）。

1998 年，门户网站网易和搜狐开通了新闻频道。

1998 年 12 月新浪网成立。

2000 年，人民网、新华网、中国网、央视国际、中国日报网站等中央新闻机构设立的新闻网站相继出现，同时北京千龙网、上海东方网、天津北方网等省市新闻机构设立的网站也不断涌现。

到目前为止，绝大多数传统新闻机构都已经迈出了网络新闻传播的步伐。

2. 企业改革与发展

我国新闻网站主要有以下几种类型：一是新闻单位设立的新闻网站，采用"事业单位、企业化经营"体制，这是当前大多数新闻网站的体制类型的运营管理体制；二是新闻机构设立的新闻网站，采用独立型的公司化运营体制，如千龙网、东方网等；三是新闻单位设立的新闻网站，但完全依附于母媒体，资金来源主要来自中央或地方财政以及母媒体的拨款，网站本身没有自主经营权；四是传统的门户网站，纯商业化运行。

从 2009 年 10 月开始，政府有关部门推动全国重点新闻网站转企改制试点工作，试点工作的主要任务是：以发展为主题，以改革为动力，以体制机制创新为重点，建立现代企业制度，实行股份制改造，运用上市融资等经济手段，增强重点新闻网站综合实力，探索既符合社会主义先进文化要求又符合互联网传播特点，既保证导向正确又富有活力的重点新闻网站发展道路，为下一步改革积累经验。

据媒体报道，有关部门正在推动新闻网站改制上市。为了进一步推动中国新媒体的发展，更好地利用资本运作方式做大做强，人民网、新华网、央视网、千龙网、东方网、北方网、大众网、四川新闻网、湖南华声在线、浙江在线等 10 家国内新闻网站将作为首批选定上市对象登陆 A 股。

有关专家分析，经过改革，我国网站将形成三大阵营。第一阵营为早期上市的门户网站，如新浪、搜狐、网易等，已经拥有强大资本优势；第二阵营是正在改制上市的传统新闻机构设立的新闻网站，拥有新闻采编的传统优势和国家政策扶持的优势；第三阵营是以中移动、中电信等互联网服务企业组建的网站，拥有强大的客户基础和资金优势。三大阵营企业相互竞争，促进我国新闻事业蓬勃发展。

（三）网络新闻的治理

1. 政府监管

互联网新闻的监管部门包括新闻主管部门、通信主管部门和公安部门。在国家层面，主要是国务院新闻办公室、工业和信息化部、公安部等部门。新闻主管部门负责内容监管，通信主管部门负责通信网络的监管，公安部负责打击网络犯罪行为。

为了规范互联网新闻信息服务，满足公众对互联网新闻信息的需求，维护国家安全和公共利益，保护互联网新闻信息服务单位的合法权益，促进互联网新闻信息服务健康、有序发展，国务院新闻办公室、信息产业部公布《互联网新闻信息服务管理规定》，自 2005 年 9 月 25 日起施行。该规定所称新闻信息，是指时政类新闻信息，包括有关政治、经济、军事、外交等社会公共事务的报道、评论，以及有关社会突发事件的报道、评论。该规定所称互联网新闻信息服务，包括通过互联网登载新闻信息、提供时政类电子公告服务和向公众发送时政类通讯信息。国务院新闻办公室主管全国的互联网新闻信息服务监督管理工作。省、自治区、直辖市人民政府新闻办公室负责本行政区域内的互联网新闻信息服务监督管理工作。

互联网新闻的监管包括事前监管和事后监管两个方面。

（1）分类许可。事前监管主要是准入管制。根据《互联网新闻信息服务管理规定》，国家对互联网新闻实行分类许可制。互联网新闻信息服务单位分为三类：第一类，新闻单位设立的登载超出本单位已刊登播发的新闻信息、提供时政类电子公告服务、向公众发送时政类通讯信息的互联网新闻信息服务单位；第二类，非新闻单位设立的转载新闻信息、提供时政类电子公告服务、向公众发送时政类通讯信息的互联网新闻信息服务单位；第三类，新闻单位设立的登载本单位已刊登播发的新闻信息的互联网新闻信息服务单位。设立第一类和第二类互联网新闻信息服务单位，应当经国务院新闻办公室审批，设立第三类互联网新闻信息服务单位，应当向国务院新闻办公室或者省、自治区、直辖市人民政府新闻办公室备案。

该管理规定还要求，第一类和第二类互联网新闻信息服务单位，应当与中央新闻单位或者省、自治区、直辖市直属新闻单位签订书面协议，转载新闻信息或者向公众发送时政类通讯信息，应当转载、发送中央新闻单位或者省、自治区、直辖市直属新闻单位发布的新闻信息，并应当注明新闻信息来源，不得歪曲原新闻信息的内容。

互联网新闻的许可制实际上试图将传统的准入管制延伸到互联网上。只有传统的新闻单位可以设立"制作新闻"的互联网新闻服务机构，非新闻单位设立的互联网新闻服务机构只能"转载新闻"。这些制度反映了主管部门对互联网新闻服务管理的慎重态度。

（2）行为监管。根据《互联网新闻信息服务管理规定》，互联网新闻信息服务单位登载、发送的新闻信息或者提供的时政类电子公告服务，不得含有下列内容：（一）违反宪法确定的基本原则的；（二）危害国家安全，泄露国家秘密，颠覆国家政权，破坏国家统一的；（三）损害国家荣誉和利益的；（四）煽动民族仇恨、民族歧视，破坏民族团结的；（五）破坏国家宗教政策，宣扬邪教和封建迷信的；（六）散布谣言，扰乱社会秩序，破坏社会稳定的；（七）散布淫秽、色情、赌博、暴力、恐怖或者教唆犯罪的；（八）侮辱或者诽谤他人，侵害他人合法权益的；（九）煽动非法集会、结社、游行、示威、聚众扰乱社会秩序的；（十）以非法民间组织名义活动的；（十一）含有法律、行政法规禁止的其他内容的。

《互联网新闻信息服务管理规定》要求，国务院新闻办公室和省、自治区、直辖市人民政府新闻办公室，依法对互联网新闻信息服务单位进行监督检查，有关单位、个人应当予以配合。国务院新闻办公室应当公布举报网站网址、电话，接受公众举报并依法处理；属于其他部门职责范围的举报，应当移交有关部门处理。国务院新闻办公室和省、自治区、直辖市人民政府新闻办公室，发现违规行为，应当通知其删除。互联网新闻信息服务单位应当立即删除，保存有关记录，并在有关部门依法查询时予以提供。另外，互联网新闻服务机构每年定期向互联网新闻管理机构提交年度业务报告，接受相关资质的审查。

2. 企业的创新与自律

（1）企业的创新。互联网新闻发展初期国家还没有制定管理规则，这也为互联网企业的创新提供了广阔的空间。1998 年 12 月 17 日，美英对伊拉克发动了代号为"沙漠之狐"的空中打击行动，刚刚成立不久的新浪网虽然仅有 10 名编辑，毅然决定开播 24 小时滚动新闻，开创了国内 24 小时滚动新闻制度。在 1999 年 2 月，新浪网推出"科索沃战争专题报道"，除了从新华社等国内新闻机构获取新闻外，还向法新社北京分社购买稿件，发稿速度甚至超过了 CNN 等国际著名机构。随后，新浪网在台湾大地震、中国加入世贸组织、"9·11"事件等一系列事件中都采用了滚动新闻报道，确立了新浪在互联网新闻中的领先地位。

2000 年 11 月，国务院新闻办公室、信息产业部颁布了《互联网站从事登载新闻业务管理暂行规定》，新浪、搜狐、网易等门户网站公司集中力量从事新闻转载服务，通过借助被转载媒体的声誉，提高网站新闻的权威性，同时减少了新闻制作的法律风险与政策风险。

从 2000 年开始，传统媒体设立的新闻网站大量涌现，这些网站虽然由传统媒体举办，但实行与传统媒体不同的"双轨制"，更加重视市场需求，更加重视传播方式的创新。例如，人民网将新闻与论坛相结合，其"强国论坛"成为国内影响巨大的品牌。

网络新闻通常采用网络链接增加新闻报道的广度和深度。一条新闻后面常常跟着若干链接，包括本网站和其他网站的大量报道以及相关反馈评论，读者可以"一网打尽"，获取新闻的相关背景报道。

现场直播也是新闻网站的创新。2003 年上海举办"福布斯全球行政总裁会议"，新浪网首次采用了全程图文直播方式，成为此次会议报道最快、最全的新闻机构。此后，图文直播成为新闻网站常用的报道方式。

新闻网站创新了广告盈利模式，包括：深入发展垂直频道，将广告投放从网站首页和新闻中心扩展到更多、更细的产业范围；充分挖掘多媒体广告、短信广告、定向邮件广告等多种类广告发展潜力；改变按照天数计价的传统广告售卖模式，开发出按照浏览量、点击率等计价的新模式。

（2）企业责任与行为自律。新闻网站都有各自的价值观和传播理念。例如，新浪提出"快速、全面、准确、客观"的新闻原则，坚持对网民负责、对社会负责和对国家负责的基本编辑原则；搜狐提出"通过有震撼力的新闻，表达人文关怀精神和社会责任感"；人民网提出"在媒体融合中找到自己的位置，尽到媒体的责任，要对党、对国家、对人们、对社会负责"；中新网提出"权威、客观、平实、迅速"的原则。

新闻网站为贯彻其新闻价值观和传播理念，制定了行为规范。以新浪网为例，公司制定了《新浪网编辑手册》和《新浪主页推荐规范》（详见专栏 3.3、专栏 3.4），依靠制度提高内容质量，树立新浪网的主流和领先地位。

专栏3.3　新浪网编辑手册

为加强新浪网（sina.com）的内容建设，提高内容质量，强化编辑水平，增强版权意识，提高网站的浏览率，特制订编辑手册，规定该做不该做，罗列备查信息。

1. 内容编辑方针

（1）坚持正面宣传为主，正确把握舆论导向。

（2）以网民需要为出发点，不遗漏用户关心的重要新闻，不断充实网页内容，提供更周到的服务。

（3）提倡"抢新闻"和适时发布，缩短与事件发生和信息源的时差。

（4）避免知识性、文字性差错。

（5）学习网络媒体经验，集众家之长。

（6）鼓励和提倡信息内容的再加工和处理，避免简单的重复和拷贝。

2. 编辑要求

2.1　选稿

①摸准媒体更新规律，及时捕捉新闻，选用新闻价值高、可读性强、具有知识性、实用性、趣味性的稿件。

②对热点新闻注意从不同角度选稿，多方面报道，连续报道，深度分析，形成气候，但内容相同的只选一篇。

③信息量达到不漏重要新闻外，还要捕捉更多能吸引人的新闻。

④不得选用中伤我国、不利于祖国统一、违反民族宗教外交及其他政策，以及宣扬封建迷信、色情、暴力和明显失实、泄密的稿件，选稿时要通读全文，绝对保证无上述内容。

2.2　专稿和专题的制作

①收集信息材料编写专稿和专题。

②耳闻目睹新闻事件，写成专稿。

③收看实况转播，同步编发专稿。

④从外文网站捕捉最新新闻，编译成专稿。

⑤组织专访、座谈、同网友会面等活动写专稿。

⑥编发网友来稿和社区讨论稿。

2.3　标题

①力求简短、醒目、新颖、吸引人。

②最好为一行题，不超过14个字。

③特定媒体原题可省略地名或用代称的，应将地名标出。

④标题首字符不得为空格，题中引号要用全角符号，重要标题可为黑体。

⑤标题前图标一般用小黑点，专题的标题前图标由编辑自定。

其他：略

资料来源：摘自 blog.sina.com.cn。

专栏 3.4　Sina.com 主页推荐规范

目前，sina.com 主页日常更新的有五方面内容："头条链接"、"频道精选"、"专题特集"、"图片推荐"和"精彩推荐"。

一、头条链接

头条链接数量为 9 条，推荐内容以时事新闻为主，约占 6~8 条，若有重要的体育、娱乐、IT 等新闻，也可在该位置推荐。

二、频道精选

1. 推荐内容要紧扣频道名称，应尽量避免和其他频道内容的冲突。真正做到体现频道本色。

2. 推荐内容要符合社会、政治以及道德舆论主流，尽量避免血腥暴力、色情低俗的内容。

3. 推荐内容一定要注明信息来源（即便是网友原创也要注明），并保证不侵犯版权。

三、专题特集

专题特集推荐内容是各频道制作的较大型的专题或专栏。在主页陈列的时间一般较长。专题页面的数量通常不少于 10 页。

推荐"专题特集"的程序：

专题制作编辑（填写"专题推荐申请表"）→频道监制（审核签字）→网页设计部主管（审核签字）→策划总监或资讯总监（审核签字）→首页编辑→添加到主页完成。

四、图片推荐

频道精选右侧为"图片推荐"位置。更新频率为每日或半日。图片也应不涉及版权问题（严禁推荐带有色情图片）。另外，推荐内容要有一定时效性和独特性。

五、关于"精彩推荐"

"精彩推荐"是在原有"专题特辑"中分离出的一个推荐区。其更新频率原则上为三至五天。和"专题特集"不同之处在于，它推荐的范围更广泛，精彩推荐可以是新闻的追踪报道等。

资料来源：摘自 blog. sina. com. cn。

3. 行业组织的积极作用

互联网行业协会在网络新闻发展方面发挥了积极作用。2003 年 12 月 8 日，中国互联网协会互联网新闻信息服务工作委员会成立。成立互联网新闻信息服务工作委员会，对于更好地落实国家有关互联网的方针政策，加强政府、行业和用户之间的沟通与协调，加强国际合作与交流，进一步规范互联网新闻信息传播秩序，促进互联网新闻信息传播事业快速健康发展，具有重要意义。为推动和加强行业自律，人民网、新华网、中国网、新浪网、搜狐网、网易网等参加会议的 30 多家互联网新闻信息服务单位共同签署了《互联网新闻信息服务自律公约》，承诺自觉接受政府管理和公众监督，坚决抵制淫秽、色情、迷信等有害信息的网上传播，抵制与中华民族优秀文化传统和道德规范相违背的信息内容。2004 年 6 月 10 日，互联网"违法和不良信息举报中心"正式成立。该中心在国务院新闻办公室、信息产业部的支持与指导下，由中国互联网协会互联网新闻信息服务工作委员会负责管理。图 3.2 是 2010 年 10 月举报情况公告。

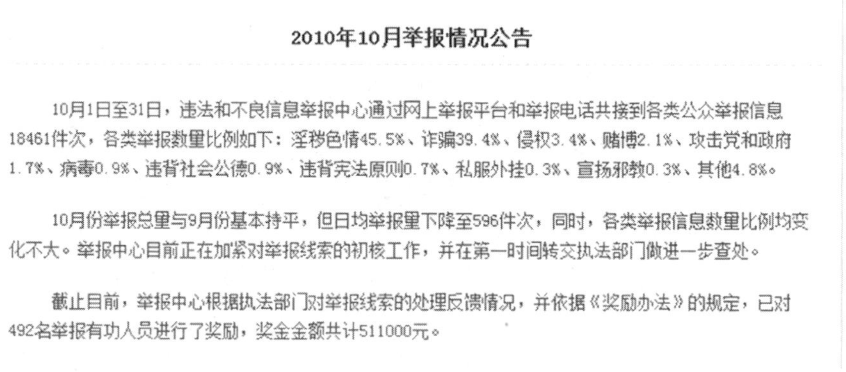

2010年10月举报情况公告

10月1日至31日，违法和不良信息举报中心通过网上举报平台和举报电话共接到各类公众举报信息18461件次，各类举报数量比例如下：淫秽色情45.5%、诈骗39.4%、侵权3.4%、赌博2.1%、攻击党和政府1.7%、病毒0.9%、违背社会公德0.9%、违反宪法原则0.7%、私服外挂0.3%、宣扬邪教0.3%、其他4.8%。

10月份举报总量与9月份基本持平，但日均举报量下降至596件次，同时，各类举报信息数量比例均变化不大。举报中心目前正在加紧对举报线索的初核工作，并在第一时间转交执法部门做进一步查处。

截止目前，举报中心根据执法部门对举报线索的处理反馈情况，并依据《奖励办法》的规定，已对492名举报有功人员进行了奖励，奖金金额共计511000元。

图 3.2　2010 年 10 月互联网"违法和不良信息举报中心"举报情况公告

"中国互联网站品牌栏目（频道）"推荐活动是在国务院新闻办公室指导下，由中国互联网协会互联网新闻信息服务工作委员会和国务院新闻办公室互联网新闻研究中心共同主办，互联网违法和不良信息举报中心承办，旨在鼓励互联网站建设健康向上、丰富多彩、特色鲜明的栏目和频道，推动我国网络文化建设健康发展，维护和谐有序的网络环境。年度"中国互联网站品牌栏目（频道）"推荐活动自 2005 年举办以来已成功地举办了四届，得到社会各界和公众的广泛认可。

（四）问题与讨论

1. 市场准入问题

网络新闻的市场准入问题是一个颇具争议的问题。互联网市场准入管制的目标很清楚：互联网新闻网站只能转载"新闻机构"采编的新闻，从源头上保证新闻的可靠性。

　　一些学者认为，采用"市场准入管制"进行互联网上的"源头"管理是非常困难的，主要体现在以下几个方面。

　　新闻的概念难以界定，监管存在随意性和模糊性。根据《互联网新闻信息服务管理规定》，新闻信息指时政类新闻信息，包括有关政治、经济、军事、外交等社会公共事务的报道、评论，以及有关社会突发事件的报道、评论。该定义过于宽泛，如果严格按照该规定执行，互联网上多数网站恐怕都可以划入"新闻网站"的范围。

　　新闻报道形式多样，监管存在盲区。互联网可以多种方式报道新闻，如门户网站开展的会议图文直播和视频直播，政府部门通过微博发布信息等，新闻主管部门并不进行市场准入管制。

　　网站可以通过放置链接绕过限制。网站可以不直接放入新闻的内容，但放入国内外新闻的链接，用户点击一个页面中的链接就可以跳到另外一个页面浏览用户关心的新闻。每个网站都包含大量的链接，而且可能存在多重链接，间接转载国内外的新闻。

　　网站数量巨大，监管成本高。中国有数百万网站，全球网站更是多如牛毛。实践中，大量网站刊载新闻信息，监管部门根本没有力量进行纠正。

　　因此，有些学者建议，政府部门应从事前的"市场准入"监管转向事中和事后的"行为监管"，重点监管那些影响力大的网站。同时，积极扶持传统新闻机构向互联网发展，帮助他们占领新兴的宣传阵地。

　　2. 新闻跟帖的管理

　　廖福生、江昀（成都理工大学传播科学与艺术学院）的研究表明，新闻跟帖具有四个基本特点：一是具有草根特点。网民发表的意见代表他们自己的声音，虽然某些建议不很成熟，但是是从百姓的角度去解读新闻，发表的评论具有草根的视野。新闻跟帖通常采用草根式的话语，这种语言往往具备当前流行的网络语言特征。网民能在不同的新闻事件中找到其中的联系，对新闻所发表的意见经常超越新闻内容本身，这种看似东拉西扯、顺势帮腔、逆行直言、归谬反讥的点评风格往往产生意想不到的效果。相比较大众媒体的记者和评论员的文章以及专家学者的高谈阔论更加具有平民大众的视角，观点也更易得到其他网民的认同。二是观点极化现象。作者对网易新闻跟帖进行分析，明显看出网民在对新闻事件表达意见时，容易出现走极端现象。三是跟帖的作用突出。网易曾经以"无跟帖，不新闻"为口号策划网络新闻，有些用户甚至将跟帖看得比新闻还重要。四是存在失范现象。有些用户在跟帖中对于新闻中组织和个人及其他网民进行恶意侮辱与人身攻击。

有人认为新闻跟帖必须严加管制。由于网络跟帖出现了"极化"和"失范"现象，有人提出"新闻网站应取消现行的新闻稿件匿名跟帖或发帖功能，转而实施实名注册登录制度，即网民在新闻网站注册时必须填写真实姓名、身份证号码等信息，通过验证后方可登录跟帖或发帖，对新闻事件发表言论"。通过强化监管，增强网民的责任，净化网络空间。

有人认为新闻跟帖不必采取"取消匿名跟帖、实施实名登记"这样的严格管制。网络跟帖反映的是网民的社会心理，比如近期跟帖数较多的新闻，常常是反映了网民对社会不公平现象不满、同情弱势群体心理、仇富心理、憎恶贪污腐败现象。网民更加关注现实社会中的问题，这就是新闻舆论对社会监督作用的价值体现。网民对讨论话题的热情程度是对社会问题的一种反映，正确看待和思考这些舆论，有助于我们把握社会利益调整、制度改革的方向，同时也可能起到社会情绪的"减压阀"、"出气筒"的作用。新闻跟帖也为公众参与公共事务的讨论提供了便利通道，跟帖也具备了聚集与反映网络舆情、提高网络新闻质量、搜集线索并指导新闻报道、评估网络新闻传播等强大功能。当然，新闻网站对于违法违规的跟帖应该采取必要的技术措施。

三、网络论坛的治理

网络论坛是以 BBS（电子公告板）为基础应用，供网民围绕特定话题进行交流的网上互动服务平台。网络论坛是集多种传播形式于一身的互动产品，多人的共同讨论是论坛的基本状态，实现了信息的群体传播。

专栏 3.5　胡锦涛总书记与网友在线交流

2008 年 6 月 20 日上午，中共中央总书记、国家主席、中央军委主席胡锦涛来到人民日报社，通过人民网强国论坛（bbs. people. com. cn）同网友们在线交流。

[胡锦涛总书记]：因为时间关系，今天不可能和网友们作更多的交流。但是网友们在网上发给我的一些贴子，我会认真地去阅读、去研究。最后，我要借这个机会，祝愿网友们身体健康、工作顺利、阖家幸福！谢谢。[10：46]

[主持人]：谢谢总书记。各位网友，因为胡锦涛总书记接下来还有其他活动，在强国论坛同大家交流就到这里。[10：44]

[胡锦涛总书记]：网友们提出的一些建议、意见，我们是非常关注的。我们强调以人为本、执政为民，因此想问题、做决策、办事情，都需要广泛听取人民群众的意见，集中人民群众的智慧。通过互联网来了解民情、汇聚民智，也是一个重要的渠道。[10：39]

[主持人]：还有一个叫小火龙的网友问：总书记，网友们在网上提了不少意见和建议，你能看到吗？[10：24]

[胡锦涛总书记]：平时我上网，一是想看一看国内外新闻，二是想从网上了解网民朋友们关心些什么问题、有些什么看法，三是希望从网上了解网民朋友们对党和国家工作有些什么意见和建议。

[主持人]：还有一个叫快活三的网友问您：总书记，平时你上网都看些什么内容？[10：27]

[胡锦涛总书记]：虽然我平时工作比较忙，不可能每天都上网，但我还是抽时间尽量上网。我特别要讲的是，人民网强国论坛是我经常上网必选的网站之一。[10：27]

资料来源：人民网。

（一）论坛的基本特点

1. 交流的自由性、匿名性、交互性

自由性。网络论坛不仅登录自由而且发表言论自由、评论自由。没有了固定的节目播出时间限制，网民可以随时随地点击鼠标进入论坛参与讨论，并且同时成为观点信息的接受者和发布者。论坛对所有人开放，没有职业、性别、年龄等限制。用户可以根据自己的爱好选择内容，可以在任意时间登录或退出，可以选择发帖或跟帖，可以表示赞同、抗议，或保持沉默。论坛让人们超越时空的局限进行情感和思想的交流。

匿名性。网络论坛的用户大都使用代号或是昵称登录，人就是一个符号，人与人之间的交流变成了符号与符号的交流。网络论坛的匿名性为网民自由发表言论提供保障，从而进一步拓展了谈论话题的范围。由于网络的匿名性，无论是社会精英、舆论领袖，还是平民百姓，都可以无拘无束地针对当时的社会热点问题自由地发表评论和表达意见；相互之间也可以自由地展开讨论，反驳或赞同他人的观点，是一种舆论双方处于平等地位下的意见交流活动。在网络中，舆论主体的地位是平等的，所有的个体都拥有表达自己意见和看法的权利，传统舆论传播中精英人士、领袖人物等长期以来占据的话语霸权被消解，舆论表达的主体成功下移为一种平民化的主体。

交互性。在网络论坛中，人们可以通过发帖或跟帖发表意见，发表的内容任何人任何时间都可以看到，由于传受互动，意见发表者可以即时得到意见反馈。传者与受众之间有着灵活的沟通交流机制，兴趣不同的网络群体在不同的网络论坛空间中可以互相分享信息，展开讨论，可以获得彼此的认同，也可以获得情感支持和帮助。

2. 人群分类聚集

网民使用论坛的主要目的是"寻找问题的解决办法"、"讨论共同感兴趣的话题"、"浏览信息"、"分享生活及情感经验"等。

据中国互联网信息中心（CNNIC）2010年1月公布的《第26次中国互联网络发展状况统计报告》显示，我国网民规模达到4.2亿，其中

30.5%即1.2亿用户经常登录网络论坛。调查数据显示，2009年我国网络社区用户发帖积极性非常高：67.6%的用户每天都会参与发帖，其中，26.6%的用户每天发帖1~4篇，17%的用户每天发帖5~9篇，12.8%的用户每天发帖10~15篇，11.2%的用户每天发帖15篇以上。经常在网络论坛发言的网民具有如下几个方面的特征。

从地域分布看，主要集中在大中城市和东部地区。CNNIC研究发现，地区经济越发达，其互联网就越发达。我国大中城市和东部地区在GDP增长中发挥着龙头作用，技术力量较强，互联网基础设施相对完善，互联网的普及率较高，因而网络论坛的活跃网民也大多集中在大中城市和东部地区。

从年龄结构看，总体年龄较轻。据统计，我国网络论坛的网民年龄集中在19岁到35岁之间，其中19~24岁占46.3%，25~30岁占32.9%，31~35岁占9.4%。

从职业结构来分，以学生、传媒业、金融业等群体为主。大量数据表明，我国网络论坛的活跃网民大多受过大专以上的高等教育，占比约80%。

表3.1　　　　　　　　　不同论坛的网民主要职业构成

所属类型	论坛名称	网民的主要职业构成
论坛性网站	天涯社区	以学生、媒体从业人员、中高层管理人员为主
	凯迪网络	学生、研究人员、媒体从业人员居多
网站性论坛	新华网论坛	政府公职人员居多，退休人员占有一定比例
	网易论坛	以学生、企事业单位工作人员、媒体从业人员为主
	金融界论坛	金融财经界专业人士、中小金融投资者居多

3. 观点的多元化、分众化

网络论坛给大众带来相当的言论自由权。人们在论坛上可以自由的发表评论，也可以发布信息、发表文章，可以随意表达对任何人任何事的看法。互联网新技术的快速发展和广泛应用，为传统论坛的转型和提升开辟了新的前景，目前我国网络论坛已逐步向贴吧、微博等新形式演变。伴随着网络社区功能的完善和创新，社交网络应用的普及，网络社区用户参与形式呈现多元化趋势。用户原创内容资源的多样化是网络社区未来的发展方向。网络论坛成为大众交友互助的桥梁。由于论坛的用户职业不同、阅历不同，看待问题的角度、处理事情的方式也会不同。

网络论坛分众化特征明显。论坛网民的构成与网站论坛的类型、定位有着密切的联系。例如，中华网论坛定位为专业的军事论坛，该网90%的用户是男性，发言具有高涨的爱国热情。重点新闻网站论坛的网民多为成熟理性的公职和退休人员，言论相对理性；行业类网站论坛的网民言论多围绕专业话题。

根据有关调查，论坛话题集中在社会民生问题。我国网络论坛中的言论以社会民生类话题为主，大约占网络论坛所有话题的2/3。在社会民生类话题中，环境保护、就业、高考、房价、养老等位居前列。

表 3.2　　　　　　　　　　论坛民生热点话题类型及排名

民生热点话题	2009 年	2009 年增长率（%）	2009 年排名	2008 年排名
环境保护	1510159	79	1	1
就业	1333803	177	2	3
高考	1162284	126	3	2
房价	849289	82	4	4
养老	417893	115	5	6
物价	409844	7	6	5
食品安全	13282	798	7	7
医疗改革	128182	968	8	10
大学生就业	122349	429	9	11
公共安全	94248	180	10	9
居民收入	86410	118	11	8
打黑	66539	262	12	12

有些网友的言论具有极端化倾向。虽然论坛总体言论比较理性，但由于网络的开放性和匿名性，以及论坛网民的低龄化、低收入等特征，容易出现"仇官"、"仇腐"、"仇警"、"仇富"等非理性言论，对外民

族狭隘主义、对内现实批判主义以及道德虚无主义倾向比较突出。有些网民喜欢看感情强烈的文章，并且越是牵涉私密的文章越能吸引人的眼球。一些发帖者不惜制造虚假信息，歪曲事实。有的甚至可以将论坛转变为单纯的"泄压阀"，不负责任地发表对社会有负面影响的言论甚至进行人身攻击。

4. 信息集散地、观点集散地和事件策源地

网络论坛是新闻的集散地、观点的集散地和民声的集散地。从信息结构看，论坛呈现树状结构，以公共事件为中心，参与者以各种方式参与到话题讨论中。论坛不仅提供各类新闻和信息，讨论国家大事，还热议民生问题，以及发生在网民身边的小事、琐事。诸多在论坛热议并引发舆论监督的事件如"杭州飙车案"、"罗彩霞事件"等都是发生在网民身边的"小事"。网络论坛已成为网民陈述、申诉、表达社会不公的主渠道。

中国当前正处于社会转型期，各种社会矛盾层出不穷，由于网络论坛的开放性、网民发言的匿名性，大量社会事件通过网络论坛原发、扩散和炒作。这一炒作过程通常表现为，社会事件发生后通过社区、博客、微博、小型传统媒体等原发，然后通过社区发酵，再通过大型传统媒体定性，最后通过大型网站转发、多家有影响力大媒体参与而成为网络热点乃至社会热点。2009年10月，"钓鱼执法"案中张晖的发帖被天涯社区在显著位置推出，引起人民日报、中国青年报等20余家媒体关注，网络转载篇幅高达1000多篇。"最牛团长夫人事件"同样由天涯社区以"独家"方式予以爆料，随后迅速成为网络热点，最后新疆建设兵团新闻中心两次通过天涯社区发布公函，通报对该事件的处理过程和处罚决定。由于报纸、广播、电视台等传统媒体越来越重视从网络论坛中发掘新闻线索，网络论坛正成为更多社会事件的策源地和炒作地。

（二）网络论坛发展状况

1. 网络论坛发展历程

1995年8月，清华大学学生创办了"水木清华"BBS站点，这是我国

第一个基于互联网的 BBS 站点，同期，瀛海威公司的"瀛海威时空"网络聊天室也在网民中造成了一定的影响。早期的网站很大程度上是人际联系的渠道，是休闲交友的虚拟空间。随后几年，网络论坛拓展了讨论范围，如从事软件开发的四通利方公司于 1996 年 4 月推出的"利方在线"网站，从休闲、娱乐的论坛拓展出"谈天说地"、"体育沙龙"等论坛板块，在网民中产生较大的影响。中科院、北大、清华的网络论坛开始出现历史、军事、沙龙、时事报道等新的栏目。

从 1999 年开始，网络论坛数量快速增加。以社区为主的"西陆"网、设在海南的"天涯社区"、设在南京的"西祠胡同"等商业性网站吸引大量新网民的加入。新闻机构的网站也开始重视网络论坛建设。在美国及北约袭击我驻南斯拉夫使馆的第二天，人民网开设"强烈抗议北约暴行论坛"，成为国内首个时事新闻类论坛。一个多月后，抗议论坛更名为"强国论坛"，逐步发展为最具影响力的中文时事论坛。在人民网的带动下，新闻媒体网站开始普遍重视网络论坛，如 2000 年 3 月启动的北京千龙网设有"京华论坛"，下分 20 多个板块，其中千龙大会堂、市民留言板、军事论坛、千龙说法、中同话题等板块，以时事新闻和公共事务讨论为主旨。2000 年 5 月成立的上海东方网开设"东方论坛"，以娱乐休闲为主。创建于 2001 年的新华网的发展论坛已经发展成近 80 个子论坛构成的社区。

2000 年以后，网络论坛迅速发展，各种类型的网站都积极设立网络论坛，以增加交流互动的效果和聚集人气。各种行业类论坛和小区业主论坛的产生，将论坛普及到各类网络用户，网络论坛越来越贴近网民的日常生活。

据统计，截至 2009 年 12 月，我国约有 200 万个网络论坛，包括 2000 万个分论坛版面。2009 年，UGC（网民产生的内容）达到 11.3 亿条，平均每天 300 多万条，比 2008 年增长 314%。

2. 网络论坛主要类型

中国的网络论坛可以分为以下几类：中央和地方重点新闻网站论坛、

商业网站论坛、论坛型网站、行业类网站论坛、小区业主论坛、校园论坛等六类。

（1）新闻网站论坛管理较为规范。这类网站论坛多为具有官方背景的时政性论坛，致力于打造成各级党委政府与网民沟通的便利平台，其规模和影响力均在不断扩大。此类论坛管理比较规范，版主基本由网站工作人员担任，帖文均做到先审后发。聚焦时政话题，组织有序讨论，及时反映民意是中央和地方重点新闻网站论坛的突出特点，也是其最吸引网民的所在。近几年全国"两会"期间，新华网发展论坛开设的"总理在线访谈"、人民网强国论坛开设的"强国 E 两会"专题版块，不仅在本网网民中获得了强烈反响，还被其他媒体广泛报道，正面影响得到迅速放大。不过，面临市场竞争和转企改制的压力，中央和地方重点新闻网站未来将不会停留在单纯的时政层面，而会选择面对更广泛的网民，进一步突显特色、强化优势，建设成为综合性的服务平台。

（2）商业网站论坛逐步向生活化和专业化转型。商业网站论坛的用户数、发帖量、访问量等都较大，其中，仅新浪网就有 1400 多个分论坛版面，论坛注册用户数超过 1200 万，日均 PV 量 4000 万，UV 量超过 250 万，发帖量超过 18 万。门户型网站论坛整体向生活信息服务和行业服务两方面转变，时政性论坛数目只有 3～4 个。这种论坛的生活化、实用化和娱乐性倾向，主要是网站适应市场和网民的需求。门户网站论坛为全网贡献的流量比通常为 25% 左右，可见其具有很强的人气。

（3）论坛型网站是引发热点的集散地。论坛型网站是以论坛为基础的交流方式，综合提供个人空间、相册、音乐盒子、分类信息、虚拟商店、企业品牌家园等一系列功能服务，致力于打造成为综合性虚拟社区和大型网络社交平台，这类网站的论坛为全网贡献着 50%～100% 的流量。由于论坛交流的开放性、互动性和匿名性，更由于一些论坛型网站惯于以出位报道为手段，以炒作负面信息为噱头，因而屡屡成为网络热点的炒作地和扩散地。

（4）行业类网站论坛侧重行业交流。行业类网站论坛主要是为网民提供行业资讯交流的平台，例如，DoNews 社区主要是面向 IT 行业人士及喜欢 IT 产品的网民；爱卡汽车社区专注于汽车领域，目前是全国最大的汽车俱乐部。行业类网站论坛均未开设时政性论坛版面，但在某些特殊时期，行业话题也可能带有时政敏感性。例如，在 Donews 论坛上，"谷歌事件"曾成为网民关注的热点；搜房网等房产类论坛易成为小区业主的维权平台。

（5）小区业主论坛本地服务性强。小区业主论坛的用户 90% 以上是本社区居民，旨在为社区居民提供服务和邻里互助的平台。其用户数、发帖量、访问量等均相对较少。例如，北京市最大的社区论坛温馨天通苑论坛，其注册用户约 5000 人，日均 PV 量 7 万，发帖量 1500 余条。社区网络论坛在提供便民服务、促进邻里和睦等方面起到了积极作用。例如，回龙观社区每年举办的"回龙观社区运动会"、"超级回声歌唱比赛"等活动赢得了大部分居民的好评。值得注意的是，这类论坛也会产生较大影响，如，广东番禺拟建垃圾焚烧发电厂事件，起初就是在周边楼盘小区业主论坛中热议而引发更多网民关注的。

（6）校园论坛思想活跃。校园论坛是我国论坛中一个非常令人瞩目的现象。校园论坛一般设立了比较严格的管理体制。同时，校园论坛又不同于其他论坛，它没有商业目标，也没有明确的使命，主要以思想交流为主。校园论坛的主要用户为大学生，他们思想活跃，有关心国家大事、关注社会民生的传统，所以，具有相对开放的氛围。

（三）网络论坛的治理

1. 政府监管

网络论坛的监管部门包括新闻主管部门、通信主管部门和公安部门。在国家层面，主要是国务院新闻办公室、工业和信息化部、公安部等部门。新闻主管部门负责内容监管，通信主管部门负责通信网络的监管，公安部负责打击网络犯罪行为。

（1）进入许可。网络论坛经历了从"许可管制"到"取消许可"的过程。

根据信产部 2000 年 10 月颁布的《互联网电子公告服务管理规定》，经营网络论坛应当在申请经营性互联网信息服务许可或者办理非经营性互联网信息服务备案时，按照国家有关规定提出专项申请或者专项备案，业内通常简称为"BBS 专项备案"。

实践证明，许可管制不是一个好的方式。业务许可的条件存在很大的随意性，给论坛经营者带来了很大的不确定性。例如有些地方在受理 BBS 专项备案时，增加了很多苛刻的条件。《南方人物周刊》一篇文章曾介绍说，"有人统计了各省市通信管理局受理 BBS 专项备案的条件，有的省规定，版主必须为大学本科学历以上；有的省规定，必须实行论坛 24 小时值班制；有的省规定，个人论坛根本不予受理"。面对严格的许可管制，大量网站在没有通过专项审批的情况下开办 BBS 服务，因为网站没有互动就没有生命力。一些 IDC 接入商在实际操作中默认了这种情况，只要论坛上没有违法内容。

在进入许可实施了近 10 年之后，2010 年 7 月国务院在《国务院关于第五批取消和下放管理层级行政审批项目的决定》中，取消了 113 项行政审批项目，其中包括"互联网电子公告服务专项审批（备案）项目"。

（2）行为监管。我国出台的一系列法律法规都可以对网络行为进行监管，包括《中华人民共和国刑法》、《全国人大常委会关于维护互联网安全的决定》等法律，《中华人民共和国电信条例》、《信息网络传播权保护条例》等国务院条例，《互联网电子公告服务管理规定》、《中国互联网域名管理办法》、《互联网信息服务管理办法》等部门规章。

国家的法律法规都要求网络论坛不得包含以下内容：（一）反对宪法所确定的基本原则的；（二）危害国家安全，泄露国家秘密，颠覆国家政权，破坏国家统一的；（三）损害国家荣誉和利益的；（四）煽动民族仇恨、民族歧视，破坏民族团结的；（五）破坏国家宗教政策，宣扬邪教和封建迷信的；（六）散布谣言，扰乱社会秩序，破坏社会稳定的；（七）散布淫秽、色情、赌博、暴力、凶杀、恐怖或者教唆犯罪的；（八）侮辱或者诽谤他人，侵害他人合法权益的；（九）含有法律、行政法规禁止的其他内容的。

2. 企业与用户共筑网络论坛

网络论坛是网站企业和广大网民共同组成的，网站企业提供了技术平台，并参与部分管理。广大网民，不仅是内容的贡献者，也广泛参与了论坛的管理。

下面以搜狐社区为例，详细说明企业与用户共筑网络论坛的方式。

搜狐社区是一个生活化的综合社区，拥有大量的基础用户且相对活跃。搜狐社区有一套完整成熟、自上而下的管理体系。

（1）搜狐社区管理制度。搜狐网站是搜狐社区规则制定者，公司建立了完整的制度体系，从多个方面规范了社区的行为，包括以下内容。

搜狐社区基本制度：《搜狐社区 ID、昵称管理暂行规定》、《搜狐社区斑竹申请管理规定》、《搜狐社区斑竹、管理员工作条例（修订版)》、《搜狐社区斑竹请销假制度》、《搜狐社区论坛及论坛斑竹审核制度》、《搜狐社区内容管理员架构调整》、《搜狐社区论坛扫水员管理制度》、《搜狐社区首席斑竹制度》、《搜狐社区内容管理员审核制度》、《搜狐社区新手引导团队管理制度》。

搜狐社区特别管理制度：《开设搜狐视线分区通告》、《搜狐视线分区斑竹申请管理规定》、《社区推广位内容监控小组成立公告》。

搜狐社区个人天地管理规定：《搜狐社区个人天地分区调整公告》、《关于个人论坛推荐功能使用的特别规定》、《个人天地分区取消加精华奖励积分功能公告》、《个人天地论坛导航页面调整公告》、《搜狐社区个人论坛首席斑竹制度（试行)》、《搜狐社区个人论坛及个人论坛斑竹考核说明》、《搜狐社区优秀个人论坛奖励办法（试行)》、《搜狐社区个人论坛斑竹任免暂行办法》、《搜狐社区发帖积分机制调整公告》、《搜狐社区个人论坛斑竹请销假制度》、《搜狐社区个人论坛斑竹任免暂行办法》。

搜狐社区虚拟经济管理相关规定：《社区活动审批流程》、《搜狐社基金管理制度（修订版）》、《搜狐社区个人存款制度（试行）》、《对社区多论坛联合活动的特别规定》、《搜狐社区写手小组规模及运营模式细则》、《搜狐社区发帖奖励积分调整公告》、《搜狐社区礼物管理条例》。

搜狐社区奖惩规定：《搜狐社区重点论坛新支持方案》、《搜狐社区关于恶意灌水行为的处罚规定》、《搜狐社区关于社区抄袭行为的处罚规定（修订版）》、《搜狐社区关于社区一文多发的处罚规定》、《搜狐社区关于社区留言辱骂的处罚规定》。

搜狐社区相关产品功能使用规定：《搜狐社区搜秀管理暂行规定》、《搜狐社区个人资料页面管理暂行规定》、《关于 ID 在社区激活的说明》、《搜狐社区秘密花园管理暂行规定》、《搜狐社区签名档管理暂行规定》、《搜狐社区本地上传视频内容管理暂行规定》、《关于进一步规范社区公益活动的公告》、《搜狐社区论坛置顶及标红制度》、《搜狐社区对低俗、色情内容的暂行处理规定》、《搜狐社区外链功能调整公告》、《搜狐社区专家申请规则及说明》。

（2）基于网民自治的社区管理体系。搜狐社区是网民和搜狐网站共同建设的社区，其中网民自治是基础，网站主要发挥组织和监管作用。

在搜狐社区的管理构架中，以"斑竹"为核心组建了网民自治社会。在搜狐社区中，斑竹必须自愿、义务为社区服务；每个论坛的斑竹名额原则上限定为五人以内，城市地区论坛的斑竹原则上应由居住本地的网友担任，每一用户仅允许最多担任两个论坛的斑竹；斑竹可按职能适当分工，包括服务管理斑竹（论坛纠纷处理、精华区整理及更新）、活动管理斑竹（主题活动组织及参与效果、论坛的外联工作）、内容管理斑竹（论坛写手管理、约稿、论坛讨论氛围）；在每个论坛设立首席斑竹，作为社区管理的负责人承担论坛事务管理、内容管理和论坛发展等三方面的具体责任。首席斑竹的任务包括：领导斑竹团队制定所负责论坛的管理与发展策略并执行；安排和协调斑竹团队完成各项论坛（管理）工作，包括协调并处理网友纠纷、解答网友疑问、删除违规帖文、遴选论坛精品文章并向社区推荐、策划和组织论坛活动等，协调斑竹关系，指导斑竹工作，进行新斑竹培训，监督、考核所负责论坛斑竹团队的工作，定期向分区主管汇报，定期向分区主管提交斑竹奖励、处罚或免职提议。

为及时有效地控制处理社区内色情和回复色情、反动违法等内容，营造更为健康和谐的社区环境，搜狐社区实施论坛扫水员制度。扫水员由网民担任，自愿和义务为社区服务，受斑竹领导。论坛扫水员工作职责包括：对于广告、色情、反动违法的帖文给予删除处理，除此之外的帖文均不得操作；对于恶意灌水需提交斑竹或内容管理员处理，论坛暂无斑竹的通知相应分区主管或主题社区负责人；对于抄袭及一文多发需提交意见建议管理员处理；若有其他影响社区及论坛的紧急情况（譬如出现明显或者恶意的人身攻击性质帖文），在斑竹不在线情况下，论坛扫水员可联系相应分区主管或意见建议管理员进行处理；社区严禁论坛扫水员干涉论坛管理，如恢复回收站帖子等操作，同时禁止扫水员越权处理论坛其他任何非违规帖文。

为了活跃论坛和引导方向，斑竹可以组织写手或写手团队。搜狐网站对表现优秀的写手给予一定的鼓励。

搜狐站长由网站全职人员担任，主管/管理员或者由网站员工兼任，或者由用户担任。网站主要职能是社区组织、内容监督、市场营销等。社区组织包括制定社区管理规则，组织选拔斑竹等等。内容监管包括直接的技术措施、对斑竹未处理的事件进行处理等。

搜狐网站制定了系统的斑竹管理制度。《斑竹申请管理规定》要求：申请人在社区的注册时间原则上不少于三个月、上站次数不少于 100 次、社区在线时间不少于 150 小时；申请人必须是自愿、义务地为社区网友服务；申请人应具有充足的上网时间来保证负责管理所要申请管理的论坛；申请人应具有良好的个人素质及修养，具有认真负责的工作态度；申请人在拟申请管理论坛及社区内表现良好，并具有一定的社区经验；申请人应具备一定的组织与协调能力和团队合作精神；申请人自愿接受社区管理人员及网友的监督，遵守社区各项规章制度，服从社区统一管理，自觉维护社区形象。申请人在申请前需要到个人实名认证系统当中填写实名认证信息后方可申请。《斑竹工作条例》要求：熟悉并遵守社区各项规章制度，遵守国家法律、法规，自觉维护社区形象；友好对待网友，认真回答网友提问，虚心接受建议与批评；及时删除违反社区规则的帖子；疏导为主，慎用权力；严禁使用任何攻击、谩骂性词汇，严禁滥用职权打击报复；认真解答相应分区管理员及频道主管、各职能部门管理员对管理工作的询问，虚心接受批评；出现个人不能或不便解决的问题时，及时向相应管理员和主管反映；遵守纪律，不得将拥有管理权限的 ID 密码告知其他人，不得泄露内部论坛（包括内部交流论坛）地址及相关内容，不得泄露管理员后台地址，不得透露网友 IP 等管理页面保密信息；自觉参加社区举办的相应培训。等等。

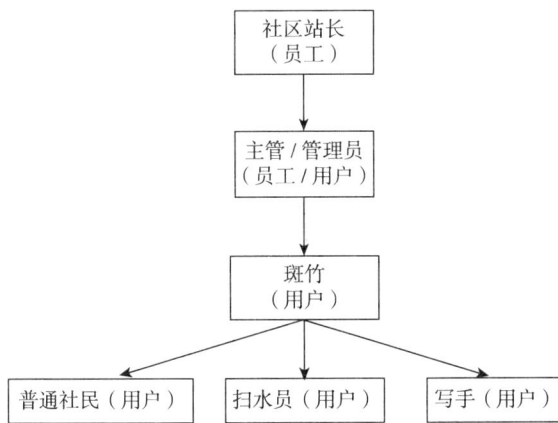

图 3.3 搜狐社区结构示意图

（3）用户的实名认证。为了遏制发布色情信息、广告等行为对社区的危害，公司先后在 2008 年和 2009 年对用户注册系统进行调整。新注册用户必须提交更多的真实信息，这样也便于公司在发现发布色情信息、广告等内容用户时能够及时采取相关措施。

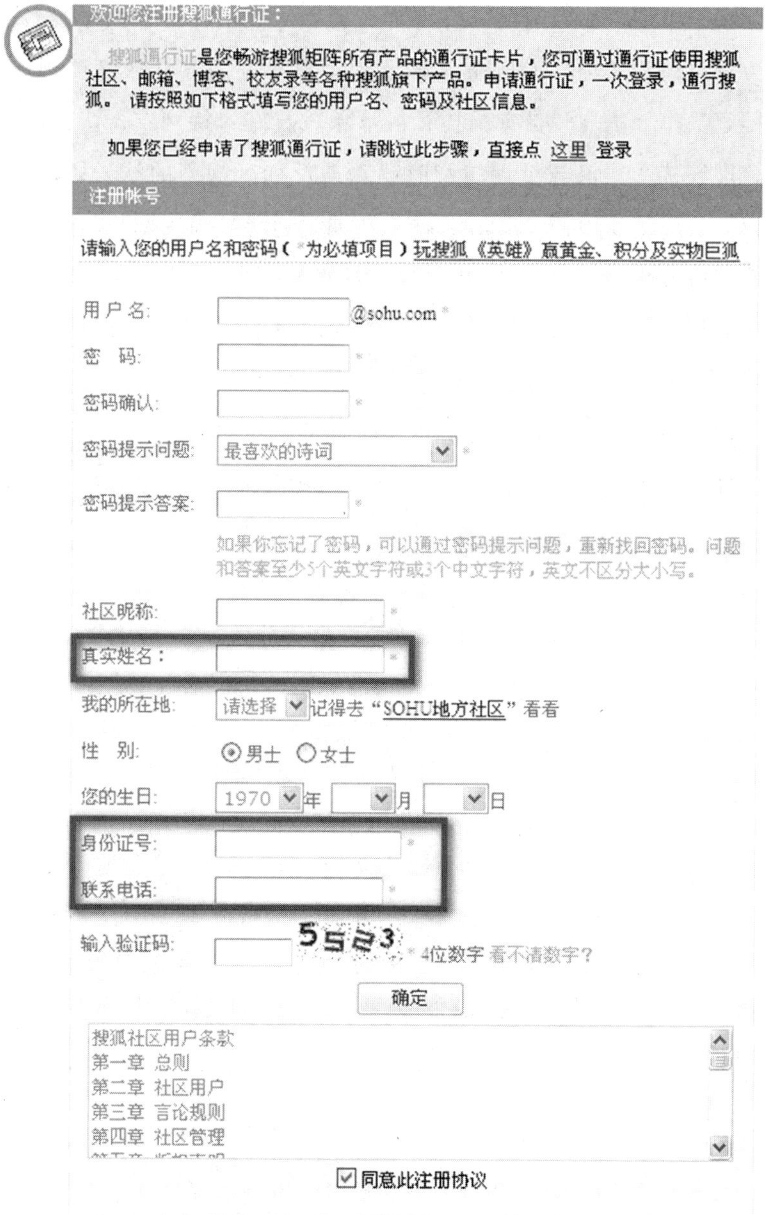

欢迎您注册搜狐通行证：

搜狐通行证是您畅游搜狐矩阵所有产品的通行证卡片，您可通过通行证使用搜狐社区、邮箱、博客、校友录等各种搜狐旗下产品。申请通行证，一次登录，通行搜狐。请按照如下格式填写您的用户名、密码及社区信息。

如果您已经申请了搜狐通行证，请跳过此步骤，直接点 这里 登录

注册帐号

请输入您的用户名和密码（ 为必填项目）玩搜狐《英雄》赢黄金、积分及实物巨狐

用 户 名：		@sohu.com
密 码：		
密码确认：		
密码提示问题：	最喜欢的诗词	
密码提示答案：		

如果你忘记了密码，可以通过密码提示问题，重新找回密码。问题和答案至少5个英文字符或3个中文字符，英文不区分大小写。

社区昵称：		
真实姓名：		
我的所在地：	请选择	记得去 "SOHU地方社区" 看看
性 别：	◉男士 ○女士	
您的生日：	1970 年 月 日	
身份证号：		
联系电话：		
输入验证码：	5523 4位数字 看不清数字？

确定

搜狐社区用户条款
第一章 总则
第二章 社区用户
第三章 言论规则
第四章 社区管理

☑同意此注册协议

图 3.4 搜狐用户注册系统

（4）管理团队的实名认证。为了确保斑竹管理团队的健康、安全性，公司要求社区所有论坛的斑竹、管理员等必须通过实名认证。未通过实名认证的网友不得担任论坛斑竹及以上职务。认证信息包括：姓名、身份证

号码、电话、所在地、行业、学历等等。这个系统有效地提高了网友管理团队的真实、公开以及透明度。

（四）问题与讨论

1. 网络实名制

政府有关部门在不同领域推动不同类型的实名制。2003 年，中国各地的网吧管理部门要求所有在网吧上网的客户必须向网吧提供身份证。2004 年教育部与共青团中央联合下发的《关于进一步加强高等学校校园网络管理工作的意见》明确提出"高校校园网 BBS 是校内网络用户信息交流的平台，要严格实行用户实名注册制度。"2005 年 2 月，信息产业部要求境内所有网站主办者必须备案登记，在备案时提供有效证件号码。2005 年 3 月 20 日，信息产业部开始实施《非经营性互联网信息服务备案管理办法》，要求对所有非经营性个人网站实行实名制登记。2005 年 7 月 12 日文化部和信息产业部联合下发《关于网络游戏发展和管理的若干意见》中明确规定"PK 类练级游戏（依靠 PK 来提高级别）应当通过身份证登陆，实行实名游戏制度，拒绝未成年人登陆进入"。2005 年 7 月，中国最大的即时通讯公司腾讯发布公告称，根据深圳公安局《关于开展网络公共信息服务场所清理整治工作的通知》，对 QQ 群创建者和管理员进行实名登记工作。2008 年 1 月起公安部等 13 部门在全国展开整治网络秩序联合行动，着力推广论坛版主、吧主和聊天室主持人实名制。

实名制支持者认为：一是促进网民的自律。实名制打破了"在网上没人知道你是一条狗"的局面，让每个网民对自己的行为负责。网络实名制的实行要求网民提高自我把关能力，提高道德意识和自律意识，引导网民正确使用网络，遵守网络行为规范。网络实名制可以减少网上违反道德的事情发生，杜绝网络不文明行为，降低网络的负面影响，有利于发挥网络传播知识和信息的优势。二是为事后监管提供方便。网络实名制可以加快和帮助确认网民的真实身份，增加破案线索，节省社会运行成本。为公安部门有效打击违法犯罪活动提供方便，以有效遏制利用网络匿名从事违法犯罪活动和滥用网络信息传播自由的势头。离开网络实名制，许多涉及网络领域的法律规定将无法得到有效实施，其中的重大障碍是难以找到侵权人，当事人举证十分困难，其主张的权利很难得到支持。三是为个性化信息服务提供方便。互联网上有大量内容不适合儿童观看，网络游戏也对儿童成长造成一定的负面影响。通过实名制，可以有效控制互联网内容的不当传播。

实名制反对者认为：一是应遵循互联网"自由、平等"精神。匿名制是互联网精神的重要基础，它虽然存在一定的负面作用，但其正面作用远超过负面作用。世界上任何事物皆有负面作用，关键要权衡利弊。二是实名制可操作性差，很容易被规避。例如姓名可以胡编乱造，身份证件号码也很容易用位数相当的数字组合"滥竽充数"，甚至可以盗用他人身份证登录网络。三是实名制可能被滥用，包括个人信息和隐私难以得到有效保护，互联网的不安全性容易导致个人信息泄露等等，实名制滥用的风险可能远超过当前匿名制的风险。

也有些专家建议实行有限的实名制，包括"前台匿名、后台实名"、"关键岗位实名、普通用户匿名"等。通过有限的实名制，发挥实名制的优势，限制实名制的弊端。

2. 不良信息的标准

不良信息的认定标准不明是一项困扰监管部门、企业、用户的重要事项。以淫秽色情为例，有关部门已经出台了若干规定，但仍存在较大的模糊性。1985年《关于严禁淫秽物品的规定》规定淫秽物品的范围是："具体描写性行为或露骨宣扬色情淫荡形象的录像带、录音带、影片、电视片、幻灯片、照片、图画、书籍、报刊、抄本，印有这类图照的玩具、用品，以及淫药、淫具。"但同时规定了有科学艺术价值者不在此列："夹杂淫秽内容的有艺术价值的文艺作品，表现人体美的美术作品，有关人体的生理、医学知识和其他自然科学作品，不属于淫秽物品的范围，不在查禁之列。"新闻出版署标准确定了"色情"的标准。"色情"是部分内容淫秽，而"淫秽"是整体内容淫秽。但无论整体还是部分，如有科学和艺术价值，都可以豁免。新闻出版署1989年《关于部分应取缔出版物认定标准的暂行规定》还规定了一个"夹杂淫秽内容的出版物"的认定标准，所谓"夹杂淫秽内容的出版物"是指"尚不能定性为淫秽、色情出版物，但具有下列内容之一，低级庸俗，妨害社会公德，缺乏艺术价值或者科学价值，公开展示或阅读会对普通人特别是青少年身心健康产生危害，甚至诱发青少年犯罪的出版物"。具体列举了6类内容：①描写性行为、性心理，着力表现生殖器官，会使青少年产生不健康意识的；②宣传性开放、性自由观念的；③具体描写腐化堕落行为，足以导致青少年仿效的；④具体描写诱奸、通奸、淫乱、卖淫的细节的；⑤具体描写与性行为有关的疾病，如梅毒、淋病、艾滋病等，令普通人厌恶的；⑥其他刊载的猥亵情节，令普通人厌恶或难以容忍的。2010年"整治互联网低俗之风专项行动"公布了13个方面的整治内容：①表现或隐晦表现性行为、令人产生性联想、具有挑逗性或者侮辱性的内容；②对人体性部位的直接暴露和描写；③对性行为、性描写、性方式的描述或者带有性暗示、性挑逗的语言；④对性部位描述、暴露，或者只用很小遮盖物的内容；⑤全身或者隐私部位未着衣物，仅用肢体掩盖隐私部位的内容；⑥带有侵犯个人隐私性质的走光、偷拍、露点等内容；⑦以挑逗性标题吸引点击的；⑧相关部门禁止传播的色情、低俗小说，音视频内容，包括一些电影的删节片段；⑨一夜情、换妻、SM等不正当交友信息；⑩情色动漫；⑪宣扬血腥暴力、恶意谩骂、侮辱他人等内容；⑫非法"性药品"广告和性病治疗广告。⑬未经他人允许或利用"人肉搜索"恶意传播他人隐私信息。

越来越具体的规定在扫黄打非中发挥了重要作用，但是也存在一些争议。有些监管部门提出，现行的规定存在很大的主观性，不同的人可能有不同的判断结果。有些企业提出，现行的规定过于严格，不能完全适应社会的发展变化。有些用户提出，现在互联网上的内容已经大大超出了现行规定，但并没有得到强有力的纠正。

不良信息的标准对于网络的发展至关重要。互联网企业和用户希望尽快制定客观标准，以免误踩红线。互联网监管部门希望利用客观标准加强监管，避免主观随意性导致失职。

考虑到不良信息标准的复杂性，一些企业和监管机构进行了积极创新。例如，有些地方组织"妈妈监督团"，如果妈妈们认为某些信息不适合给自己的孩子看，则可能属于不良信息。

专栏3.6 实名制之争

3年前，美国密苏里州49岁的妇女洛瑞·德鲁从没有想过自己会因为在网上用虚假身份发言而锒铛入狱。她为了报复与自己女儿吵架的13岁女孩梅甘·迈尔，与女儿在MySpace上冒充名为乔希·埃文斯的男生，对梅甘恶语羞辱，并带动一批不明就里的网民加入辱骂行列。最后，这个不堪网络言论侮辱的小女孩在自己的房间上吊自杀。2007年，该事件的主导者洛瑞被判处3年监禁。

2010年，27岁的美国男子斯潘塞因在社交网站上传一首题为《狙击手》的16行诗而被捕。2007年8月，他以"痛苦1488"的网名将这首诗上传至社交网站New Saxon. org，这首诗描写的是一名持枪者开枪打死一名"独裁者"的情形，死者后被认作是美国总统奥巴马。美联社认为，一旦所有罪名成立，斯潘塞将面临最高15年监禁，而美国网友更是把斯潘塞被逮捕审判讽刺为"影射罪"。

也难怪《迈阿密先驱报》的专栏作家莱昂纳德·皮茨说，匿名原则已经令一些论坛成为"粗野、偏执、刻薄和低级趣味的天堂。"更甚的是，很多新闻网站在监管网友评论时，缺乏有效的威慑力打击不良发言，同时对于独立思考、言语慎重的发帖者，也没有鼓励他们积极发言的措施。

57岁的斯蒂夫·叶富顿对这种情况了如指掌。从20世纪80年代中期开始，他就已经拥有自己的电子公告板，即早期的网络社区。此后多年，斯蒂夫一直身处网络产业，也曾经担任过新闻网站的主编。在他的意识中，早期的新闻网站对留言者的身份要求比较严格，需要他们提供自己的真实姓名以及信用卡账号。但是随着时代的发展，这样的传统并未传承下来，越来越多的网名使用昵称留言、发帖。

斯蒂夫目前供职于 Morris 出版集团，这个公司拥有 13 家位于不同地区的报社。他的工作主要是帮助这些报纸的网络平台清除不良留言，但同时也能保证网民的隐私不受到侵犯。斯蒂夫采取的方法是，在搜集网友真实姓名和地址的同时，也允许他们以假名登录发言。"网络评论是为了交流意见，不是交流作者信息。"斯蒂夫一直担心由于公开个人信息而可能导致的安全问题。"在美国人的观念中，言论自由是宪法赋予的权利，实名制是言论自由的悲哀，而新闻网站的实名政策将使网民的意见趋于一致"。

与斯蒂夫相对的，Gatehouse 媒体公司的前任数码部主任霍华德·欧文斯则是坚定的实名制推广者。"我们网站的用户更愿意加入线上讨论，因为他们知道正在跟自己辩论的网友到底是谁。在实名制问题上，我们网站的很多老用户也表示了赞同"。

当网站还在纠结于是否需要推行实名制留言时，有一种新的论调则认为，随着现在 SNS 网站的盛行（例如 Facebook），所谓的完全匿名留言其实并不存在，所有的网站都可以连接到 Facebook 的个人主页上。而在这个页面上，人们往往都会留下自己的性别、邮编地址以及出生日期等信息，这些信息重合的可能性不大。一项调查显示，依据这三项指标，87% 的匿名留言者完全可以被"人肉"出来。

也许，规范那些匿名发帖者言论最好的办法，就是要提醒他们：我们要想知道你们是谁，是件多么容易的事。

资料来源：南都周刊。

四、网络博客的治理

《市场术语》对博客概念进行了界定："一个博客就是一个网页，它通常是由简短且经常更新的帖子构成；这些张贴的文章都按照年份和日期排列。博客的内容由个人喜好决定，可以是有关公司、个人、新闻，或是日记、照片、诗歌、散文，甚至科幻小说的发表或张贴。许多博客是个人心中所想之事情的发表，其他也有非个人的博客，那是一群人基于某个特定主题或共同利益领域的集体创作。博客好像对网络传达的实时讯息。撰写这些博客的人就叫做博主。"

（一）博客的基本特点

1. 自我传播、人际传播与大众传播

博客是自我传播工具。博客起源于网络日记，用于个人对自己感受、思想、观点的记录和梳理，因此，博客传播首先就是一种自我传播。博主将自己的思想整理并发布出来的过程，实际上就是自我传播的过程。通过这一过程，博主不仅记录了个人的经历，而且加深了对自我的认识。博主通过表达个人的思想、情绪，来展现个人的能力，体现个人存在的价值，实现娱乐、深化思想、情绪宣泄、自我调节等目标。

博客是人际传播工具。长久以来，信息的传播一直掌握在大众传媒手中，大众传媒受到把关人的控制，个人的发言机会很少。大众传媒总是将焦点集中在政治人物、娱乐明星等社会精英或公众人物的身上，而忽略了平凡的公众。博客为"沉默的大多数"提供了面向整个社会传播他们想法的便利工具与机会。城市学家、信息社会学家卡斯特尔称，新一代的网络观应该盛行于"新生代"中，他们信奉"多对多交流"的原则，并坚信每一个人都有自己的"声音"，并且新生代将把主要的私人组织的势力延伸至通信的领域。

博客也是新型的大众传播工具。博客的主体内容已不再仅仅局限于文字，图片以及更加立体化的音频和视频文件都已成为博客内容的主体。手机成为新的博客发布载体，登录手机 WAP 网页或者通过短信形式发布文字内容、通过彩信方式发布图片内容、通过语音信箱方式发布音频博客的内容、通过手机摄像功能进行视频片段的制作然后发布到博客上，成为可以广泛共享的视频博客。博客网站的专业化运营、搜索引擎的强大力量等，都成为博客传播力量的助推器。

因此，博客同时具有自我传播、人际传播和大众传播的特性。它不仅丰富了媒体及网络媒体的内涵，使得网络传播的格局多元化和复杂化，同时也给社会及文化发展带来新的影响。《财富》杂志称"没有什么东西比迅速兴起的博客更具有杀伤力了"。《新闻周刊》曾以"博客将杀死传统媒体？"为题加以报道。

2. 传播的分众化特点

从内容上，可以看到博客高度细分的特点。在包括美国等诸多国家的博客托管网站上都可以见到诸如战争博客、日记博客、知识博客、新闻博客、专家博客、技术博客、群体博客、移动博客、视频博客、音频博客、图片博客、法律博客、文摘博客等各种分类，方便了专业化的信息在更加具有针对性的范围内得以交流和共享，也使博客知识共享的本质更完美地体现出来。

博客的传播导致了信息传播的小型化、分散化和个人化的局面，即博客进一步将受众细化分化，并向特定受众提供内容非常专门化的特定服务。博客专门化和分众化现象的出现，增强了博客的实用性，所以人们更乐意去关注这种针对性较强、同类信息齐全的专门化博客。

专业博客网站和商业门户网站发挥了博客资源整合的作用。它们通过对博客信息进行归类，将博客变为一块自由博客的聚居地，既发挥媒体网站的品牌优势，能使博客管理相对规范，又借博客的集群效应继续提高网站品牌。

3. 满足传播者和受众的多样化需求

传统的大众传播是由少数传播者对不确定的大众进行的一种自上而下的"点对面"的传播，即传者—信息—受众。博客实现了点到点、点到面、面到面、网到网的散布型双向传播模式。

博客满足了博主的多种需求。首先是自我形象塑造。相关调研结果看，博主更新的内容类别大致可以分为记录自我、文化娱乐、资讯需求、知识需求等，其中，记录自我占到了 80% 以上，包括心灵独白、心情记录、个人生活记叙等。博主的需求可能是自我表达诉求、历史记录诉求、自我宣传诉求、个人观点传播诉求、知识管理诉求、知识分享诉求、公共服务诉求、娱乐诉求、社会认同诉求、社会交流诉求、商业利益诉求等中的一项诉求或多项诉求。

博客也满足了受众的多种需求。博客平台提供了一个传播平台，博主和博客浏览者在空间中进行信息、关系的交流。调研结果显示，博客浏览者浏览最多的是娱乐类内容，随着博客应用的发展，网民参与公共事件的热情不断上升。关注社会类内容成为浏览博客的一个新趋势。另外，旅游类、游戏动漫类、财经类、IT 数码类、专业技术类、科教军事类、汽车类、房产家居类信息的博客浏览者也占相当高的比例，网民开始从博客中找到工作、生活、兴趣、学习等方面的经验和知识。

（二）博客的发展状况

1. 博客的发展历程

博客诞生于西方国家，2002 年被美国社会称为互联网的"博客之年"，中国的博客也在这一年起步。博客中国（Blogchina，现名博客网）、中国博客网（Blogcn）和博客大巴（Blogbus）等博客网站建立。

博客自 2004 年进入商业化阶段。博客中国、中国博客网和博客大巴等网站获得了第一笔风险投资。

博客自 2005 年开始真正进入全民化阶段。不仅在博客数量上突破了千万，更是掀起了一场全方位的博客大众化普及运动。传统媒体开始关注博客，综合性门户网站和国家新闻网站也开设博客。

博客自 2006 年以后逐步进入深化发展阶段。用户快速增加，博客发展日趋理性，博客盈利模式多样化，博客出现群组化、社区化和多媒体化趋势。博客在汶川地震、奥运会等一系列重大事件中发挥重要作用。

自 2002 年以来，整体博客用户数量和活跃博客作者数量均具有良好的发展势头。其中，中国博客的用户数量从 2002 年的 51 万发展到 2010 年的 2.95 亿；活跃博客数从 2002 年的 23 万增至 2010 年的 2 亿。从 2009 年开始，中国拥有个人博客/个人空间的网民用户规模超过网民总数的 1/2，平均一个月至少更新一次自己博客博主占全部博主的约 2/3。

2. 博客的主要类型

博客内容包罗万象，从博主身份大致可以分为个人博客和企业博客。

个人博客。个人博客主要由个人撰写和更新，表达个人的思想、观点、感受等。新浪网上，个人博客分为：随笔/感悟、生活记录、娱乐/八卦、明星动态、影评/乐评、体育/竞技、精彩球评、人文/历史、文学/原创、艺术赏析、知识/探索、视觉/图片、时尚/名品、情感故事、两性话题、同性/同志、教育杂谈、学习公社、校园生活、产经/公司、证券/理财、时事评论、军事/谈兵、IT/科技、房产/置业、家居/装修、汽车/试驾、社会/纪实、职场/励志、奇闻/逸事、趣味/幽默、恐怖/怪谈、健康/保健、游戏部落、卡通/动漫、旅行/见闻、美食/厨艺、宠物阵营、育儿/亲子、星座/测试、其他等数十个话题。

机构博客。机构博客指由企业、政府、社会组织等各类机构撰写和更新的博客，代表了机构的观点。主要包括：政府要员的博客，如西方民主国家领导人常常利用博客宣传政府或政党的观点；企业博客，如一些大型企业常常以 CEO 的名义或企业的名义开设博客，宣传企业的品牌，开展公关活动；企业产品博客，如日产、通用、福特、马自达等汽车公司专门为新产品推出了博客；知识博客，如一些机构为了推广相关知识专门设立的博客，等等。

（三）治理现状

1. 政府监管

网络博客的监管部门包括新闻主管部门、通信主管部门和公安部门。

在国家层面，主要是国务院新闻办公室、工业和信息化部、公安部等部门。新闻主管部门负责内容监管，通信主管部门负责通信网络的监管，公安部负责打击网络犯罪行为。

政府主要从事事后监管，事后监管的法律依据包括《中华人民共和国刑法》、《全国人大常委会关于维护互联网安全的决定》等法律，《中华人民共和国电信条例》、《信息网络传播权保护条例》等国务院条例，《互联网电子公告服务管理规定》、《中国互联网域名管理办法》、《互联网信息服务管理办法》等部门规章。国家的法律法规都要求博客不得包含以下内容：（一）反对宪法所确定的基本原则的；（二）危害国家安全，泄露国家秘密，颠覆国家政权，破坏国家统一的；（三）损害国家荣誉和利益的；（四）煽动民族仇恨、民族歧视，破坏民族团结的；（五）破坏国家宗教政策，宣扬邪教和封建迷信的；（六）散布谣言，扰乱社会秩序，破坏社会稳定的；（七）散布淫秽、色情、赌博、暴力、凶杀、恐怖或者教唆犯罪的；（八）侮辱或者诽谤他人，侵害他人合法权益的；（九）含有法律、行政法规禁止的其他内容的。

2. 企业与用户的合作

（1）博客服务商提供免费平台。博客服务商一般为博主提供免费的平台服务，包括以下内容。

存储服务。博客服务商负责存储博主的所有博客，但所提供的存储空间大小以及单个上传文件的大小可能有所限制。

可定制服务。如新浪博客的个人页面提供了六款模板，不支持 HTML 的编辑功能，但可以在一些模块中加入 HTML 代码，页面没有多余广告，只在页面底部有一些链接信息；搜狐博客目前提供了30余款模板，提供了"Flash 特效"功能，可以在页面上加上诸如雪花飘等透明的 Flash 动画。

其他服务。有时候会出现文章提交发生错误或者用户误操作关闭浏览器窗口等问题，那么博主辛苦写的日志就可能丢失，针对此问题，新浪和搜狐等博客都提供了编辑时或者提交时将内容发送的系统剪贴板的功能，防止用户日志丢失。

（2）博客服务商积极发挥推广作用。以新浪博客为例，新浪 2005 年开通博客频道开始，广泛地邀请名人名家开博，借助名人扩大网站的影响。在新浪开博的名人遍及文化、娱乐、体育、教育、商界和 IT 等各个领域，包括影视明星、作家、学者、教授、大学校长和知名人士，以及各大媒体的主编、主笔和主播等。新浪名人博客的发展势头迅猛，场面也极其火爆。如徐静蕾的博客"老徐"2006 年 12 月 10 日这一天的一篇文章点击率就达到十万多次，郭敬明的博客"小四的游乐场"点击率超过百万。另外还有一些普通人为了和自己的偶像"毗邻而居"，也纷纷到新浪创建自己的博客。

新浪博客还不断升级技术功能加强博客的传播效果。2006 年新浪博客 3.0 上线，用户通过博客 3.0 版本进行更加方便的搜索、查询、排行、自建圈子，同时，为了适应无线网络发展的需求，新浪博客 3.0 特别强化了手机 WAP 博客功能，博友可直接在手机上给某篇博客文章发表评论，实现与互联网上的评论同步共享。据了解，新浪博客在升级 3.0 九个月，在总用户数、日流量、日原创文章发布量和日评论留言量等方面就迅速发展为中国最大最有影响力的博客第一品牌。2008 年，新浪博客 5.0 全新上线，升级后的博客 5.0 将空间、播客、相册、杂志、圈子、论坛和新浪吧等互动社区产品实现全网互联互通，用户只要注册了博客就可直接使用其他的产品功能，为网络用户提供了极大方便。

（3）博主是第一把关人。传统媒介的"把关人"主要是由编辑和记者充当，其把关原则首先根据自己的价值标准进行评判，还要充分考虑到传播效果与社会压力。由于单向传播性强，他们必须严守自己的把关职责，体现传媒组织的立场和方针，依据传媒的价值标准来进行有目的的取舍选择和加工活动。博主作为博客信息的提供者，其本人就是把关人，信息的内容和质量取决于个体的能力、偏好、传播意图、情绪因素以及主页面向的读者群的喜好。每个博主的把关标准都不同，可能与自己的好恶、立场、经历、情感、知识等因素有关，他们的选择较少受制于形形色色的政治经济利益集团和国家意识形态，可能出现博客传播内容的复杂化。

应该相信，多数博主都是遵纪守法的公民，他们有能力担当好"把关人"的角色。但是，不可否认的是，极少数博主缺乏自律的素养，需要其他力量进行监督和纠正。

（4）博客圈形成自行校正机制。在大多数网站，除了博主本人，并没有一个制度化的体系负责内容的筛选、编辑，但博客圈中博客间以及博客与读者间的频繁互动可以起到一定的校正作用。

专业媒体的信息修正是通过纵向的多层次编辑来完成，博客圈的内容真实性、准确性校正则借助博客彼此的信息碰撞来实现，校正的方式大致有三种：读者以页面留言的方式直接指出博客的不当之处；不同的博客在各自的主页中展开问题讨论，实现博客的相互纠正补充；发布错误或不良信息的博客自己在主页上直接更正，如发布更正帖子或直接修改原文。

博际互动的修正机制是博客圈的"自净系统"。有学者认为，互联网本身有使新闻信息真实化的能力，即以多信源的竞争机制消解单一信源的微观的不确定或失真；极广大的受众对真相主动化的追求，取代少数把关人对真实性的施予；信息的极大丰富激发受众能够对于真实性判断力以及受众作为思想主体群落的自组织性。正因如此，有些公众对博客的信任甚至超过传统媒体。

技术进步和商业服务加强了博客圈的自行校正机制。例如，博客运用标签、页面留言、链接和引用通告等技术促进交流；博客网站为博客提供了多种形式的互动服务，如排名、推荐、评比等。

（5）博客服务商实行技术把关。博客服务商通过技术手段充当"把关人"角色。事实上在博客传播中媒体本身的"把关人"功能依然存在，只是隐藏在复杂的技术背后，不易察觉。博客服务提供商通过过滤某些词语，用技术手段删除认为不合适的帖子，对已经发布的可信度较差的帖子进行隐藏处理等手段，实现把关功能。这其中的判断标准会受到很多因素的影响，其中包括国家相关的法律法规，博客经营者的经济利益和广大博客的需求等。

博客服务商有开展技术把关的动力。首先，博客服务商不愿因触犯国家法律法规受到监管部门处罚。第二，博客服务商愿意树立正面的社会形象，以吸引主流社会的关注，扩大用户基础。第三，有些博客服务商具有社会责任感，主动进行技术把关。

3. 民间社会倡导自律

2007 年 8 月，中国互联网协会发布《博客服务自律公约》，鼓励博客实名注册，谋求博客服务业健康有序。人民网、千龙网、新浪、搜狐、网易、腾讯、MSN 中国、和讯网等 10 多家知名博客服务商签署了《博客服务自律公约》，表示要共同遵守自律条款。中国互联网协会秘书长黄澄清认为，博客服务自律公约吸收了网民、专家、博客服务商、律师等各方面意见，公约的发布是为了把博客发展成自我展示和信息交流的有益平台，促进中国互联网健康快速发展。

《博客服务自律公约》承诺：博客服务应当遵循文明守法、诚信自律、自觉维护国家利益和公共利益的原则。博客服务提供者应当自觉遵守国家有关法律、法规和政策，维护博客用户及公众的合法权益。博客服务提供者应当具备完善的博客服务和管理制度、足够的博客服务管理人员和技术人员、健全的博客信息安全保障措施（用户注册流程、用户信息保密措施、博客内容信息安全保障措施等）。博客运营商应为博客提供良好的创作环境，引导博客用户创作和传播优秀网络文化作品。博客服务提供者应当与博客用户签订服务协议，要求博客用户自觉履行服务协议，拒绝签订服务协议的，博客服务提供者有权拒绝为其提供博客服务。博客服务提供者与博客用户签订的服务协议，应当包括遵纪守法条款。博客用户违反服务协议的，博客服务提供者应当及时予以督促改正，直接删除相关违法和不良信息内容或停止为其提供博客服务。鼓励博客服务提供者对博客用户实行实名注册，注册信息应当包括用户真实姓名、通信地址、联系电话、邮箱等。博客服务提供者应制定有效的实名博客用户信息安全管理制度，保护博客用户资料。未经实名博客用户本人允许，不公开或向第三方提供用户注册信息及其存储在网站上的非公开博客内容，法律、法规另有规定的除外。博客服务提供者应当为博客用户提供对跟帖内容的管理权限，博客用户应当对跟帖进行有效管理，应当删除违法和不良跟帖信息。博客服务提供者应当自觉履行对博客内容的监督管理义务，应当设立便捷的在线投诉窗口、投诉电话等渠道，受理公众对博客服务和博客内容的举报与投诉，并及时予以处理。

（四）问题与讨论

1. 鼓励先进文化的发展

在博客这种网络交流方式中，政府应该充当堵的角色还是疏的角色？在传统媒体中，政府可以通过政治、经济或法律手段对媒体进行把关，通过一定的方式将某些不良信息过滤掉。在网络发达的今天，尤其是面对博客这种开放性的交流方式，传统的堵截方式越来越难取得满意的效果。越来越多的人认识到，网络监管的方向是以"疏导"为主，应重视扶持先进内容，吸引用户眼球。

首先，应支持国内网站的发展。网站是文化传播的载体，没有强大的国内网站，国内文化就失去传播的渠道。但是，有竞争力的网站并不是政府指定的结果，而是市场竞争的结果。只有经过市场竞争胜出的网站，才是真正有竞争力的网站。为此，政府应放松准入，让尽可能多的网站参与竞争。

其次，要大力培养意见领袖。网络作为一种公共话语空间，网民都是具有不同个性和不同背景的个体，因此意见也会有所差别，不少网民因为个人情绪等因素，会出现散布谣言、任意涂鸦和情绪宣泄的情况。培养意见领袖引导言论是一个有效的方式。意见领袖的特征包括：具有影响力，是许多追随者学习效仿的榜样；见多识广，称职能干；具有可利用的社会位置。意见领袖作为一种显性的力量，在社会舆论形成过程中发挥着不可忽视的作用。

第三，利用社会力量阻止不良信息。应该相信绝大多数网站和网民都具有社会正义感和社会责任感，他们都会遵守法律法规和社会公德，并且还会在网上抵制不良行为。政府可以依靠这些力量，形成良好的网络生态。

2. 内容分级

政府部门面临两难选择：互联网的开放性难以改变，同时又要保护青少年免受不良信息污染。为此，有些学者提出建立内容分级制度。

美国的电影分级制度是较为成熟的内容分级制度。该制度将电影分为非限制级和限制级。非限制级包括：适合所有年龄层次观众观看的 G 级；建议在家长陪伴指导下观看的 PG 级；一些内容可能不适合 13 岁以下儿童观看的需要家长特别谨慎对待的 PG－13 级。限制级包括：16 及 16 岁以下观众必须有家长或年长于 21 岁带有身份证明的成人陪伴方可观看的 R 级；17 及 17 岁以下观众严禁观看的 NC－17 级。负责电影定级的机构是美国电影协会分类与分级管理委员会下属的专职的定级委员会（Rating Board），由 10~13 名委员组成，要求具有为人父母的经验以及能站在美国大多数父母的立场上来审定一部影片的能力。评定采用匿名制，在民主讨论基础上，以投票的方式决定一部影片的定级。

赞成内容分级的学者认为，互联网的开放性是客观规律，内容分级制度为监管部门提供了监管标准，为企业提供了明确的界限，也为老师、家长提供了极大方便。内容分级制度对于保护青少年健康成长具有基础性作用，以网络分级为基础可以更好发挥有关各方的作用。

反对内容分级的学者认为，内容分级制度等于默许不良信息的存在，在政治上存在巨大障碍；同时可能会诱使青少年冒险接触限制性内容。

五、微博的治理

微博，戏称"围脖"，是一种用户可以通过电脑网络、手机等移动终端的短信、彩信、WAP 及时更新简短文本并公开发布的博客形式。与传统

"博客"不同的是，"微博"不需要长篇大论，每次最多只能发送 140 个字符。"微博"主通过手机或电脑上传文字或者图片，他的"跟随者"或"粉丝"就能及时查看该信息并发表评论。在"微博"的世界里，人人都可以成为"博主"，人人也都是"跟随者"。与"博客"相比，"微博"的发布方式趋于多样化、简单化。由于具备手机发送文本的功能，用户不必坐在电脑桌前，便能实现与网络的联通。微博具备了 4A 的特点（Anytime 任何时间，Anywhere 任何地点，Anyone 任何人物，Anything 任何事件），成为一种更为广泛的传播工具。在城市化快节奏的生活中，微博显然比博客更具有时代特点，更能满足普通人需求。

（一）微博的基本特点

1. 传播的大众化与平民化

加入的门槛非常低。只要拥有一部手机就可以成为其中的一员，用户可以通过微博随时随地描述心情，抒发感情，人人都有发表言论的权利。与"博客"相比，"微博"是彻彻底底的草根化。

内容简短。国外微博允许发布 140 个英文字符之内的短消息，国内的微博一般允许发布 140 个汉字之内的短消息，发布者直接将所见所闻所想以短消息的形式同步生产出来即可。

内容更加平民化。撰写微博对写作水平要求不高，三言两语，书面语言、口语、方言皆可。多数博主都习惯用口语表达个人观点。

2. 基于社交的广播式传播

微博摒弃了社交网站双向互动的紧密人际关系，代之以单向的跟随关系，形成了树形社交关系。微博中的关注与被关注形成了独特的信息分享、流动模式，从社会网络的角度来看是一种不对称的人际关系，基于该不对称关系形成了微博广播式的信息流动模式。用户可以任意关注他人，而不需要形成双向的好友确认关系。这种不对称的跟随关系，削弱了对接收者回复消息的暗示性，保持了发表者和接收者之间的适度距离感，保证了信息即时扩散的高效性。每个用户都可以有一定数量的追随者，保证了信息推到一定的分众群体中，而分众群体又有一定数量的追随者，以此类推形成了分众广播模式，信息的流动是广播式的，确保了信息即时扩散具有大规模用户基础。当同时在线的人群达到一定规模后，这种广播式的信息流动模式就会产生核分裂效应，实现了信息的即时扩散。

虽然微博采取的是单向跟随的人际关系，但是通过转发功能等同样给用户创造了一种开放的社交关系，扩展了用户之间交流的机会，而且各自又保持了完整的信息流。信息接收者看到信息后，可以选择是否继续转发。思想、链接以及其他的信息就可以很快地被传播以及追踪到。用户通常将转载的信息作为谈话的背景，加上自己的评论后进行转发，在信息增值的同时构成了新一轮的对话。

3. 传播的多样性与即时性

传播内容丰富。微博不仅支持用户传播文学、图片内容，还支持音频、视频等多媒体信息。人们利用时间碎片提交的信息保证了微博上内容的丰富性。

传播途径多样。传者可以通过手机、电脑即时发布文字、图片、视频、音频信息，受者也可以通过电脑、手机等多种手段即时接收多媒体信息。

传播速度即时。按照传统传播方式，从发出信息至收到反馈，需要一定的时间，从而产生滞后性。网络传播的一大优势是能将这种滞后性减少到最小。微博网站多采用好友之间的人际传播的传播模式。传者发布信息，好友可以收到信息。好友对该信息进行分享，好友的好友可以收到该信息。反反复复，信息速度迅速传播开来。

4. 传播的融媒体特点

微博随着3G技术的应用而迅速发展，是"三屏融合"的最新应用产品，与其说是一种独立的媒体，不如说是各种媒介功能融合的产物，可以说是一种"融媒体"，体现了媒介融合的特点及其对网民力量的整合。

从技术手段看，基于手机的微博打通了传统互联网与移动通信网的限制，实现了电脑与手机等移动终端的融合，符合了互联网通信和移动通信发展的需求，其发展潜力惊人。

从传播形态看，微博是网络人际传播、群体传播以及大众传播等多种传播形态的融合，实现了人际传播与大众传播的对接，这是传统大众传媒所没有的优势。

就传播内容而言，微博作为一种思想表达和信息交流的方式，是个人所见所闻所想的即时传播与分享，是个人化、个性化传播。

5. 碎片化信息可汇聚成新型的话语权

虽然微博的信息是碎片化的、零散的，存在很多无用信息，容易导致信息泛滥，但是，一旦这些单独的只言片语和某个大家关注的事件相关联，信息制造者就成为目击者、知情者、经历者、评价者。当大量的信息碎片在一个主题下集中，就可能汇集成事件流、思想流，大量积聚后成为热闹话题，从而产生了一种新型的话语权。这种话语权强调复原事实真相。"事件流"是很多人参与的会话，参加者分散于世界各地，他们中间有亲历者，有分析者，也有提供背景或者支撑性知识的人。当信息、观点、知识聚合后，就有了复原事实真相的力量。在微博中没有"头条新闻"，只有碎片新闻流，而大量的相同新闻关键词则让这个话题成为焦点话题。另外，微博的这种碎片化、离散性的信息中大多数都包含着用户的附带的情感元素，可以被提取出来并加以聚合，就某一话题进行跟踪，有时还可以发现人们对某个话题的整体情绪。

在微博中，传播的主客体的区分不再重要。传播者的身份发生了变化，每个人都是集信息生产者、信息传播者、信息接收者为一体的。每个微博用户既是信息的创造者，同时也收到来自所关注的人的信息成为信息接收者，同时对于接收到的信息通过转发功能传播给粉丝。微博通过人际关系网络，快速将信息传递到整个社会，从而形成强大的话语权。

（二）微博的发展状况

1. 发展历程

微博起源于西方国家，典型代表是 Twitter，2006 年 3 月由 blogger.com

的创始人威廉姆斯（Evan Williams）推出，英文原意为小鸟的叽叽喳喳声，用户能用如发手机短信的数百种工具更新信息。其后不到一年时间，全球出现了数百个微博。

2007年，国内企业学习国外的微博网站，出现了饭否网、随心微博、腾讯滔滔、做啥网等微博。随后，更多企业开始进入微博行业。到2010年，国内领先的10家微博网如表3.3所示。

表3.3　　　　　　　　　　2010 国内领先的 10 家微博网

产品名称	上线时间
做啥网	2007 年正式上线
嘀咕网	2009 年 2 月 8 日正式上线
同学网	2009 年 5 月进军微博领域
9911 微博客	2009 年 5 月底正式上线
Follow5	2009 年 6 月上线，同年 8 月开始正式测试
新浪微博	2009 年 8 月开始内测
搜狐微博	2009 年 12 月 14 日上线，2010 年 4 月 11 日开放公测
百度 i 贴吧	2009 年 11 月推出
网易微博	2010 年 1 月 20 日上线内测
腾讯微博	2010 年 4 月 1 日启动对外小规模测试

2. 用户规模

CNNIC 调查显示，2010 年国内微博客用户规模 6311 万人，在网民中的使用率为 13.8%。DCCI（互联网数据中心）预计，2011 年底、2012 年底、2013 年底，中国互联网微博累计活跃注册账户将分别突破 1.5 亿、2.8 亿、4.6 亿。此外，我国互联网实际不重复的微博独立用户数，2011 年底，2012 年底、2013 年底预计将分别达到 1 亿、1.68 亿、2.53 亿人左右。

DCCI 预计，未来 3 年，各家微博服务商的微博账户数的年增长率将在 140% ~200% 内，实际不重复的独立用户数的增长低于账户数的年增长率。微博用户的爆发增长出现在 2012、2013 年左右。预计 2013 年前后该领域步入市场成熟期，进入成熟期的标志有 4 个：独立用户数在网民总量中的占比超过 30%，用户增长率放缓但用户规模增长经验值依然比较高，微博营销模式趋于清晰，服务商营收开始进入起飞曲线，微博与 SNS 等其他互联网服务之间的渗透合作关系趋于清晰。

（三）治理现状

1. 政府监管

微博的监管部门包括新闻主管部门、通信主管部门和公安部门。在国家层面，主要是国务院新闻办公室、工业和信息化部、公安部等部门。新闻主管部门负责内容监管，通信主管部门负责通信网络的监管，公安部负责打击网络犯罪行为。

政府主要从事事后监管，事后监管的法律依据包括《中华人民共和国刑法》、《全国人大常委会关于维护互联网安全的决定》等法律，《中华人民共和国电信条例》、《信息网络传播权保护条例》等国务院条例，《互联网电子公告服务管理规定》、《中国互联网域名管理办法》、《互联网信息服务管理办法》等部门规章。国家的法律法规都要求微博不得包含以下内容：（一）反对宪法所确定的基本原则的；（二）危害国家安全，泄露国家秘密，颠覆国家政权，破坏国家统一的；（三）损害国家荣誉和利益的；（四）煽动民族仇恨、民族歧视，破坏民族团结的；（五）破坏国家宗教政策，宣扬邪教和封建迷信的；（六）散布谣言，扰乱社会秩序，破坏社会稳定的；（七）散布淫秽、色情、赌博、暴力、凶杀、恐怖或者教唆犯罪的；（八）侮辱或者诽谤他人，侵害他人合法权益的；（九）含有法律、行政法规禁止的其他内容的。

2. 微博服务商是组织者

微博服务商是微博的组织者和管理者，在微博发展中发挥了关键作用。下面以新浪微博为例说明。

（1）建立开放的服务平台和新的商业模式。新浪按照"开放、合作、共赢"的理念建设了先进的微博服务平台。在开放共赢理念的驱动下，新浪微博目前已经汇聚了 1 万家以上的合作网站，一批成熟的应用也获得了用户认可。新浪微博的目标是围绕微博平台打造一个良性发展的微博平台生态圈。

新浪微博以开放平台承载全部网络应用。针对开发者和合作网站，新浪微博可以提供应用开发、连接和分享 3 个层面的合作模式。首先，基于微博开放平台，第三方开发者可以创建全新的应用，以微博手机客户端 Weico 为例，该款应用在苹果的 AppStore 上线后仅用三天时间，下载量便超过 3 万次，在社交应用分类中排名第一；在连接层面，新浪微博提供一个以用户为中心的数字身份识别框架，第三方网站将自身的账号系统与微博账号绑定，极大提升用户黏性和品牌曝光度。此外，合作网站还能主动添加分享按钮，让用户将内容转发到微博，仅优酷分享到新浪微博上的视频，其日均播放量就超过 130 万次。新浪 MSN 进行合作，用户使用 MSN 账号可以无障碍地登录新浪微博和新浪 UC，用户如果在新浪微博上发表了新的微博，其所有的 MSN 好友都将看到提示；经过用户允许，还可以在新浪微博中展现用户的登录状态，直接发起和新浪微博在线用户的 MSN IM 聊天。通过这种彻底的互融互通，新浪微博与 MSN 两大平台的优势将一同放大。

新浪微博要构建新的商业模式。新浪微博平台的商业化将以广告自助和应用增值服务两个方面为主。通过新浪博客的共享计划，一些知名博主每个月的广告费超过万元，与之相比，新浪微博将会提供更加多元化的广告模式。在这个广告服务平台上，广告主和开发者可以进行双向选择，并实现自主竞价。在应用增值服务方面，随着用户数的进一步增长，无论是企业用户还是个人用户都会产生一些收费服务的需求，这就为开发者通过应用增值服务获得收入创造了空间。按照互联网市场的常规，一旦牵涉到平台应用增值服务的分成，平台基本都会占据主导地位。开发者在新浪微博平台上开发的应用增值服务，新浪微博平台与开发者将采用 3∶7 的分成比例，把应用增值服务的大部分收入分配给开发者，更大限度地激励开发者创新。在这种全新的商业化体系中，企业用户能够找到合适的广告投放渠道，满足了企业营销的需求；个人用户和企业用户选择全新的增值服务，能够大幅提升微博使用体验；广告和应用增值服务带来的收入，又为开发者提供了足够的资源，以便开发出更多好的应用。庞大的微博生态圈势必将形成良性循环。

（2）事前签订服务协议。新浪用户注册微博，必须与公司签订《新浪网络服务使用协议》。该协议对公司和用户的权利和责任进行了明确界定。主要包括以下几方面。

个人提供真实信息。用户在申请使用新浪网络服务时，必须向新浪提供准确的个人资料，如个人资料有任何变动，必须及时更新。用户不应将其账号、密码转让或出借予他人使用。如用户发现其账号遭他人非法使用，应立即通知新浪。用户提供的个人资料不真实，新浪有权随时中断或终止向用户提供本协议项下的网络服务（包括收费网络服务）而无需对用户或任何第三方承担任何责任。

用户在使用新浪网络服务过程中，必须遵循以下原则：遵守中国有关的法律和法规；遵守所有与网络服务有关的网络协议、规定和程序；不得为任何非法目的而使用网络服务系统；不得利用新浪网络服务系统进行任何可能对互联网正常运转造成不利影响的行为；不得利用新浪提供的网络服务上传、展示或传播任何虚假的、骚扰性的、中伤他人的、辱骂性的、恐吓性的、庸俗淫秽的或其他任何非法的信息资料；不得侵犯其他任何第三方的专利权、著作权、商标权、名誉权或其他任何合法权益；不得利用新浪网络服务系统进行任何不利于新浪的行为。等等。

公司拥有审查和监督权。新浪有权对用户使用新浪网络服务的情况进行审查和监督（包括但不限于对用户存储在新浪的内容进行审核），如用户在使用网络服务时违反任何上述规定，新浪或其授权的人有权要求用户改正或直接采取一切必要的措施（包括但不限于更改或删除用户张贴的内容等、暂停或终止用户使用网络服务的权利）以减轻用户不当行为造成的影响。

保护用户隐私。保护用户隐私是新浪的一项基本政策，新浪保证不对外公开或向第三方提供单个用户的注册资料及用户在使用网络服务时存储在新浪的非公开内容，但下列情况除外：事先获得用户的明确授权；根据有关的法律法规要求；按照相关政府主管部门的要求；为维护社会公众的利益；为维护新浪的合法权益。

违约责任。如因新浪违反有关法律、法规或本协议项下的任何条款而给用户造成损失，新浪同意承担由此造成的损害赔偿责任。用户同意保障和维护新浪及其他用户的利益，如因用户违反有关法律、法规或本协议项下的任何条款而给新浪或任何其他第三人造成损失，用户同意承担由此造成的损害赔偿责任。

（3）开展实名注册和身份认证。新浪微博在一定程度上实现了"后台实名制"，主要体现在"实名注册"和"身份认证"两个环节。

新浪微博鼓励用户使用"实名注册"，提供用户的真实姓名和身份证号。如果用户不直接"实名注册"，也可以间接"实名注册"。由于微博的融媒体特征，许多用户都会将微博与手机号码绑定。我国运营商已经要求手机号码实名制，因此这些微博用户间接实现了"实名注册"。

身份认证是一种自愿行为。获得认证的博主更加自律，更容易获得用户的信任，有利于形成良好的舆论环境。在身份认证用户个人页面，会出现该用户的真实信息，示例如下：

除了在用户首页，身份认证用户在发微博时都会有标识，即在用户微博名称后加上"V"标记。

新浪微博的认证对象包括：有一定知名度的演艺、体育、文艺界人士；在公众熟悉的某领域内有一定知名度和影响力的人；知名企业、机构、媒体及其高管；重要新闻当事人。

个人用户进行身份认证要求：微博使用实名，且为最被公众熟知的姓名或称谓；在微博中发表一条以上博文，并提供微博地址；提供准确翔实的身份说明介绍；提供确切可验证的即时联系方式，如邮箱、单位和个人电话；提供身份及工作证明的扫描件证明系本人申请。

官方媒体进行身份认证要求：微博使用实名，且为最被公众熟知且具备媒体特征的名称；下载填写《媒体用户认证信息表》和《媒体认证申请公函》。

企业用户进行身份认证要求：微博使用实名，且为最被公众熟知且具备企业特征的名称；账号资料完整、真实，并在微博中保持一定活跃度；提交三份资料《企业认证信息表》、《企业认证申请公函》盖公章版、企业营业执照副本，如为机构需提供机构代码证。下载填写《企业用户认证信息表》、《企业认证申请公函》和《企业微博认证帮助文档》。

高校用户申请身份认证要求：微博使用实名，且为最被公众熟知且具备高校特征的名称；下载填写《高校用户认证信息表》和《高校认证申请公函》。

网站用申请身份认证要求：微博使用实名，且为最被公众熟知且具备网站特征的名称；下载填写《网站用户认证信息表》和《网站认证申请公函》。

（4）为用户推荐内容。新浪微博设立了用户广场，为用户推荐内容，主要包括以下几个方面。

名人堂。内部分为100多个门类，每个门类中包含了数量不等的博主。例如，进入"娱乐"大类，选择"影视明星"小类，可以看到1000余位影视明星的微博。

热门话题。热门话题可以按照时间分类，如"一小时话题榜"、"今日话题榜"、"本周话题榜"分类，也可以按照关键词分类，如"书籍"、"足球"、"手机"、"股票"等。

人气热榜。按照粉丝数量，对博主进行排榜。用户可以看到分类榜单前2000名博主。

热门标签。根据用户标签分类，对博主进行排榜。用户可以看到分类榜单靠前的博主。

"同城会"、"猜你喜欢"、"随便看看"等栏目也为用户起到推荐作用。

另外，新浪微博还为用户提供了多维度的搜寻功能，用户可以通过姓名和关键词等搜寻要找的博主。

（5）内容管理。为了遵守国家的法律法规，新浪主动进行内容管理，例如实行关键词过滤，新浪根据多年的实践经验，逐步积累了内容过滤的关键词词库，对于不合规的内容进行技术处理。新浪微博还为用户提供了不良信息举报渠道，并特别说明："不良信息是指含有色情、暴力、广告或者其他骚扰你正常微博生活的内容。如果你在使用新浪微博的过程中遇到不良信息，请提交上述表格，我们将会尽快处理。请放心，你的隐私将会得到保护。"

（6）独立监管。据有关媒体报道，新浪网正在尝试建立"独立监管"制度，即聘请外部自律专员参与公司内容监督。外部自律专员由社会各界自荐与推荐产生，并无新浪内部员工参与，不受制新浪管理，其工作独立于该媒体的内部采编及监控流程，在网站内容方面享有优先举报与监督权。

外部自律专员的优势是独立性。他们不受业绩考核和商业利益驱动，也不受内部管理人员影响，可以独立作出判断，从而提高判断标准的客观性。

3. 网络用户是主角

微博让我们向"信息社会"又迈进了一步。每个互联网用户都能成为新闻工作者和思想传播者，让信息来源更民主化。同时，信息消费者有更多、更广的选择权，可以选择关注自己喜欢的信息源。信息发布者和信息消费者可以互动，信息接收者还可以继续发布或转播消息。在微博上，网络用户成为信息生产和传播的主角。

（1）提供信息。微博客提供的信息可以创造重大社会价值。青海玉树地震发生后，网友通过新浪微博发出"超级急"的信息，告知首都机场一号航站楼北线货运站征集救灾物资，号召网友将灾区急需的物品送达。2010 年 4 月 18～21 日，由社会热心人士联系的海航包机连续 4 天运输网友捐赠的赈灾物资，总量超过 20 吨。

微博客通过手机等无线终端对突发事件进行"现场直播"，每个人都可以成为新闻记者。在 2010 年江西宜黄拆迁自焚事件中，微博客的作用得到淋漓尽致的发挥。起始，《凤凰周刊》某记者在微博上发出"机场女厕门连续直播"，报道自焚者家属钟家姐妹欲赴京上访时，在南昌机场被地方干部堵截在女卫生间长达 40 多分钟的经历，自焚事件迅速成为万众瞩目的公共事件。随后，钟家小妹钟如九自己开通微博，直播事情的后续进展。9 月 26 日晚，钟如九更新微博，发出母亲病危的消息，被转发 1.3 万次。经过网民信息接力，28 日钟母被转往北京解放军总医院治疗。

（2）社区交流与合作。微博为人类社会建立了更加广泛的社交圈子，各个圈子之间构成了互有连接的小世界网络。这既有助于不同兴趣圈、生活圈、消费圈的形成，又让这些圈子之间互相联通，从而加速了信息的流动和观念的传播，增加了人与人之间的沟通和交流。

我国微博的发展早期离不开名人效应。许多社会民众希望加入到名人的社交圈子，分享他们的思想感受。例如，新浪网网罗了大量社会名流开微博客，吸引了无数粉丝参与。2010 年底，著名演员姚晨的粉丝高达 500 万之众，姚晨也因此成为重要的舆论领袖。姚晨将工作生活中的感受发布出来与粉丝们共享，许多内容引起了大量粉丝的共鸣。

许多网友通过微博发起社会活动，包括社会公益活动、社团娱乐活动等等。例如，有的网友在网上发起募捐活动，救助贫困失学儿童；有的网友主动发帖资助因贫无法回家过年的人，做善事不留名；有的网友发起"随手拍照解救乞讨儿童"活动，引起了社会的广泛响应；有的网友组织网络春节晚会活动，全国各地的网友纷纷呈现个人才艺；有的网友组织旅游活动，有兴趣者共同参加。等等。

一些政府部门开始利用网络解决工作中的难题。例如，公安部门将"110"延伸到网络微博。2010年2月，首个公安微博"平安肇庆"诞生，随后，广东21个地级市及省公安厅的官方微博相继开通，广东省公安厅将各地的公安微博联系起来，形成全国第一个微博群。广东公安每个微博都有民警专门负责，在线与网友保持互动。不少网友通过微博举报，提供有价值的破案线索。对于一些涉警、涉及社会管理的传闻，公安微博及时予以调查澄清。北京市公安局"平安北京"官方博客、微博和播客在新浪、搜狐、网易、酷6播客四大网站正式同步开通，福建厦门、山东济南、山西太原……到2010年底全国各地超过500家公安部门开通了微博、微博群，网友将一系列公安微博统称为"围脖110"。网络微博利用微博的传播特点，在公众参与、信息发布、警民对话等方面发挥了重要作用，为社会稳定作出了贡献。

专栏3.7　微博解救乞讨儿童

2011年年初，"随手拍照解救乞讨儿童"在微博上掀起了一股网络"打拐"的热潮，不少网友走上街头，拍下乞讨儿童提供解救线索，"让孩子回家"的全民总动员不断升温，微博开通14天就成功解救5个被拐儿童。

该活动发起人、中国社会科学院农村发展研究所社会问题研究中心主任于建嵘（微博）接受采访时说，2011年1月，他收到一个福建妈妈的求助信，说孩子杨伟鑫2009年被人拐走，2010年初在网上看到，有网友在厦门街头拍到了孩子照片，孩子已经被搞残成了街头乞丐，但仍下落不明。当天下午经核实之后，他把求救信的内容发上微博，引起了很大反响。该微博已引起9万多名"粉丝"关注，半个月来收到了各地1700多张街头乞讨儿童的照片，也得到了不少地方公安部门支持。下一步，他打算进一步改进工作方式，将已收到的1700多张照片和未来收到的照片进行严格管理，建立一个数据库，并讨论建立相关解救章程。成立数据库有几个好处，一是便于丢失孩子的家长以及警方查实判断；二是可以对孩子的隐私予以保护；三是保护孩子的安全。

于建嵘起初是想通过网络，促使社会有所行动，解救那些乞讨儿童，只要全国的网友都行动起来，见到街头行乞儿，无论是拐卖的还是自家孩子，都违反国家有关规定，我们拍照、报警、组织解救，让违法分子无路可走、无利可图。我们的目的是要杜绝一切儿童乞讨，无论是被拐儿童，还是亲人带领自家孩子行乞，都需要解救。最终目标是想通过全民参与，减少和彻底杜绝未成年人乞讨现象，希望通过推动立法，制定核查和救济乞讨儿童的严格程序，让儿童乞讨失去牟利的市场。

资料来源：新浪新闻。

（3）发现真相。由于广大网民的参与，社会事件的透明度越来越高。2010 年"我爸是李刚"事件中，案情本身并不复杂，李启铭系酒后驾驶、撞人后仍驾车继续行驶等事实，已为警方所确认。但是，李启铭的"官二代"身份，让问题变得复杂起来。事发后李启铭所谓"我爸是李刚"的言语，不仅令人厌恶，也使人怀疑存在外力干扰办案的可能。尽管保定公安局新闻发言人表示，无论是谁，只要触犯法律，将严格依法予以惩处，但并没有平息社会舆论的怀疑和不信任。网络微博客的实时报道，让整个事件暴露在阳光之下，可以说基本消除了外力不当干扰的可能性。

有人担心微博客成为造谣和假消息的工具。实践表明，微博的大众性为错误信息传播提供了方便，更为正确信息的传播提供了机会。微博对事实具有强大的挖掘、投票、纠正作用，如在突发事件中，微博客的信息互相补充，快速传播，让公众获得全面了解。正确信息快速淹没错误信息，错误信息很快得到纠正。一个新的例子是，2010 年 12 月 7 日 20 点 19 分一网友在微博上发出"金庸去世"的消息并被网民疯狂转发，但在该信息传递22分钟后即被另一条微博证实为谣言，该事件从另一方面证明了微博背后的集体力量，信息在传播过程中经过众人转贴、加工、修改、"投票"后会更趋于真实，正好印证了"谣言止于智者"的古训。

（四）问题与讨论

1. 突发事件的微博客传播

由于微博客具备鲜明的4A特性（Anyone、Anywhere、Anytime、Anything，即任何人在任何时间、任何地点对任何事情都可以发布消息和评论），微博客在突发事件中可以发挥重要传播作用。

有人认为，微博客是造谣的最佳平台，因此应该在突发事件中对微博客进行严格管制，必要时应该封闭通道。谣言可分为政治谣言、经济谣言、军事谣言、社会生活谣言和自然现象谣言。网络谣言传播极快，潜在危害极大，如：加速社会群体事件爆发，导致股票市场大跌，损害个人名誉等。在突发事件中，网络谣言更是危害社会稳定的重要渠道，不良分子可能借助网络组织煽动不满情绪，对社会稳定造成重大影响。

也有人认为，微博客是辟谣的最佳平台，在突发事件中应予以利用而不是管制。网络是工具，关键谁利用。例如，2010年8月，有人散布消息说北京地铁发生爆炸，一些市民对公交安全存有疑虑，影响了正常出行。北京警方经过调查发现地铁只是出现技术故障，"平安北京"即时通过微博客发布消息，消除了公众疑虑。

由此可见，微博客对政府部门既是机会也是挑战。政府可以采取管制措施限制微博客在突发事件中的传播作用，但实际效果存在不确定性，可能限制谣言传播，也可能引起更大恐慌。正确的方向是，政府建立充分利用微博客传播功能的能力，提高政府的公信力，为社会稳定作贡献。

2. 传播内容的价值多元化

由于传播的大众化，微博等网络传播必然会反映社会价值的多元化。同时，网络传播又方便了各种思想的交流，促进了社会群体思想价值的多元化。

有人认为，网络作为越来越重要的新闻媒体，国家必须进行控制。通过加强领导和监管，让网络媒体坚持正确的舆论导向，始终代表党和国家的利益。网络传播应该有统一的价值观，用正确的舆论引导人，不应该让网络媒体成为反对中央政策的阵地。

也有人认为，网络传播具有大众化的特性，社会价值多元化必然会反映到网络上，网络价值多元化是必然趋势。对网络价值观进行控制是无效的行为，抢占阵地办法是进攻，即加强利用网络的能力。承认价值的多元化并不等同于认可违法行为，对网络违法行为应该坚决予以打击。

六、非经营性网站

根据工业和信息化部颁布的《非经营性互联网信息服务备案管理办法》，在中华人民共和国境内提供非经营性互联网信息服务，是指在中华人民共和国境内的组织或个人利用通过互联网域名访问的网站或者利用仅能通过互联网 IP 地址访问的网站，提供非经营性互联网信息服务。根据《互联网信息服务管理办法》的规定："经营性互联网信息服务，是指通过互联网向上网用户有偿提供信息或者网页制作等服务活动。""非经营性互联网信息服务，是指通过互联网向上网用户无偿提供具有公开性、共享性信息的服务活动。"

（一）基本特点

1. 数量多、主办者繁杂、内容广泛

根据 CNNIC 的《中国互联网发展统计报告》，截至 2009 年 12 月，中国的网站数，即域名注册者在中国境内的网站数（包括在境内接入和境外接入）达到 323 万个。2009 年底域名总数为 1681 万，其中有 80% 为 CN 域名。在 323 万个网站中，90% 以上为非经营性网站。

由于非经营性网站门槛较低，网站举办者身份各种各样，包括：各级政府设立的网站，各类企业设立的网站，各类社会组织设立的网站，无数个人设立的网站等。其中，个人网站占了绝大部分。

我国的网页规模反映了互联网的内容丰富程度。自 2003 年开始，中国的网页规模基本保持翻番增长，2009 年网页数量达到 336 亿个，年增长率超过 100%。在这些网页中，内容可谓包罗万象，涉及社会、经济、政治、文化、生活等各个方面。在浩如烟海的网页中，也难免隐藏不良信息。

2. 借助"搜索引擎"传播

由于互联网网站和网页浩如烟海，用户需要借助 Google、百度等"搜索引擎"才能找到自己需要的内容。

搜索引擎的原理包括四步：一是从互联网上抓取网页。搜索引擎派出网络蜘蛛程序，自动访问互联网，并沿着任何网页中的所有 URL 爬到其他网页，并将爬过的所有网页收集到服务器中。二是建立索引数据库。由索引系统程序对收集回来的网页进行分析，提取相关网页信息，建立网页索引数据库。三是在索引数据库中搜索。当用户输入关键词搜索后，分解搜索请求，由搜索系统程序从网页索引数据库中找到符合该关键词的所有相关网页。四是对搜索结果进行处理排序。所有相关网页针对该关键词的相关信息在索引库中都有记录，只需综合相关信息和网页级别形成相关度数值，然后进行排序，相关度越高，排名越靠前。最后由页面生成系统将搜索结果的链接地址和页面内容摘要等内容组织起来返回给用户。

可以说，搜索引擎是普通网站传播的关键渠道。搜索引擎是用户的眼睛，没有搜索引擎，互联网如同伸手不见五指的黑夜，用户很难找到相关内容。

(二) 治理状况

1. 政府监管

(1) 监管机构与法规。非经营性网站的监管部门包括通信主管部门、行业主管部门和公安部门。通信主管部门负责通信网络的监管，行业主管部门负责相关网站的许可和内容监管，公安部负责打击网络犯罪行为。

政府从事监管的法律依据包括《中华人民共和国刑法》、《全国人大常委会关于维护互联网安全的决定》等法律，《中华人民共和国电信条例》、《信息网络传播权保护条例》等国务院条例，《互联网电子公告服务管理规定》、《中国互联网域名管理办法》、《互联网信息服务管理办法》、《非经营性互联网信息服务备案管理办法》等部门规章。

（2）许可与备案。少数业务需要前置审批，多数业务只需简单备案。根据《互联网信息服务管理办法》、《非经营性互联网信息服务备案管理办法》以及行业主管部门颁布的相关规定，从事新闻、出版、教育、医疗保健、药品和医疗器械、文化、广播电影电视节目等互联网信息服务需要前置审批，即需要获得国家有关主管部门审核同意，在履行备案手续时，还应向其住所所在地省通信管理局提交相关主管部门审核同意的文件。新闻业务：《互联网新闻信息服务许可证》（中华人民共和国国务院新闻办公室颁发），文化业务：《网络文化经营许可证》（中华人民共和国文化部颁发），出版业务：《互联网出版许可证》（中华人民共和国新闻出版总署颁发），广播电影电视业务的监管规定为《信息网络传播视听节目许可证》（国家广播电影电视总局颁发），医疗保健、药品和医疗器械业务：《药品经营许可证》（省食品药品监督管理局颁发）、《GSP认证证书》（省食品药品监督管理局颁发）、《医疗器械经营企业许可证》（省食品药品监督管理局颁发）、《互联网药品信息服务资格证书》（省食品药品监督管理局颁发）。

非经营性网站备案简单易行，可网上提交备案报告，也可以委托相关机构完成。备案者需要提交以下相关信息：主办单位名称、主办单位性质、主办单位有效证件号码、投资者或上级主管单位、网站名称、网站负责人姓名、主办单位通信地址、网站首页网址和网站域名列表、IP地址列表、办公电话等项目。另外，非经营性互联网信息服务提供者要在每年规定时间登陆信息产业部备案管理系统，履行年度审核手续。

（3）事后监管。根据相关法规，政府相关部门对非经营性互联网形成了"齐抓共管"的监管体系。

行业主管部门对网站内容进行监管，相关法律法规对网站的运营作出了明确界定，如不许超越经营范围，不许出现不良信息，不许出现欺诈性行为等。新闻业务的监管依据是《互联网新闻信息服务管理规定》（国务院新闻办），新闻业务的监管依据是《互联网文化管理暂行规定》、《网络游戏管理暂行办法》（文化部），出版业务的监管依据是《互联网出版管理条例》（国家出版署），广播电视业务的监管依据是《互联网视听节目服务管理规定》（国家广电总局），医药业务的监管依据是《互联网药品信息服务管理办法》、《互联网医疗卫生信息服务管理办法》、《互联网医疗保健信息服务管理办法》（卫生部）等。违规者将受到处罚，处罚措施一般包括：停止违法活动、给予警告、限期整改、罚款、取消许可等等。

通信主管部门依据《互联网电子公告服务管理规定》、《中国互联网域名管理办法》、《互联网信息服务管理办法》、《非经营性互联网信息服务备案管理办法》等法规对所有非经营性网站进行监管。违规者将受到处罚，处罚措施一般包括：停止违法活动、给予警告、限期整改、罚款、停止运营等等。

公安部门依据网络综合治理的法律法规，对违规行为进行处罚，既包括停止运营等行政处罚，也包括追究违法者刑事责任。

2. 网站主办者的作用

（1）网站主办者提供丰富内容。互联网上浩如烟海的网站为用户提供了经济、政治、社会、文化、教育等各个方面的知识，成为现代人们生活的不可或缺部分。例如：小学生通过访问各类知识网站收集课外学习资料，中学生通过访问大学网站了解专业发展和招生信息，大学生通过访问研究机构网站下载论文和资料，消费者通过访问企业网站了解产品或服务，企业通过访问政府网站了解政策信息甚至网上办理事务，互联网用户通过网络论坛交流思想感情，等等。可以说，各类网站主办者都是互联网发展的基础力量。

必须看到，互联网上也存在一些给人的精神带来污染，使人的思想产生混乱，让人的心理变得异常的信息，常见的不良信息包括色情信息、暴力恐怖信息、伪科学与迷信信息、消沉厌世信息、虚假信息等等。

（2）网站主办者的自律。一些网站主办者主动自律，如在网站经营章程中公开响应《中国互联网行业自律公约》："不制作、发布或传播危害国家安全、危害社会稳定、违反法律法规以及迷信、淫秽等有害信息，依法对用户在本网站上发布的信息进行监督，及时清除有害信息；不链接含有有害信息的网站，确保网络信息内容的合法、健康；制作、发布或传播网络信息，要遵守有关保护知识产权的法律、法规；引导广大用户文明使用网络，增强网络道德意识，自觉抵制有害信息的传播。"

自律反映的是社会文明程度，它虽然不能解决所有的问题，但可以大幅减少网络不良信息，降低事后监管的工作量。自律的本质是公民素质的提升，因此需要政府、社会组织和有责任感的公民共同努力进行长期不懈的倡导。

3. 互联网服务商的责任与义务

互联网服务商在不良信息整治中发挥了积极配合作用。2009 年 1 月，由工信部、公安部等 7 部门联合发起一场整治互联网低俗之风的"大扫除"行动。截至 2009 年底，共删除网上淫秽色情信息 150 余万条，关闭淫秽色情网站、栏目 9000 多个，警告违规经营单位 1.1 万家，停机整顿、停止联网 6500 余家，清理违规网站 3 万余家。在此次整治过程中，互联网服务商承担了责任和义务。

为了能在无线互联网海量的网站中发现不良网站，中国移动等国内电信企业强化技术手段，建成了可以覆盖全国的自动化、智能化拨测体系。该体系利用网页分析系统，利用中文的分词技术对下载的网页进行文字的全文检索，可以发现疑似的内容，也可以通过图像分析系统，利用业界领先的图片模式识别算法，快速对下载的图片进行自动化的分析和识别，从而发现疑似信息。该系统运营一年时间，中国移动拨测的网站超过 160 万个，累计发现并封堵涉黄网站共计 7 万多个，其中国内接入的色情网站只占 1%，境外接入的网站占 99%。

2011 年 1 月共青团中央与中国移动签约合作建设"未成年人手机上网综合服务平台"。合作内容包括共同建设未成年人专属移动通信网络、未成年人手机专属网站和导航门户，建立规范的未成年人手机网络内容产品准入机制，从源头上净化未成年人的移动互联网文化环境。这一平台的目标是建设一座保护未成年人健康成长、促进未成年人学习进步、丰富未成年人娱乐交流的"有围墙的花园"，按照未成年人不同年龄阶段的成长需求和兴趣爱好，提供更精准的产品与服务，将为有效净化未成年人网络文化环境探索出一条新路。共青团中央将邀请有关部门、专家、未成年人和家长的代表组建专门机构，建立规范的未成年人手机网络内容产品准入机制，开展未成年人手机网络内容产品审评和日常监管工作；同时，通过"未成年人手机专属网站"和专属导航门户，向未成年人推荐包括教育、阅读、游戏、动漫、音乐等方面的优秀产品、服务和网站。中国移动将对自身现有通信网络进行全面改造，建设一个封闭式的未成年人专属移动通信网络，启用白名单网站过滤系统，优先选择适合未成年人的免费服务产品，面向全国未成年人手机上网用户提供全程全网的服务。

4. 民间组织的作用

（1）域名管理部门的责任与义务。中国互联网网络信息中心作为域名管理部门，根据政府的相关要求，在不良信息整治中也发挥了重要作用。

2009 年，中国互联网网络信息中心根据《工业和信息化部关于进一步深入整治手机淫秽色情专项行动工作方案》的要求，于 2009 年 12 月开始了 CN 域名专项治理工作，针对域名注册和使用的各个环节采取有效措施，切实落实工业和信息化部各项要求。具体措施包括：对全部 CN 域名逐一人工清查涉黄网站；督促注册服务机构逐一人工清查涉黄网站；受理用户在线或邮件举报；通过和四大举报中心的联动机制，接受举报；建立注册人黑名单机制，禁止涉黄域名注册者再次注册域名。在 10 月的整治过程中，认定处理（停止解析）涉黄域名 4524 个（申诉 63 个，审查后开通解析 56 个）；受理用户举报涉黄域名 1116 个，认定处理 234 个；通过联动机制受理涉黄域名 2821 个，认定处理 485 个；接受 CN 域名新注册申请 43.4523 万个，申请成功 35.8592 万个；已列入黑名单的注册人 3395 个。

（2）行业自律。国家和各地互联网协会充分发挥桥梁作用，领导制定了行业自律公约，包括《中国互联网行业自律公约》、《文明上网自律公约》、《互联网站禁止传播淫秽色情等不良信息自律规范》、《抵制恶意软件自律公约》、《博客服务自律公约》、《反网络病毒自律公约》、《中国互联网行业版权自律宣言》等等。

其他组织，如中国互联网络信息中心也领导制定行业自律公约，包括：《互联网地址注册服务行业自律公约》、《互联网地址资源服务行业自律公约》、《互联网地址注册服务行业自律公约》、《互联网地址注册服务行业自律公约》、《互联网地址注册服务行业自律公约》等。

5. 搜索引擎的责任与义务

根据有关报道，世界各国政府都认识到互联网搜索引擎的重要性，并开始对搜索引擎进行监管。例如：在欧洲，相关部门调查 Google 的隐私保护政策，要求搜索引擎遵守隐私保护相关的法律；在中国，2010 年 11 月国家食品药品监管局提出，全国药监部门将特别加强对搜索引擎接入服务的监测，把发布治疗糖尿病、高血压、肾病、风湿、痛风、性功能障碍等疑难杂症信息以及销售未经审批药品的行为作为监测的重点。

Google 在任何国家提供服务都应该尊重所在国的法律，接受所在国的管理。在 Google 美国的法律声明网页上，Google 称"我们在遵守国家法律的前提下展开业务，如要了解政府监听和关于个人信息的法律，请参考美国《电子通信隐私法》、《爱国者法案》等"；在德国，Google 同样必须对与纳粹有关的搜索信息进行过滤。2006 年，Google 在同意中国政府依法审查其搜索结果的情况下推出了中文搜索引擎"Google.cn"，并宣布 Google 的中文名为"谷歌"，标志 Google 正式进入中国。四年间，Google 中国一方面业务发展迅猛：先后推出了谷歌网站导航、谷歌热榜、谷歌生活搜索、中国版公交搜索等产品。2010 年 3 月，Google 公司声称要与中国政府就未来是否可以提供不受审查过滤的搜索引擎进行谈判，并将一些过去被过滤的内容重新放行。随后，宣布停止对谷歌中国搜索服务的"过滤审查"，并将搜索服务由中国内地转至香港。

（三）问题与讨论

1. 法律的完善与执行

一些学者指出，我国在网络传播方面的法律法规有待完善。首先，应增强法律法规的针对性，不能简单将传统法律法规延伸到网络传播环境之中，应根据网络传播的规律制定新的有效条款。第二，我国法律法规效力位阶普遍较低，应加强国家立法进程。除全国人大常委会 2000 年 12 月通过的法律性文件《维护互联网安全的决定》外，其他网络信息传播法规多为国务院及其部委发布的行政法规、部门规章，法律效力位阶普遍较低。第三，相关法律法规缺乏明确的执法标准和责任量处规定，立法内容比较粗泛，不能完全适应网络传播出现的新情况，未来应进一步完善。

学者们建议借鉴美国经验。虽然美国政府对于互联网的管理一向倡导的是以"少干预，重自律"的最低干预原则，但美国重视信息、网络立法。这些法规主要包括：1977 年的《联邦计算机系统保护法案》、1978 年的《联邦信息中心法》、1984 年的《伪装进入设施和计算机欺诈及滥用法》、1967 年颁布 1975 年和 1984 年两次修订的《信息自由法》、1986 年的《计算机欺诈和滥用法》、1987 年的《计算机安全法》、1990 年的《电子通信秘密法》和《中小企业计算机安全、教育及培训法》、1991 年的《高性能计算机及网络法案》、1994 年的《计算机滥用法修正案》、1995 年的《数字签名法》、1996 年的《通信道德条例》、《电信法》和《全球电子商务框架》、1997 年的《域名注册规则》、1998 年的《千禧年数字著作权法》、1999 年《统一电子交易法》和《互联网保护个人隐私的政策》等等。

一些学者指出，我国的网络执法能力也有待加强。有些网络犯罪行为没有得到应有的处罚，既有法律法规不完善的原因，也有执法能力不足的原因。今后应加强执法队伍建设，包括增加专业人才数量，提高专业人员素质等。

2. 网络服务商的责任

互联网信息发布有两个关键角色：网络服务商和发布者。网络服务商包括接入服务商、存储服务商、内容服务商等。信息发布者可能是个人，也可能是组织机构。对于网络服务商与发布者在不良信息中的责任，存在不同的看法。2000年12月第九届全国人民代表大会常务委员会第十九次会议通过的《维护互联网安全的决定》规定："从事互联网业务的单位要依法开展活动，发现互联网上出现违法犯罪行为和有害信息时，要采取措施，停止传输有害信息，并及时向有关机关报告。"该决定明确界定了网络服务商责任范围，但实践中服务商可能被要求承担更多的责任。

有人认为，应该让网络服务商直接承担不良信息传播的责任，其理由包括：网络服务商是关键环节，而且数量少，容易管理；网络服务商是受益者，可能在利益驱使下明知故犯；在近期扫黄打非过程中，网络服务商确实也发挥了重要作用。

有人认为，让网络服务商直接承担不良信息传播的责任不公平。其理由包括：网络运营商只提供中间服务，只对服务质量负责，不可能对网上浩如烟海的信息随时随地进行检查和监控，如果将责任强加给它们，它们必然要承担难以承受的经济负担，也将在全球竞争中败落；网络运营商对用户的内容进行检查和监督，可能要承担法律风险，因为涉嫌侵犯用户的隐私权和通信权。如果一定要网络服务商承担责任，国家必须先立法授权。

3. 人肉搜索与个人隐私保护

Google对"人肉搜索"的定义为："人肉搜索"就是利用现代信息科技，变传统的网络信息搜索为人找人、人问人、人碰人、人挤人、人挨人的关系型网络社区活动，变枯燥乏味的查询过程为一人提问，八方呼应，一石激起千层浪，一声呼唤激起万颗真心的人性化搜索体验。过去几年，关于"人肉搜索"的法律责任问题存在激烈的争论。

2008 年 8 月 25 日，部分全国人大常委会委员在分组审议刑法修正案（七）草案时认为，"人肉搜索"已经超出了道德谴责的范畴，严重侵害了公民的基本权益。保护公民个人基本信息需要追究"人肉搜索"者的刑事责任。如全国人大常委会委员朱志刚认为："人肉搜索"泄露公民姓名、家庭住址、个人电话等基本信息，已经超出了道德谴责的范畴，同样是严重侵犯公民基本权益的行为，其造成的侵害甚至比出售公民个人基本信息更为严重，因此建议将"人肉搜索"行为在刑法中加以规范。

持反对观点的人大代表陈雪指出："人肉搜索"只是发动网友搜索一个人的信息而已，这种行为没有触犯法律。实际上刑法已经对个人名誉权进行了保护，如果再对"人肉搜索"加以刑事处罚，刑法就管得太宽了。中国行为法学会新闻侵权研究会研究部主任周泽认为：现行的民事法律并没对隐私权的概念做出明确的定义，导致公众对隐私权及其界限没有法律上的依据。因此对社会不良现象进行批评、对公众人物监督与侵犯他人的隐私上没有一个平衡点，所以很难有一个标准对"人肉搜索"侵犯他人隐私权的行为进行刑法处罚。

还有专家认为，"人肉搜索"确实可能产生侵权问题，但这些问题完全可以在我国目前的民事法律体系内寻求解决。从防止公权力扩张的角度来看刑法也不宜介入，"人肉搜索"已经成为群众举报干部违法行为的重要渠道。

第四章

电子商务的治理

电子商务是指利用全球性的互联网络开展的商业和贸易活动。电子商务作为现代服务业中的重要产业，有"朝阳产业、绿色产业"之称，是高人力资本含量、高技术含量和高附加价值的"三高"产业，是新技术、新业态、新方式的"三新产业"。电子商务有助于实现人流、物流、资金流、信息流的"四流合一"。电子商务具有市场全球化、交易连续化、成本低廉化、资源集约化的"四化"优势。

最近几年，我国电子商务出现了爆炸式增长。电子商务正在渗透到经济、生活的每一个层面，改变了企业的经营方式和消费者的行为习惯。究其原因，电子商务的潜在优势是基础因素，电子商务相关的商业创新和制度创新是催化剂和助推器。虽然安全和诚信不足、地下经济盛行等不利因素阻碍了电子商务的发展，但广大互联网企业和网民根据互联网的特点创造了大量新的技术和交易规则，让电子商务的潜在优势充分发挥出来，同时，政府有关部门也采取了相应监管措施，为电子商务发展创造了基本条件。

本书的电子商务治理，指的是企业、用户、政府等利益相关方共同参与促进电子商务健康发展的机制。

一、实物类电子商务及其治理

电子商务的本质是商务，其目标是通过电子的方式来进行商务活动，所以他要服务于商务，满足商务活动的要求，是包括信息流、物流和资金流三个部分的有机集合。

根据交易双方主体的区别，电子商务一般分为以下几类：

B2B 模式（Business to Business），指商家（泛指企业）对商家的电子商务，即企业与企业之间通过互联网进行产品、服务及信息的交换。在我国，B2B 的典型企业有阿里巴巴（www. china. alibaba. com）、中国制造网（www. made – in – china. com）、敦煌网（www. seller. dhgate. com）、中国化工网（www. china. chemnet. com）、慧聪网（www. hc360. com）等。

B2C 模式（Business to Customer），指商业机构对消费者的电子商务活动，通常以网络零售业为主，主要借助于互联网开展在线销售活动，如通过门户网站或第三方平台销售服装、鲜花、通信用品等。B2C 模式是我国最早产生的电子商务模式，以 8848 网上商城（现已倒闭）正式运营为标志。我国的当当网（www. dangdang. com）、卓越网（www. amazon. cn）、京东商城（www. 360buy. com）、凡客诚品（www. vancl. com）等都是典型 B2C 企业。

C2C 模式（Consumer to Consumer），指消费者之间的交易活动，即由消费者提供服务或产品给其他的消费者。如淘宝网（www. taobao. com）、易趣网（www. eachnet. com）等。

B2G 模式（Business to Government），指企业与政府之间的电子商务活动，互联网上发布政府采购清单，企业以电子化的商务方式完成对政府采购的响应。目前已有很多省市政府开通了自身的政府采购网，如北京政府采购网（www. ccgp-beijing. gov. cn），上海市政府采购中心（www. shzfcg. gov. cn）等。

C2G 模式（Consumer to Government），是指个人与政府之间进行的电子商务活动,但是目前还没有形成规模。

还有 Business to Manager、Business to Marketing、Manager to Consumer 等模式不再做详细介绍,本书重点讨论电子商务的前三种模式,即 B2B、B2C、C2C 模式。

根据电子商务活动的内容分类,电子商务主要包括两大类商业活动,一是间接电子商务,即有形货物的电子订货,他仍然需要利用传统渠道如邮政服务和商业快递送货,二是直接电子商务,即无形货物和服务,如网络游戏虚拟装备、计算机软件、学术论文传递、点卡等。在此我们主要讨论的内容是有形货物的电子订货,即间接电子商务。

(一) 发展历程

我国的电子商务可追溯到 1997 年,中国化工信息网在互联网上提供服务,开拓了网络化工的先河,是全国第一个介入行业网站服务的国有机构。中国电子商务的发展到现在已将近 13 年,发展迅猛,据中国电子商务研究中心数据显示,截至 2010 年 6 月底,中国电子商务市场(包括 B2B,B2C,C2C)交易额达到 2.25 万亿元,其中 B2B 交易额达到 2.05 万亿元,B2C 与 C2C 网购交易额达到了 2000 亿元,预计 2010 年全年 B2B 交易额为 3.85 万亿,网购交易额为 4300 亿。

1. B2B 的发展

B2B 是指以企业为主体,在企业之间进行的电子商务活动。电子商务能够给企业带来巨大的效益,因而,企业是电子商务最热心的推动者。在我国,据中国电子商务研究中心数据显示,截至 2010 年 6 月底,B2B 交易额达到 2.05 万亿元,达到整个电子商务交易额的 91%。国内 B2B 电子商务经过 13 年的发展,出现了 B2B 电子商务市场被几大"巨头"所瓜分绝大部分的局面。这五大电子商务平台是阿里巴巴、慧聪网、网盛生意宝、环球资源、中国制造网,它们所占 B2B 市场交易额超过 80%。

(1) 阿里巴巴。阿里巴巴(www. alibaba. com),作为以线上外贸服务为主的综合 B2B 模式,是中国最大的网络公司和世界第二大网络公司,是由马云在 1999 年一手创立的企业对企业的网上贸易市场平台。阿里巴巴的电子商务业务集中于 B2B 信息流，是电子商务的第三方平台提供商。阿里巴巴实行会员制度，主要开展"诚信通"会员和"中国供应商"会员有偿服务。会员可通过网站阅读行业新闻，了解行业动态，及时掌握供求状况，查询和发布供求信息、会员采购商和供应商通过阿里巴巴网站进行自由对接，达成企业间的合作与贸易，阿里巴巴作为平台提供者不介入会员企业间的交易行为。阿里巴巴网站分为中文、英文和日文三种语言版本。阿里巴巴从成立到现在，一直致力于实现"让天下没有难做的生意"和"帮助中小企业成功"的经营理念，在不到 10 年的时间里其触角已经遍布全球 240 多个国家和地区。

在其发展过程中，马云认识到亚洲电子商务与欧美电子商务市场不同，亚洲电子商务市场主要在中小型企业，而欧美电子商务市场主要在大企业。马云率领团队成员于 1998 年 12 月在杭州推出"阿里巴巴在线"网上贸易市场，正式进入电子商务 B2B 领域，其理念在于通过建立网上电子商务信息交互平台帮助中国中小企业将产品出口到更多的国外市场。

在互联网上进行交易，买卖双方互不见面，缺乏了解，因此，买卖双方的信用问题，一直是困扰电子商务发展的最大瓶颈。为了克服这一阻碍 B2B 发展的"硬伤"，2001 年，阿里巴巴创新性的在其国际站点（www. alibaba. com）推出了企业商誉的量化工具"诚信通"，以服务于国外贸易商。阿里巴巴通过第三方认证、证书及荣誉、阿里巴巴活动记录、资信参考人、会员评价等 5 个方面，为每个使用该服务的企业建立网上信用活档案，从而把阿里巴巴打造成一个诚信、安全的网上电子商务平台。2002 年，阿里巴巴将诚信通引入中国站点（www. alibaba. com. cn），以便于中国国内贸易的买家和卖家在网上进行交易。诚信通的推出，很大程度上克服了电子商务网商信用问题。据艾瑞咨询《2008～2009 年中国 B2B 电子商务行业发展报告》显示，2008 年中国 B2B 电子商务市场总体交易规模为 2.97 万亿元，其中阿里巴巴

2008 年的注册会员数、付费会员数以及全年营收收入占总体市场规模的比例都超过了 50%。目前，阿里巴巴已经成为国内最大的 B2B 电子商务平台。

（2）慧聪网。慧聪网（www.hc360.com），以线下内贸服务为主的综合 B2B 模式，是国内领先的 B2B 电子商务服务提供商，依托其核心互联网产品买卖通以及雄厚的传统营销渠道——慧聪商情广告与中国资讯大全、研究院行业分析报告为客户提供线上、线下的全方位服务，这种优势互补，纵横立体的架构，已成为中国 B2B 行业的典范，对电子商务的发展具有革命性影响。[①]

1991 年，慧聪在《计算机世界》开辟计算机产品报价办，慧聪模式的商情业务迅速展开。一年后与电报局合作，在北京承办邮电部 160 咨询电话的计算机等商情报价专线 1601188。1994 年开始进入媒体广告代理领域。2002 年与新浪合作，新浪网正式采用新版慧聪新闻搜索引擎和网页搜索引擎。2004 年将慧聪商务网正式更名为慧聪网，开通了 40 余个行业频道和 76 个行业搜索引擎，推出即时通讯工具"买卖通"。2005 年慧聪网买卖通开始组织线下供需见面会，每月 40 场以上。其主要收入来源为线下会展、商情刊物、出售行业咨询报告等所带来的广告和所收取的增值服务费用。慧聪网之外环球资源也属于此类模式。

（3）中国化工网。中国化工网（www.china.chemnet.com）作为以供求商机信息服务为主的行业 B2B 模式的典型代表企业，与阿里巴巴、慧聪不同的是，中国化工网是垂直行业网站，由网盛科技创建并运营，是国内第一家专业化工网站，也是目前国内客户量最大、数据最丰富、访问量最高的化工网站。垂直行业网站作为电子商务的重要平台，具有互动性强、成本低、受众面广、方便快捷、打破地域壁垒等特点。而相对于综合类行业网站来说，它具有更专业、更精准的传播渠道，凭借细分和专业而赢得客户，入主市场。自 1997 年，中国化工信息网正式在互联

---

① 参考了百度百科关于慧聪网的解释。

网上提供服务，开拓了网络化工的先河，是全国第一个介入行业网站服务的国有机构。其后又推出贸易通，2002 年 7 月，推出支持英语、日语、法语、德语、韩语等多国语言的"国际商城"。2002 年 8 月推出美国、印度、日本、欧洲等六大子网，与此前推出的"新一代 B2B 交易系统"、"国际商城"、"国际动态询盘库"等紧密结合，形成了一套完善的国际化市场服务体系。

中国化工网作为国内最早走专业化道路的网站之一，自开通起就依托于传统的化工行业，把市场定位于为化工企业提供网站建设和贸易信息服务，采用了"深度垂直"的模式。中国化工网所立足的以市场需求为导向的专业信息服务得到了中小企业的青睐，客户迅速增长，创办第一年的中国化工网就获得了"永不闭幕的化工交易会"的美誉。此后在 1999 年与 2000 年间借国内互联网"爆炸增长"的东风，中国化工网迅速发展并逐渐有了如今的实力和规模。目前中国化工网建有国内最大的化工专业数据库，内含 40 多个国家和地区的 2 万多个化工站点，含 25000 多家化工企业，20 多万条化工产品记录；建有包含行业内上百位权威专家的专家数据库；每天新闻资讯更新量上千条，日访问量突破 1000000 人次，是行业人士进行网络贸易、技术研发的首选平台。其兄弟网站"全球化工网"集一流的信息提供、超强专业引擎、新一代 B2B 交易系统于一体，享有很高的国际声誉。

2. B2C 的发展

B2C 模式是指企业与消费者之间的电子商务，实际上是需求方和供给方在网络所构造的虚拟市场上开展的买卖活动，他最大的特点是：供需直接"见面"、速度快、信息量大、费用低。从 1998 年王峻涛成立电子商务网站 8848 的前身软件港湾为旗舰，中国的 B2C 们走过了十余年的发展历程。

（1）8848 网站。1999 年 5 月，"中国电子商务第一人"王峻涛创办"8848"涉水电子商务，并在当年融资 260 万美元，正式开通了中国那时规模最大的以在线销售为核心，以最终消费者为目标的商业网站，同时也标志着国内第一家 B2C 电子商务网站诞生, 据统计, 8848 网站首季度在线销售额为 220 万, 当时大约有 98% 的访问者是在浏览网站的内容, 只有 1.7% 的人发生了实际购买。8848 网站克服了阻碍中国电子商务的 "三座大山": 网民规模、支付、配送, 8 个月以后拥有了下列服务的支持: 可以覆盖 29 个城市的门到门配送服务企业、覆盖 450 个城市 EMS 配送服务、覆盖数百个城市的电子电器商品的配送和服务体系以及通达世界各地的 UPS 配送服务。支持在线支付的信用卡、存折、储蓄卡一共有 19 种之多, 截至 2000 年初, 8848 网站已有 30 多万注册用户, 购买记录已高达百万余次。1999 年 1 月, 联邦电子开始架设 8848. net 站点, 并于当年 5 月正式运营; 1999 年 9 月, 8848 引进海外风险投资, 正式改制为外商独资企业; 同时 BVI 注册成立 8848 母公司 8848. net; 同年 11 月, 8848 增资扩股, 融资额达到 6000 万美元; 2000 年 4 月, 8848 宣布从 B2C 转向 B2B, 12 月, my8848 从 8848 公司中拆分出去, 从事 B2C 直销业务。

(2) 当当网。当当网 (www. dangdang. com) 于 1999 年 11 月正式开通, 是国内知名度较高的综合性中文网上购物商城之一。自从成立以来, 当当网一直保持高速度成长, 每年成长率均超过 100%。当当网是靠网上书店起家的, 创始人李国庆凭借在图书界多年的经验, 直接从出版社手中取得货源并以低价战略在网上开展图书销售的业务。直到现在, 图书销售仍然在当当网中占有较大的比重。经过多年的发展, 当当网已经转变为综合的网上购物商城, 2006 年 10 月, 当当网首推 "个性化推荐" 服务, 将用户网上购物体验提升到了一个新的高度; 2007 年 8 月当当网新的 ERP 系统上线, 同时推出新的购物车和结算功能; 2008 年 7 月, 当当网针对北京、上海、广州、深圳四地进行物流大提速; 2008 年 10 月, 当当网推出全场免运费的优惠运费政策。2008 年 10 月当当网新版首页上线, 改版后的页面突出了综合购物商城的网站形象。为了实现当当网对顾客的便利承诺, 当当网强调 "鼠标＋水泥" 的运营模式, 在消费者享受 "鼠标轻轻一点, 精品尽在眼前" 的背后是当当网耗时 9 年修建的 "水泥支持" ——庞大的物流体系，仓库中心分布在北京、华东和华南，覆盖全国范围。此外，当当同员工使用自行开发的物流、客户管理财务等软件来支持整个运作系统的高效运转，在全国 360 个城市里，大量本地快递公司为当当网的顾客提供"送货上门，当面收款的服务。

在电子商务诚信建设方面，当当用坚持"诚信为本"的经营理念，国内首家提出"顾客先收货，验货后才付款"、"免费无条件上门收取退、换货"以及"全部产品假一罚一"的诺言。

（3）京东商城。京东商城（www.360buy.com）是中国 B2C 市场最大的 3C 网络购物专业平台，是中国电子商务领域最受消费者欢迎和最具影响力的电子商务网站之一，也是垂直 B2C 网站中的佼佼者之一。

京东商城自 2004 年初步涉足电子商务领域以来，专注于该领域的长足发展，借鉴美国 Buy.corn 公司的经验，京东商城专注于 3C 领域，并在短短的几年中取得飞速发展，2006 年京东商城的销售额为 8000 万元，2007年通过一轮风险投资后销售额达到 3.6 亿元，而在 2008 年第一季度京东商城的销售额就为 197 亿元。

凭借在 3C 领域的深厚积淀，秉承"先人后企"的发展理念，奉行"合作、诚信、交友"的经营理念，京东商城先后组建了上海及广州全资子公司，富有战略远见地将华北、华东和华南三点连成一线，使全国大部分地区都覆盖在京东商城的物流配送网络之下；同时不断加强和充实公司技术实力，改进并完善售后服务、物流配送及市场推广等各方面的软硬件设施和服务条件。相较于同类电子商务网站，京东商城拥有更为丰富的商品种类，并凭借更具竞争力的价格和逐渐完善的物流配送体系等各项优势，赢得市场占有率并多年稳居行业首位。2008 年 4 月京东商城在 2008第三届艾瑞新经济年会中赢得了电子商务类的"最具发展潜力企业"的荣誉①。

---

① 中国电子商务研究中心：http://b2b.toocle.com/detail--4792745.html。

3. C2C 的发展

1999 年邵亦波创立易趣网，开中国 C2C 先河。2003 年 5 月，阿里巴巴 4.5 亿成立 C2C 网站淘宝网。2004 年 4 月，一拍网正式上线，新浪占据其中 33% 的股权，原雅虎中国占 67% 的股份。2004 年 6 月，易趣网进入与美国 eBay 平台对接整合。2005 年 9 月，腾讯推出拍拍网。2006 年 2 月，一拍网彻底关闭，阿里巴巴收购一拍全部股份。2008 年 10 月，百度电子商务网站"有啊"正式上线。

2009 年第 4 季度中国 C2C 网上零售市场交易规模达到 729 亿元，环比增长 19.8%。2009 年中国 C2C 网上零售市场交易规模达到 2307 亿，较 2008 年增长率达到 102.61%。

C2C 领域形成了四足鼎立之势，淘宝、易趣、拍拍、百度有啊，四家各有千秋，而又强弱分明。淘宝在 C2C 领域的领先地位暂时还无人撼动，根据中国互联网信息中心《2009 年中国网络购物市场研究报告》统计，截至 2009 年 9 月，淘宝网（www.taobao.com）的用户渗透率高达 81.5%。

淘宝网（www.taobao.com），是亚太最大的网络零售商圈，致力打造全球领先网络零售商圈，由阿里巴巴集团在 2003 年 5 月 10 日投资创立。淘宝网现在的业务跨越 C2C（个人对个人）、B2C（商家对个人）两大部分。截至 2010 年，淘宝的注册会员突破 2 亿，覆盖了中国绝大部分网购人群；2008 年交易额为 999.6 亿元，占中国网购市场 80% 的份额。2007 年，淘宝的交易额实现了 433 亿元，比 2006 年增长 156%。2008 年上半年，淘宝网成交额就已达到 413 亿元，2009 年全年交易额达到 2083 亿人民币。

（二）电子商务的交易

2010 年，在娱乐和信息类应用进入持续平稳发展后，电子商务类的互联网应用开始显现突飞猛进的态势。2011 年《第 27 次中国互联网络发展状况统计报告》显示，网络购物用户年增长 48.6%，是用户增长最快的应用，而网上支付和网上银行也以 45.8% 和 48.2% 的年增长率，远远超过其他类网络应用，我国更多的经济活动正在加速步入互联网时代。

电子商务是一种依托现代信息技术和网络技术，集金融电子化、管理信息化、商贸信息网络化为一体，旨在实现物流、资金流与信息流和谐统一的新型贸易方式，是网络技术应用的全新发展方向。电子商务与传统商务交易的最大不同点在于交易的过程：电子商务交易在线上进行，而传统交易在线下进行。简单地说，电子商务是不谋面的交易。

1. 电子商务交易的特点

以电子购物为例，电子商务消费的过程全部通过互联网进行，首先通过搜索引擎寻找需要的物品，在线比较选中的物品，在线下单，在线付款，通知卖家发货，最终收到物品。如图 4.1 所示。

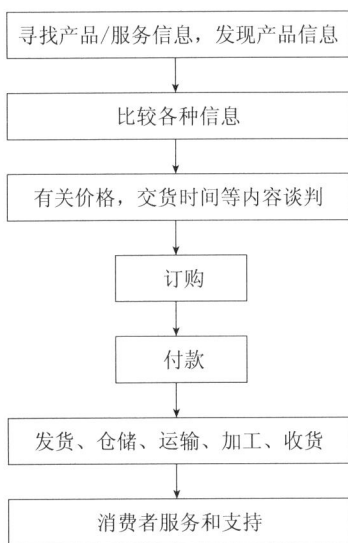

图 4.1　电子商务购物流程图

电子交易和传统交易本质上都是商品、服务、信息等的买卖过程，两者业务流程也相似，但由于电子交易采用了信息技术，使得电子交易与传统交易存在以下几方面的不同。

信息获取与传输方式不同。传统交易过程中，买卖双方通过传统媒介如报纸、纸质目录、往来信函等方式传输信息，使得双方难以充分沟通、协调，增加了交易时间、费用和交易风险，而在电子交易中，信息的传输都是电子化的、即时的、交互式的，极大地提高了信息传递的速度，方便了双方的沟通和协调，节约了交易时间、费用，降低了交易风险。

签约方式不同。传统交易需要双方进行多轮的面对面沟通、谈判，出差成为销售代表的代名词；而电子交易可开展网上谈判，签订电子合同。

下单与订单履行方式不同。在电子交易中，客户可通过供应商的门户网站直接下单，方便快捷，而企业可通过 ERP 系统将订单系统与库存系统、生产系统集成在一起，在在线接收到客户订单后，可以通过企业内联网在线检查库存中是否有存货，也可指令生产系统组织生产，然后确定如何交付产品，客户还可选择电子支付。

交易机制不同。一些在传统交易中难以实现的交易机制被电子交易广泛使用，如拍卖、逆拍卖、由你定价、定制等。

售后服务不同。传统交易中，许多服务需要上门完成，但电子交易可通过网络指导、培训，使客户自己完成某些原本需要供应商完成的服务。购物体验的交流方式也与传统方式存在着明显差异。

因此，电子商务的交易有以下几个特点。

交易的全球化。凡是能够上网的人，无论是在南非上网还是在北美上网，都将被包容在一个市场中，有可能成为上网企业的客户。

交易的快捷化。电子商务能在世界各地瞬间完成传递与计算机自动处理，而且无须人员干预，加快了交易速度。

交易虚拟化。通过以互联网为代表的计算机互联网络进行的贸易，双方从开始洽谈、签约到订货、支付等，无须当面进行，均通过互联网络完成，整个交易完全虚拟化。

成本低廉化。由于通过网络进行商务活动，信息成本低，足不出户，可节省交通费，且减少了中介费用，因此整个活动成本大大降低。

交易的透明化。电子商务中的双方洽谈、签约，以及货款的支付、交货的通知等整个交易过程都在电子屏幕上显示，因此显得比较透明。

交易的标准化。电子商务的操作要求按统一的标准进行，早期的有

EDI，现在更多的是各自的在线采购和销售系统。

交易的连续化。国际互联网的网页，可以实现 24 小时的服务。任何人都可以在任何时候向网上企业查询信息，寻找问题的答案。企业的网址成为类似商标式的永久性地址和标志，为全球的用户提供不间断的信息源。

但因为互联网本身具有的开放性、全球性、低成本和高效率的特点成为电子商务的内在特征，使得电子商务很容易遭到别有用心者的恶意攻击和破坏，信息的泄露问题也变得日益严重，电子商务安全和诚信问题成为电子商务交易的重要障碍。

2. 电子商务交易的安全和诚信问题

既然电子商务是不谋面的交易，因此交易双方之间的信用和安全问题即成为电子商务交易亟待解决的核心问题。安全指交易系统和信息的安全，诚信指交易双方本着诚实和讲信用的原则进行交易。

（1）交易过程中的威胁。在交易中面临的威胁主要包括以下几方面。

假冒订单。一个假冒者可能会以客户的名字和地址来订购商品，货物发出后无人付钱接收，商品的运费和耗损需有人承担。

不付款或不发货。某些用户对发出或收到的信息进行恶意否认，以逃避应承担的责任。购买者收到商品后不付款，或者销售商收到货款后不发货，给交易一方带来损失。

商业机密被窃。竞争对手假冒购买者获取企业的价格、库存、物流等方面的信息，以便制定针对性的竞争策略。

交易信息被窃。客户的个人数据或身份数据（如 PIN，口令等）可能会在传递过程中被窃听。

交易系统被攻击。例如攻击者可能向销售商服务器发送大量的虚假订单来挤占其他资源，从而使合法用户不能得到正常的服务。

篡改信息，攻击者在掌握了信息格式和规律后，采用各种手段对截取的信息进行篡改，破坏商业信息的真实性和完整性。

（2）问题产生的原因。主要有以下几方面。

电子商务本身具有信息不对称特征。电子商务网络平台难以对买卖双方进行身份认证，因此导致了双方信息不对称，也带来了信用危机。身份匿名在给网上交易提供便利的同时，也给整个交易过程带来了相应的风险，因此，身份验证就成了电子商务交易者的首要问题。电子商务网站对买家身份验证相对简单，有些甚至不需要进行验证，这在一定程度上造成了信用评价漏洞，便于信用炒作。

现实社会的信用意识较差。现实社会中，假冒伪劣产品肆虐，虚假广告泛滥、合同履约率低等诚信问题频繁见诸报端，使得人们在交易活动中存在着严重的不信任和防范心理。现实社会中的种种弊端自然会搬迁到电子商务中，阻碍和降低市场交易的效率。

现实社会的信息体系不完善。社会信用体系包括：商业信用、银行信用、税务信用、保险信用和司法信用等。我国现有的社会信用信息非常分散，银行、税务、司法、保险等部门各有各的信息库，这些信息库像信息孤岛一样没有实现社会信用资源的联网、共享。同时，商业信用信息的收集、评价体系还没有建立起来，缺乏权威的中介性质的社会信用评价机构，信用评价还属于企业和个人行为。现实社会信用体系的缺失为电子商务建立信用制造了障碍。

电子商务的相关法制建设尚不健全，政府监管能力不足。2004年，国家颁布了《电子签名法》，跨出了电子商务法制建设的第一步，但总体来看，网上拍卖、网上支付、网上合同保护的司法管辖、消费者的隐私侵权保护、侵犯消费者权益的责任承担、对网上欺诈的处罚，以及电子商务中消费者退换货品权利的履行等方面，仍然有很多的法律空白。同时，政府主管部门虽然将监管范围延伸到网络上，但没有建立必要的监管能力。一些交易者利用法律空白和漏洞从事网上欺诈活动的问题比较突出，严重制约了电子商务中诚信体系的建设。

3. 电子商务交易的治理

（1）电子商务交易的技术基础。在互联网和电子商务逐步被引入中国的同时，一些基本的电子商务安全技术也被国内电子商务企业广泛采用。如信息加密技术、虚拟专网技术、数字认证技术、电子签名技术、电子商务安全交易协议等。这些技术或标准协议的应用基本促进了电子商务的安全运行。

数据加密技术通常采用链路加密，也就是对网络中两个相邻节点之间传输的数据进行加密保护，主要是通过同时对报文和报头进行加密，从而掩盖了源节点和目的节点的地址。根据加密和解密所使用的密钥是否相同可以分为对称加密和非对称加密。DES（Data Encryption Standard）算法由 IBM 公司设计，是迄今为止应用最广泛的一种对称加密算法。对称加密的突出特点是加解密速度快，效率高，适合对大量数据加密；缺点是密钥的传输与交换面临安全问题，且若和大量用户通信时，难以安全管理大量密钥。非对称加密的最大特点是采用两个密钥将加密和解密能力分开。通信双方无需事先交换密钥就可进行保密通信。优点是很好地解决了对称加密中密钥数量过多难以管理的不足，且保密性能优于对称加密算法，从公开的公钥或密文分析出明文或密钥，在计算上是不可行的；缺点是算法复杂，加密速度不是很理想，常被用于安全级别较高的环境中。

在非对称性加密中，若以用户专用钥作为加密密钥而以公开钥作为解密密钥，则可实现由一个用户加密的消息而使多个用户解读，此即为数字签名。签名的时候用密钥，验证签名的时候用公钥。因为任何人都可以落款声称他就是你，因此公钥必须向接受者信任的人（身份认证机构）来注册。注册后身份认证机构给你发一数字证书。接受者向身份认证机构求证是否真是用你的密钥签发的文件，此即为数字认证。

身份认证技术是通过口令、令牌、数字证书等认证技术正确识别用户的方法。口令是最常用也是最简单的一种，但容易被盗取。令牌是一种持有物，其作用类似于钥匙，可以用来启动电子设备，需要一定的设备支持。数字证书是证实交易各方身份和对网络访问权限的手段，应有证书持有者的姓名、公共密钥、发证机关和凭证号等。通常由一个受大家信任的，提供身份验证的第三方证书管理机构发放。

防火墙技术是在连接 Internet 和内部局域网之间实现安全保障最为有

效的方法之一，也是目前在维护内部局域网安全的重要措施中应用最广泛的。防火墙通过记录通信状态，检查通信信息，监视通信过程，做出拒绝或允许信息通信等的正确判断。在此基础上，制定相应的安全策略，从而为局域网构建一个安全稳定的环境，为电子商务的安全实现提供有利保障。防火墙的安全实施是以操作系统为基础的，要建立安全的操作系统，从而防止信息通过特殊途径，避开防火墙进入内部局域网。

SSL（Secure Sockets Layer）安全协议最初由 Netscape Communication 公司设计开发，又称"安全套接层协议"，是指通信双方在通信前约定使用的一种协议方法。该方法能够在双方计算机之间建立一个秘密信道，凡是一些不希望被他人知道的机密数据都可以通过公开的通路传输，不用担心数据会被别人偷窃。SSL 安全协议能够对 TCP/IP 以上的网络应用协议数据流加密，保证信息传输过程中不被窃取、篡改，但不提供其他安全保证。因而 SSL 实质上仅仅提供对浏览器和服务器的鉴别，不能细化到对商家和客户的身份认证，这个缺陷会导致交易的假冒欺诈行为出现。当前，SSL 协议早已嵌入 Web 浏览器和服务器，因此对进行电子商务交易的广大用户而言，SSL 使用非常方便，这是其优点。

SET（Secure Electronic Transaction）协议也称为"安全电子交易"，由 MasterCard、Visa、IBM 以及微软等公司开发，是为了在互联网上进行在线交易时保证信用卡支付的安全而设立的一个开放的规范。SET 协议提供了强大的验证功能，凡与交易有关的各方必须持有合法证书机构发放的有效证书，SET 不仅具有加密机制，更重要的是通过数字签名、数字信封等实现身份鉴别和不可否认性，最大限度地降低了电子商务交易可能遭受的欺诈风险。由于 SET 是基于信用卡进行电子交易的，因此中间环节增加了 CA 与银行、用户与银行之间的认证，从而提高了软硬件的环境要求，也增加了交易成本。

以上技术常被作为企业在设计和运行电子商务系统时必须考虑使用的信息安全技术，而身份认证技术是其中最常被采用的一种安全手段。例如作为 B2B 的阿里巴巴网站，对于企业的注册用户采用与工商管理部门的注册信息进行核实的方式来认证，而对于个人注册用户以身份证和银行注册信息进行核实认证，并在交付一定费用（如 2800 元人民币）后给予诚信通会员标志。

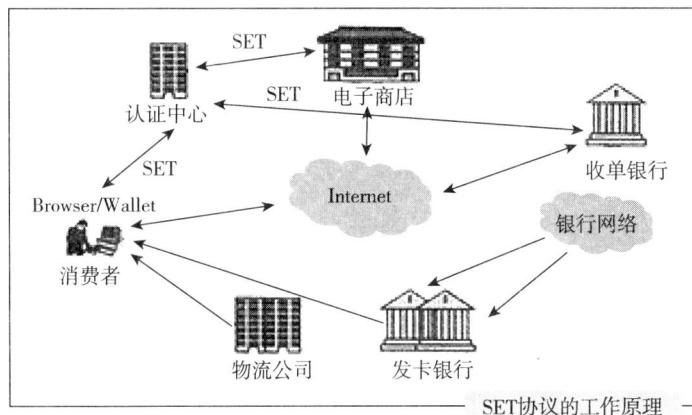

图 4.2　SET 协议工作原理

（2）电子商务网站建立的消费者权益保障服务。虽然安全技术措施可以基本保障电子商务交易过程的安全，但这并不能完全解决用户对不谋面交易的不安全感。电子商务的交易风险仍然存在，网民的消费习惯需要整个电子商务市场的不断创新和培育。

中国的电子商务企业为使消费者可以放心方便地开展网络交易活动，特别针对我们特有的国情和消费习惯而创新的多种消费者保障体系，对改进整个电子商务的购物环境起了决定性的作用。部分电子商务企业的消费者保障服务体系如表 4.1。

表 4.1　　　　　　电子商务企业的消费者保障服务体系

淘宝网：消费者保障	易趣网：安全四重奏	京东商城：先行赔付	当当网：无忧购物
7 天无理由退换货	用户认证	先行赔付	服务支持
假一赔三	信用评价	消协执行	货到付款
闪电发货	安付通		假一赔五
正品保障	网络警察		差价返还
30 天维修			7 天退货
			15 天换货

淘宝网提出消费者保障服务是指经用户申请，由淘宝在确认接受其申请后，针对其通过淘宝网这一电子商务平台同其他淘宝用户（下称"买家"）达成交易并经支付宝服务出售的商品，根据本协议及淘宝网其他公示规则的规定，用户按其选择参加的消费者保障服务项目（以下称"服务项目"），向买家提供相应的售后服务。卖家承诺为消费者提供保障服务，并签署诚信协议。如果卖家未履行服务承诺，淘宝将先行赔付，保障消费者的权益。过程是卖家先提交保证金，授权淘宝作为赔偿金；在买家购物遇到问题（如付款后卖家一直不发货，收到的货物与卖家描述不一致，货物质量有问题等），而卖家没有及时处理时，淘宝动用赔付金先行赔付，保障消费者权益。

此项服务措施推出以后除给淘宝卖家带来物质上的利益外，更加保障了消费者的利益，同时也是电子商务诚信体系建设的重大举措。从淘宝的消费者保障服务可以看出，消费者的权益在很大程度上得到了保障，商家对商品的描述相对真实，并且由于在网上可能存在的色差和功能的差别，造成用户主观方面的不满意，也可以申请退换货。正品保障和30天维修也保障了商品的售后服务。

淘宝网的评价体系又是其一项创新性举措，消费者购买商品成功后可以对该商品进行评价，中国消费者很多有从众心理，也正是因为这项功能的推出，使得后来的消费者必看的一个栏目是商品评价，根据他人对商品的评价以及商家提供的商品详细信息，再作购买决定。

B2C电子商务企业主动提供了多种消费者保障的各类服务。例如2010年9月7日，中国消费者协会和北京京东世纪贸易有限公司（即"京东商城"）在京签署协议，由京东商城在中消协设立500万元的"先行赔付保证金"，用于在京东商城购物发生纠纷时，对因京东商城所销售的产品和提供的服务而遭受损害的消费者进行赔付。凡在京东商城购物的消费者，如商品出现质量或相关服务问题，在双方协商后无法达成一致时，可以向所属地区的副省级以上消协组织申请赔偿，也可以直接向中消协提出赔偿申请，经中消协核实确认后，将动用保证金对消费者进行赔付。

专栏4.1　淘宝的消费者保障服务

　　淘宝的消费者保障服务包括：商品如实描述、七天无理由退换货、假一赔三、闪电发货、数码与家电30天维修、正品保障。其中，商品如实描述为加入消费者保障服务的必选项，而7天无理由退换货、假一赔三、虚拟物品闪电发货、数码与家电30天维修、正品保障是可以自愿根据店铺类目进行主动选择的，可以通过"我的淘宝"—"我是卖家"—"消费者保障服务"申请加入。

　　消费者保障服务。指在按本协议提出申请、并经淘宝接受其申请后，用户根据本协议及淘宝网其他公示规范的规定，按其选择参加的消费者保障服务项目（以下称"服务项目"），就其通过淘宝网（www.taobao.com.cn）这一电子商务平台发布出售信息并利用支付宝服务向其他淘宝用户（下称"买家"）出售的商品，向买家提供的相应的售后服务。消费者保障服务是用户向买家提供的服务，用户是该服务责任者，淘宝不是相关的责任者。除本协议另有规定外，用户可根据其销售的商品种类及意愿选择参与特定的服务项目。淘宝可在淘宝网不时公示新增的服务项目或服务项目修改。

　　先行赔付。当淘宝网买家与签订"消费者保障服务协议"的卖家通过支付宝服务进行交易后，若因该交易导致买家权益受损，且在买家直接要求卖家处理未果的情况下，买家有权在交易成功后向淘宝发起针对卖家的投诉，并提出赔付申请。当淘宝根据相关规范判定买家赔付申请成立，则有权通知支付宝公司自卖家的支付宝账户直接扣除相应金额款项赔付给买家。

　　商品如实描述。指卖家对商品的有效描述是如实的，是与商品本身相符的，没有不符合商品实际的描述以及言过其实的描述。"商品如实描述"服务是指卖家承诺其对商品本身有关的信息描述属实，若卖家未能履行该项承诺，则淘宝有权依据本规范及其他公示规范的规定，对由于卖家违反该项承诺而导致利益受损的买家进行先行赔付。

7 天无理由退换货。指用户（包含淘宝商城商家，下称"卖家"）使用淘宝提供的技术支持及服务向其买家提供的特别售后服务，允许买家按本规范及淘宝网其他公示规范的规定对其已购特定商品进行退换货。具体为，当淘宝网买家使用支付宝服务购买支持"7 天无理由退换货"的商品，在签收货物（以物流签收单时间为准）后 7 天内（如有准确签收时间的，以该签收时间后的 168 小时为 7 天；如签收时间仅有日期的，以该日后的第二天零时起计算时间，满 168 小时为 7 天），若因买家主观原因不愿完成本次交易，卖家有义务向买家提供退换货服务；若卖家未履行其义务，则买家有权按照本规范向淘宝发起对该卖家的投诉，并申请"7 天无理由退换货"赔付。

假一赔三。指用户（下称"卖家"）使用淘宝提供的技术支持及服务向其买家提供的特别售后服务，允许买家按本规范及淘宝网其他公示规范的规定对已购得的商品认定为假货的前提下，要求卖家三倍赔偿。具体为，当买家使用支付宝服务购买支持"假一赔三"服务的商品，在收到货物后，如买家认为该商品为假货，且在买家直接与卖家协商未果的前提下，买家有权按本规范向淘宝发起对该卖家的投诉，并申请"假一赔三"赔付。

闪电发货。"1 小时闪电发货"指卖家向买家提供在 1 小时内发送"网络游戏点卡"、"网游装备、游戏币、账号、代练"、"移动、联通、小灵通充值中心"类目下的虚拟商品的服务。卖家若无法履行承诺，须向买家进行赔偿，赔偿金额按照《淘宝用户行为管理规则》中付款未发货的规定执行。"24 小时闪电发货"指卖家向买家提供在 24 小时内发送除少数特殊商品外的实物商品的服务。卖家若无法履行承诺，须向买家进行赔偿，赔偿金额按照《淘宝用户行为管理规则》中付款未发货的规定执行。

数码与家电 30 天维修。指接受本规范、使用淘宝的 C2C 平台技术服务达成如下产品的交易的卖家（在本规范中简称"卖家"），按本规范规定，提供的如下服务：在淘宝网的买家使用支付宝服务，购买接受本规范的卖家销售的下列商品的交易成功后 30 天内，卖家应向买家无条件提供免费维修服务，否则买家有权在确认卖家不提供该服务后的 15 天内，按本规范向淘宝提出对该卖家的投诉，并在符合本规范有关规定的情况下，在如下所述的保证金有剩余的前提下，请求淘宝使用该剩余保证金按本规范解决投诉。

正品保障。是商家必须承担的服务内容。具体为，当淘宝网买家使用支付宝服务购买商家的商品，若买家认定已购得的商品为假货，则有权在交易成功后 14 天内按本规范及淘宝其他公示规范的规定向淘宝发起针对该商家的投诉，并申请"正品保障"赔付，可以申请的赔付金额以买家实际支付的商品价款的 3 倍加邮费（此规定 2010 年 1 月 1 日生效，之前按商品价款的 1 倍加邮费计算，邮费中含投诉涉及商品回邮邮费）为限，部分特殊类目商品（如食品）的赔付办法，如果国家相关法律法规规定的赔付标准高于本规范的，以法律法规规定为准。

第三方质检。指用户（下称"卖家"）在承诺消费者保障服务的基础上，根据店铺主营类目自愿选择向买家提供的特色服务之一。具体为，当买家使用支付宝服务购买支持"第三方质检"服务的商品，在收到货物后，如买家认为该商品质量与在商品详情页面公示的由第三方质量检验机构出具的检验报告内容不符，且买家与卖家协商未果的前提下，买家在交易成功后 15 天内发起维权，并申请"如实描述"赔付。如淘宝判定买家赔付申请成立，卖家同意按照本协议之约定向买家退回其实际支付的商品价款，并增加赔偿其受到的损失，增加赔偿的金额为买家实际支付商品价款的一倍，并承担维权所涉商品的质检费用和所有物流费用。

资料来源：淘宝网。

为了落实用户消费者权益保护，电子商务网站必须加强对网上商户的管理。以淘宝为例，公司制定了《淘宝网用户行为管理规则》，对于不能遵守规则的商户进行一定的处罚。

专栏 4.2 淘宝网用户行为管理规则：处罚措施

违规行为按照 A 类和 B 类分别予以处罚。A 类违规行为包括：违规发布商品、炒作信用、违规出价、付款未发货、恶意评价、网上描述不符、未履行承诺之服务、违规注册、违反消费者保障服务质量规定、违反商城积分规定、违反商城店铺规范、违反商城支付方式、违反商城发票规定、商城人气炒作、违反商城商品评论规定、违反淘宝其他协议、规定或其他违反法律、道德或公序良俗的行为。B 类违规行为包括泄露他人信息、发布违法、违规商品或信息、侵犯他人知识产权、欺诈、盗用账户。处罚措施包括：

（1）会员的违规行为将按照 A 类、B 类分别扣分、分别累计、分别执行。

（2）当会员因为 A 类违规行为而被扣分时，每累计 12 分，进行一次节点处罚，处罚措施为店铺屏蔽（包括淘宝站内所有搜索；首页导航；直通车、淘宝客、钻石展位、媒体广告等所有营销类服务）并公示警告（店铺通栏、商品通栏、旺旺标识）12 天。会员单次违规行为导致其 A 类违规行为总计分超过 12 分或 12 分的整数倍时，如前一处罚节点未进行处罚的，累计合并处罚。会员在受 A 类处罚期间再次受到 A 类处罚的，新处罚措施将在上一处罚期满后开始执行。

（3）当会员因为 B 类违规行为而被扣分时，扣分累计或单次达到（或超过）12 分、24 分、36 分、48 分时，淘宝将分别对会员做出如下处罚：

①当扣分达到或超过 12 分但未到 24 分时，会员将被同时处以店

铺屏蔽、限制发布商品及公示警告 7 天。

②当扣分达到或超过 24 分但未到 36 分时，会员将被同时处以店铺屏蔽、限制发布商品、限制发送站内信、限制社区所有功能及公示警告 14 天。

③当扣分达到或超过 36 分但未到 48 分时，会员将被处下架所有商品，且同时并处限制发布商品、限制发送站内信、限制社区所有功能、关闭店铺及公示警告 21 天。

④当扣分达到或超过 48 分时，会员将被处永久封号。

会员在受 B 类处罚期间再次受到 B 类处罚的，新处罚措施将替代旧处罚措施立即执行，旧处罚措施不再执行。

（4）除永久封号外，需同时满足以下三个条件，会员被执行的处罚措施才能解除：会员违规行为被纠正、会员所受处罚期间届满、处罚期间届满后会员参加线上考试并且获得合格。但永久封号不能通过任何形式被再次恢复。

（5）商城、电器城卖家发生"付款未发货"的，在被扣分的同时，须向买家赔付实际支付金额的 5% 但不超过 30 元的违约金。

（6）会员所扣分数将在每个自然年的年终（即每年 12 月 31 日）24 时被统一清零。但年终前已被永久封号，不可再恢复。

资料来源：淘宝网。

（3）交易信用评价体系。电子商务上的交易信用评价体系包括交易平台网站对交易双方的评价体系和第三方机构对电子商务企业的评价体系。

淘宝网作为交易平台建立了系统的信用评价体系。淘宝网上采用三个评价阶：好评、中评、差评，好评加一分，中评不加分，差评则扣除一分。当这个分数值到达规定的数值，就可以升级为星级、钻级、皇冠级。其中针对卖家的两项指标，包括通过好评占整个评价值的比率给所有店铺标明好评率，以及店铺的动态评分（包括物品状况，服务态度，发货速度，各项满分均为 5 分，买家可以自行评分）。此举在于给卖家和买家以参考，通过别人对于卖家和买家的评价状况来衡量买卖双方的可信任度，同时也是为了规范双方的交易行为，保证以优质服务来建立一个良好的交易场所。

类似地，在当当网上也有 5 分制的星级评分，以及商品评论和对评论的支持（有用或没用），充分调动网民参与，对各类物品进行打分评论，对后继的买者提供意见和参考，从而形成良性互动。

个人信用评价体系为电子商务网站减轻了信用危机，它使互不相识、从未谋面的买家与卖家之间相互了解，保证交易安全。该体系具有实用性和易用性的优点，成为交易双方的重要决策参考。目前，电子商务的信用评价体系还在不断完善之中，这事关网络消费者心理学、行为学、机制设计等课题。

第三方评价机构可以是行业协会，也可以是商业机构或其他公益机构。2004 年 12 月，在国务院有关部门和相关单位的支持下，中国电子商务协会成立"中国电子商务诚信联盟"，旨在通过建立权威、公正的第三方资信评估平台，加强我国电子商务信用体系的建设。中国电子商务诚信联盟旨在营造放心的网上消费环境，保护消费者的权益；规范电子商务交易行为，维护良好的市场秩序；促进电子商务行业向规范化，专业化发展。其主要职责是建立并实施电子商务信用监督、失信惩戒制度；制订电子商务行业诚信评价标准体系，建立对企业电子商务评级制度；制订电子商务行业规范，监督电子商务诚信经营。其首批发起单位有：eBay 易趣、搜易得、云网、淘宝网、一拍网、北斗手机网、卓越网、新浪网、盛大网络等一共 18 家电子商务性质企业。但需要指出的是，总体而言，非官方的电子商务协会或组织在这个领域还没有发挥它应有的作用。

专栏 4.3　淘宝的信用评价

信用评价是会员在淘宝网交易成功后，在评价有效期内（成交后

45 天内），就该笔交易互相做评价的一种行为。只有使用支付宝并且交易成功的交易评价才能计分，非支付宝的交易不能评价。

淘宝会员在淘宝网每使用支付宝成功交易一次，就可以对交易对象作一次信用评价。评价分为"差评"、"中评"、"好评"三类，每种评价对应一个信用积分，具体为："差评"扣一分，"中评"不加分也不减分，"好评"加一分。在交易中作为卖家的角色，其信用度分为以下 15 个级别。

淘宝信誉等级划分如下，"星"、"钻"、"皇冠"依次信用递增。

4 分 ~ 10 分　　♥一星；

11 分 ~ 40 分　♥♥二星；

41 分 ~ 90 分　♥♥♥三星；

91 分 ~ 150 分　♥♥♥♥四星；

151 分 ~ 250 分　♥♥♥♥♥五星；

251 分 ~ 500 分　◆一钻；

501 分 ~ 1000 分　◆◆二钻；

1001 分 ~ 2000 分　◆◆◆三钻；

2001 分 ~ 5000 分　◆◆◆◆四钻；

5001 分 ~ 10000 分　◆◆◆◆◆五钻；

10001 分 ~ 20000 分　♔一皇冠；

20001 分 ~ 50000 分　♔♔二皇冠；

50001 分 ~ 100000 分　♔♔♔三皇冠；

100001 分 ~ 200000 分　♔♔♔♔四皇冠；

200001 分 ~ 500000 分　♔♔♔♔♔五皇冠。

资料来源：淘宝网。

（4）企业加强电子商务安全的管理。面对电子商务面临的诸多威胁和安全要素，可以在技术上进行一定程度的基础防御，但是"三分技术，七分管理"，管理比技术更加重要。

企业普遍加强了内部安全管理措施。完善的组织体系应该根据企业目标及安全方针，建立信息安全指导委员会，委员会要由企业高层领导挂帅，各职能部门相关负责人参加，定期召开会议，对组织内的信息安全问题进行讨论并作出决策，为组织的信息安全提供指导与支持。主要职能有：审批信息安全方针、政策，分配信息安全管理职责；确认风险评估，审批信息安全预算计划及设施的购置；评审与监测信息安全措施的实施及安全事故的处理；对与信息安全管理有关的重大更改事项进行决策，协调信息安全管理队伍与各部门之间的关系。信息安全管理的队伍，一般由信息安全主管为核心，并由信息安全日常管理、信息安全技术操作两方面的人员组成，在信息安全委员会的指导下具体负责安全管理工作。

（5）政府监管与行业自律。电子商务交易的监管是一项非常复杂的系统工程，它包括立法、司法和行政多个方面，涵盖了行业市场准入、信息安全和认证、知识产权保护、电子支付、数字签名、互联网内容管理以及赔偿责任等诸多法律问题。我国正在不断建设相对完整的电子商务法律体系，1996年国务院颁布的《中华人民共和国信息联网国际联网管理暂行规定》和1997年公安部颁发的《计算机信息网络国际联网安全保护管理办法》就是两个对电子商务具有重大影响的重要行政法规。另外，在现行法律体系下的对电子商务交易相关的法律也进行了增补和明确。具体包括：电子商务纠纷解决法律制度、知识产权保护法律制度、电子商务税收法律制度、消费者权益保护法律制度、电子支付法律制度、电子信息交易法律制度、电子合同法律制度、电子认证法律制度、电子签名法律制度、数据电文法律制度等。

以电子签名为例，2005年4月1日起施行《电子签名法》中明确规定：电子签名是指数据电文中以电子形式所含、所附用于识别签名人身份并表明签名人认可其中内容的数据。《电子签名法》重点解决了五个方面的问题：①确立了电子签名的法律效力；②规范了电子签名的行为；③明确了认证机构的法律地位及认证程序，并给认证机构设置了市场准入条件和行政许可的程序；④规定了电子签名的安全保障措施；⑤明确了认证机构行政许可的实施主体是国务院信息产业主管部门。目前已经有北京天威诚信电子商务服务有限公司等 20 余家公司获得了从业资格，可以对外提供合法电子签名服务。

中国互联网协会充分发挥了行业自律的组织领导作用，进一步完善自律的规范体系，引导行业相关企业诚信经营、健全信用管理制度，提高行业信用水平和企业信用风险防范能力，推动行业自律，并利用中国互联网大会等场合举行隆重的信用评价结果发布暨授牌仪式，通过央视网、新华网、凤凰网等各大新闻媒体对诚信企业进行广泛的宣传和推广，形成网上自律风尚。中国互联网协会向通过信用评价和认证的企业和网站颁发信用电子标识，将企业和网站的主要信息嵌入在内，并授权粘贴在网站首页，只要点击电子标识，该网站的诚信状况便一览无余。此外，互联网协会还在网站上定期公布认证名单，以便网民用户查询与核实。在互联网协会的大力推广下，信用电子标识已经成为具有较高知名度和权威性的第三方网站信用标识，成为广大网民识别诚信网站的重要依据，成为网上交易的重要的资信安全保障，也逐渐成为网站重要的无形资产，对电子商务安全和诚信环境建设起到了积极的推动作用。

（三）电子商务的支付

电子商务是以互联网为平台，通过商业信息和业务平台、物流系统、支付结算体系的整合共同构成的新的商业模式，而支付结算系统则是电子商务能够顺利发展最重要的基础条件。

1. 电子商务的主要支付方式

在我国电子商务发展的过程中，B2C、C2C 电子商务使用了多种支付方式，包括汇款、货到付款、电话支付、手机短信支付、网上支付等方式，并且这些支付方式同时并存。据 2005 年 CNNIC 统计，消费者常常采用多种支付方式来解决电子商务的支付问题，其中，汇款用户占总用户数量的 43.2%，网上支付占 41.9%，货到付款支付占 34.7%，手机支付占 1.7%。

（1）汇款。银行汇款或邮局汇款是一种传统支付方式，邮局汇款是顾客将订单金额通过邮政部门汇到商户的一种结算、支付方式。采用银行或邮局汇款，可以直接用人民币交易，避免了诸如黑客攻击、账号泄漏、密码被盗等问题，对顾客来说更安全。但采用此种支付方式的收发货周期时间长，例如有些网站的邮局汇款支付期限为 14 天，银行电汇为 10 天，而采用其他网上支付则只需 1~2 天。此外，顾客还必须到银行或邮局才能进行支付，支付过程比较繁琐。对于商家来说，这种交易方式也无法体现电子商务高速、交互性强、简单易用且运作成本低等优势。因此，这种支付方式并不能适应电子商务的长期高速发展。银行汇款最近发展较快，由于使用了电子网络，一般同行转账瞬间到账，跨行转账 1~2 天到账。银行汇款是目前常见的支付方式之一。

（2）货到付款。货到付款又称送货上门。指买方在网上订货后由卖方送货至买方处，经买方确认后付款的支付方式。目前，很多购物网站都提供这种支付方式。这是一个充满中国特色的 B2C 电子商务支付和物流方式，既解决了中国网上零售行业的支付和物流两大难题，又培养了客户对网络购物的信任。货到付款仍然是中国用户最喜欢的网上购物支付方式之一。货到付款受到了众多 B2C 企业的青睐，当当、卓越网、京东商城等中国典型电子商务企业都采取了货到付款的结算方式。货到付款的方式有利于保障消费者在网络购物过程中的支付安全，对于风险厌恶型的网民来说是最易接受的电子商务支付方式。但是，将支付与物流结合在一起存在很多问题。首先，付费方式只能采用现金付费，因此只局限在小额支付上；其次，太过依赖物流，若物流方面出现问题，支付也将受到影响。因此，并非所有商家都喜欢或提供该支付方式，在可选的支付方式中，商家往往鼓励用户采用网上的在线支付方式，而稍微提高货到付款方式的支付费用。

（3）网上支付。所谓网上支付，是以金融电子化网络为基础，以商用电子化工具和各类交易卡为媒介，以电子计算机技术和通信技术为手段，通过计算机网络系统以电子信息传递形式实现的流通和支付。常见的包括网上银行以及基于此而发展起来的第三方支付平台、网上虚拟货币等方式。

网上银行又称网络银行、在线银行，是指银行利用互联网技术，通过互联网向客户提供开户、销户、查询、对账、行内转账、跨行转账、信贷、网上证券、投资理财等传统服务项目，使客户可以足不出户就能够安全便捷地管理活期和定期存款、支票、信用卡及个人投资等。与传统的支付方式相比，网上的电子支付有许多优势：电子支付是通过网络以先进安全的数字信息技术来完成支付行为，满足现代化社会高效便捷的商务活动需求，加快资金周转速度，降低企业的资金成本；电子支付使用开放的互联网平台，使商家和消费者很方便地加入电子支付系统。电子支付系统可以跨越时空，提供全球7天24小时的服务保证，使交易者能够足不出户，随时随地在很短的时间内进行消费支付活动；电子支付通过网络和计算机实现，可以替银行节省许多办公场地、物资和人力，有助于降低交易成本。

网络虚拟货币的出现也是实现网络支付的一种重要方式。虚拟货币往往是较大的互联网企业为方便自己用户购买和支付其各类在线服务而发行的一种电子货币。例如腾讯的Q币，盛大的游戏币等等。该部分具体的问题将在下面另辟章节介绍。

在各种网上支付形式中，第三方支付无疑是电子商务的最佳伴侣。它不仅具有电子支付的便捷性，也提高了电子商务交易的安全性。第三方电子支付平台是属于第三方的服务中介机构，完成第三方担保支付的功能。它主要是面向开展电子商务业务的企业提供电子商务基础支撑与应用支撑服务，不直接从事具体的电子商务活动。第三方支付机构是具有信誉保障、采用与相应各银行签约方式、提供与银行支付结算系统接口和通道服务的能实现资金转移和网上支付结算服务的机构。作为双方交易的支付结算服务中间商，它具有"提供服务通道"，并通过第三方支付平台实现交易和资金转移结算安排的功能。

2. 电子商务支付的治理

（1）金融业的信息化为电子支付提供了支持。中国金融电子化与信息化在电子商务发展初期就已同步开始，自 20 世纪 90 年代中期以来，金融行业的一系列电子化与信息化工程的实施，如"三金工程"、"金网工程"，以及中国国家现代化支付系统的实施，极大地促进了中国整个金融电子化与信息化进程，为电子商务的发展，尤其是为网络支付的应用和发展打下了良好而坚实的基础。目前，中国基本上已经建立以下八类电子支付结算系统：同城清算所、全国手工联行系统、全国电子联行系统、电子汇兑系统、银行卡支付系统、邮政储蓄和汇兑系统、中国国家现代化支付系统（CNAPS）、各商业银行的网络银行系统。这些系统的相互配合与应用不但形成了中国现代化电子支付与电子银行体系，而且也能直接或间接地为基于互联网平台的电子商务提供了支付结算服务。

（2）企业开发的第三方支付是电子商务支付的重要创新。企业创新的第三方支付综合考虑了资金支付与交易信用问题，是电子商务的最佳伴侣。在第三方支付中，相关的服务企业是规则的主要制定者。

电子商务交易离不开电子支付，而传统的银行支付方式只具备资金的转移功能，不能对交易双方进行约束和监督；另外，支付手段也比较单一，交易双方只能通过指定银行的界面直接进行资金的划拨，或者采用汇款方式；交易也基本全部采用款到发货的形式。在整个交易过程中，无论是货物质量方面、交易诚信方面、退换要求方面等等环节都无法得到可靠的保证；交易欺诈行为也时有存在。于是第三方支付平台应运而生。第三方支付平台是指与银行（通常是多家银行）签约，并具备一定实力和信誉保障的第三方独立机构提供的交易支持平台。在通过第三方支付平台的交易中，买方选购商品后，使用第三方平台提供的方式和银行渠道进行货款支付，由第三方平台通知卖家货款到达、进行发货；买方检验物品后，就可以付款给卖家。此外，某些第三方支付平台还提供了一定期限内的退货服务；一些第三方平台提供多达 60 多家银行，数十种银行卡的选择，比起传统的单一银行的网上支付方式，更丰富了网上交易的支付手段。

第三方支付平台的特点在于"多渠道、多业务、多银行"，因此第三方支付平台在支付领域中具有其特殊的生命力。它的优点是：不参与买卖双方的具体业务，具有公信度，不会因触及客户商业利益而失去服务机会；把众多的银行和银行卡整合到一个页面，方便网上客户，也降低了网民的交易成本；可进行"多业务、多银行、多渠道"的服务创新；对商家和消费者有双向财产保护能力，有效地限制了电子交易中的欺诈行为。

目前国内出现了数百家第三方支付平台，主要的第三方支付包括：支付宝（www. alipay. com），阿里巴巴旗下的支付平台；财富通（www. tenpay. com），腾讯公司旗下的支付平台；安付通（www. help. eachnet. com），易趣公司旗下的支付平台；首信易支付（www. beijing. com. cn）；中国在线支付网（www. ipay. com. cn）；快钱网（www. 99bill. com）；云网支付网关：（www. cncard. net）；NPS 支付网：（www. nps. cn）；QPAY 手机支付网：（www. 1stpay. net）；易宝支付（www. yeepay. com），等等。

第三方支付平台的业务模式和技术实现方法不尽相同，但平台的结构则具有一个相似的基本点，即第三方支付平台前端直接面对网上客户，平台的后端连接各家商业银行，或通过人民银行支付系统连接各家商业银行（见图 4.3）。

第三方支付平台的功能大致可归纳为三项：第一，接收、处理、并向开户银行传递网上客户的支付指令，这是第三方支付平台必不可少的基本功能；第二，进行跨行之间的资金清算（清分），这是选项，不同平台各有取舍，有的支付平台不具有此项功能，不负责资金清算；第三，开展金融增值服务。第三方支付平台可以协助、甚至代替银行开发很多金融产品，比如针对专门市场（缴纳水电费等）、社区市场（比如物业结算、小区管理费）、独立单位市场（比如大型连锁企事业单位可能委托第三方进行处理，拓展银行服务）。

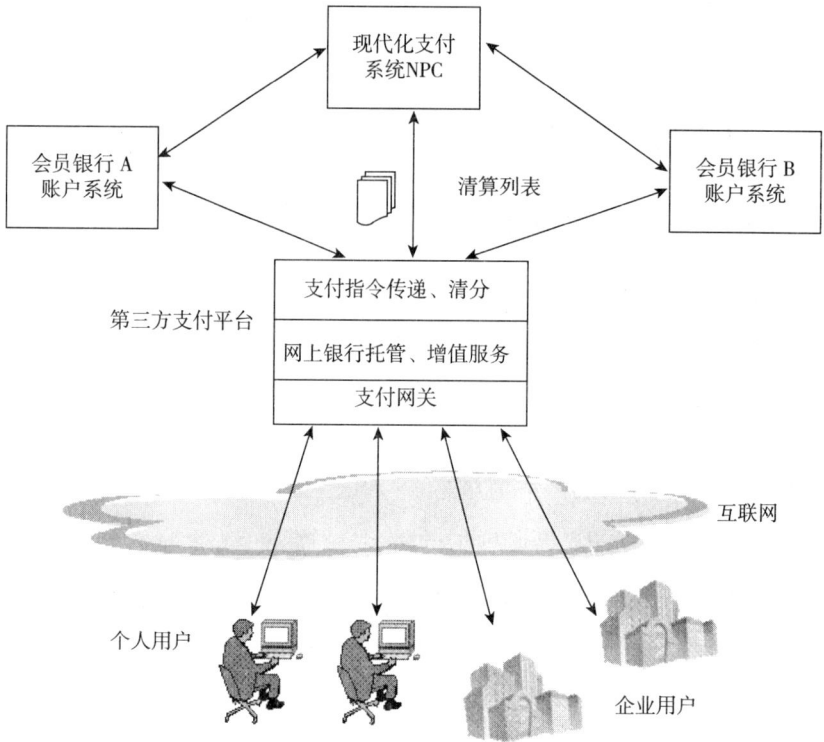

图 4.3　第三方支付平台

　　下面以支付宝为例，介绍第三方支付的功能与作用。浙江支付宝网络科技有限公司是国内领先的提供网上支付服务的互联网企业，由全球领先的 B2B 网站——阿里巴巴公司创办。支付宝（www. alipay. com）是最早致力于为中国电子商务提供各种安全、方便、个性化的在线支付解决方案的一家公司。支付宝交易服务从 2003 年 10 月在淘宝网推出，2008 年 8 月用户数达到 1 亿，用户覆盖了整个 C2C、B2C 以及 B2B 领域。2009 年 7 月突破 2 亿用户，2009 年交易总额超过 2500 亿，日交易笔数超过 56 万笔。仅仅过了 8 个月，2010 年 3 月用户已经超过 3 亿。而截止到 2010 年 12 月，支付宝注册用户突破 5 亿，日交易额超过 20 亿人民币，日交易笔数达到 700 万笔。

　　支付宝庞大的用户群也吸引越来越多的互联网商家主动选择集成支付宝产品和服务，目前除淘宝和阿里巴巴外，支持使用支付宝交易服务的商家已经超过 46 万家（财付通约 40 万家）；涵盖了虚拟游戏、数码通讯、商业服务、机票等行业。这些商家在享受支付宝服务的同时，更是拥有了一个极具潜力的消费市场。数据显示，支付宝用户呈现消费能力旺盛与年轻化的两大特点。2008 年支付宝用户人均交易金额同比增加 32.6%，此数据远高于国内城镇居民人均消费性支出增速。同时，21 ~ 35 岁的支付宝用户占了整体用户的 83%，该部分群体具有较高消费能力，乐于尝试新事物，有望带动消费者通过支付宝实现更多应用。

2010 年 10 月 19 日，支付宝宣布推出针对手机应用开发者的开放平台，同时，支付宝也与来自手机芯片商、系统方案商、手机硬件商、手机应用商等 60 多家厂商与支付宝联合成立"安全支付产业联盟"。这标志着支付宝在无线支付领域完成纵横布局，同时这意味着支付宝移动互联网支付开放战略正式启动。

使用支付宝的网上购物模式为：卖方选购商品后，使用第三方平台提供的账户进行货款支付，第三方支付平台在收到代为保管的货款后，通知卖家货款到账，要求商家发货；卖家发货后，买方收到货物，并检验商品进行确认，再通知第三方，然后第三方将其款项转划至卖家账户上。

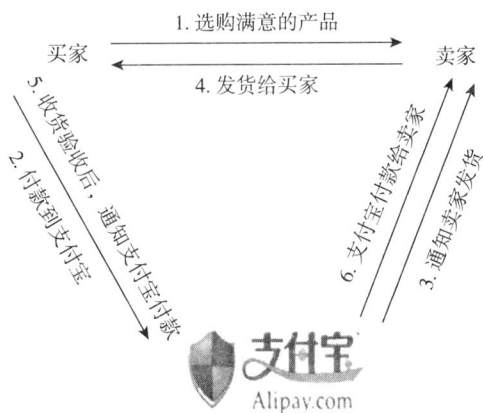

图 4.4　支付宝网上购物模式

支付宝的使用方式如下：买卖双方都需要到该支付平台注册账号，一一般都是以电子邮件作为用户名去注册；用银行卡上的资金，划款到支付平台的账户上，然后买卖双方在支付平台的账户上转账交易；非淘宝交易的卖家网站若要与该支付平台接口对接，则要支付每年1000～3000元不等的年租金，每笔交易收取1%～3%不等的手续费。收到商品后根据运输方式到达一定期限后，如果没有确认付款，货款会自动打入卖家的账户；使用支付宝支付，对消费者来说，目前都不需要任何的手续费。

作为一个支付中介机构，支付宝承担了电子商务交易和支付中的信用问题，从商业机制上基本解决了支付的安全问题。"支付宝实名认证"服务是由支付宝提供的一项身份识别服务。支付宝实名认证同时核实会员身份信息和银行账户信息。通过支付宝实名认证后，相当于拥有了一张互联网身份证，可以在淘宝网等众多电子商务网站开店、出售商品。增加支付宝账户拥有者的信用度。支付宝实名认证的类型分为个人类型和公司类型，无论是个人类型还是公司类型通过支付宝实名认证后都会带有相应的标志。支付宝认证是不收费的。

作为企业长远可持续经营的内在要求，第三方支付平台的盈利模式可以总结如下：银行的手续费和汇款费。目前，网上交易的会员如果在异地的话，会发生大约占1%的汇款费。而使用第三方支付平台交易时，一般不收费，但以后会收取比银行低的费用，这将是支付平台的一个潜在盈利点。根据交易的总额来抽取一定的费用。与物流公司合作来收取一定的费用。收取电子商务公司使用第三方支付平台的使用费。第三方支付平台中账户资金以存款的形式保存，银行按协议支付利息。支付宝根据国内法律法规制定了争议处理规则，包括争议货款的支付方式以及举证责任等等。

专栏4.4　支付宝的争议处理规则

争议货款的支付

交易款项在满足以下任一情形时，交易双方即同意由本公司进行相应支付。

产生争议后，交易双方即不可撤销的同意本公司有权根据交易双方提供的相关材料，按照本规则的约定将争议货款的全部或部分支付给交易一方或双方；本规则未能明确的，交易双方授权本公司自行判断并决定将争议货款的全部或部分支付给交易一方或双方。

交易双方明确告知本公司选择自行协商解决或者通过司法途径解决争议的，由本公司保留争议货款并中止本规则约定的争议处理程序，根据交易双方协商一致的意见将争议货款全部或部分支付给交易一方或双方，或按照公安机关、人民法院对争议货款的处理要求进行处理。但自争议发生后的 30 天内，本公司未收到交易双方协商一致的意见或公安机关、人民法院的案件受理通知书等法律文书，或公安机关在受理后 7 日内未立案或立案后六个月内未对争议款项做出冻结、划拨等处理要求的，本公司有权将货款退返给买家或打款给卖家。

如交易双方一致选择自行协商解决，则交易双方应于买家申请退货后 90 天内达成退货协议并退货，逾期未达成退货协议也未退货的，本公司有权自行判断并决定将争议货款全部或部分支付给交易一方或双方；如本公司认为相关退货是因卖家过错所致，则货物在协商过程中的贬值风险由卖家承担，如因买家过错所致，则货物在协商过程中的贬值风险由买家根据本规则承担；本公司决定要求买家退货，而买家未在本公司指定的期限内退货，或交易双方达成退货协议后，买家未在约定期限内或合理期限（由本公司根据交易货物的性质进行确定）内退货的，买家应承担该逾期退货期间的货物贬值风险；买家拒不退货的，本公司有权将争议货款全部支付给卖家。

本公司根据自行判断的结果支付争议货款后，交易任一方不同意本公司的处理结果的，可向人民法院起诉交易对方，凭生效的判决书可向交易对方索赔或者从本公司获得相应的补偿；本公司进行补偿后，取得相应的代位求偿权。

举证责任

本公司可要求交易双方提供包括但不限于下述证据，且本公司有权单方判断证据的效力：

①卖家对出售的商品描述负有证明责任，对商品的说明应根据本公司的要求提供厂家的进货证明、产品合格证、正规的商业发票等证明文件。

②买家主张收到的商品质量有问题且从外观上无法判断，且卖家已按照本公司要求出具本条第①项约定证明文件的，买家应当根据本公司的要求出具质量监督管理局的检测证明或相应品牌维修中心的检测凭证。

③因交易双方约定不清而产生交易纠纷的，撤销该交易，因此导致的损失由交易双方共同承担，具体承担比例由本公司根据具体情况判断。

④二手商品功能缺陷：参照宝贝描述并提供检测证明，客观上无法提供检测证明或者提供检测证明的代价超过争议金额本身而导致事实无法查明的，按照本条第③款规定进行处理。

交易双方了解并同意，本公司仅对双方提交的证据进行形式审查，并作出判断，交易双方自行对证据的真实性、完整性、准确性和及时性负责，并承担举证不能的后果。

资料来源：http://help.alipay.com/（摘取其中部分内容）。

据艾瑞咨询中国网上支付行业发展报告 2009～2010 年统计，2009年网上支付交易规模达到 5012 亿元，同比增长 94.4%，虽然增速放缓，但第三方支付仍是整个网络经济中增长最快的行业之一。艾瑞认为，一方面，网上支付安全性和易用性的提高，第三方支付受到越来越多的网民青睐；另一方面，网上支付平台积极而踏实的深耕和拓展行业应用，使得网上支付的应用领域延伸至日常生活的各个方面，因此提高了交易规模。

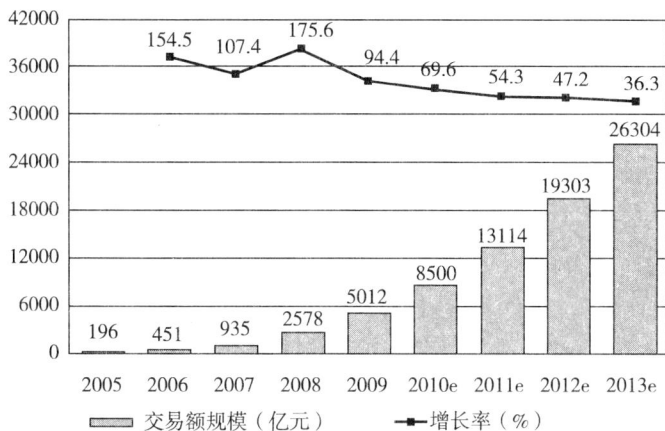

注①：艾瑞根据最新掌握的市场情况，对历史数据进行修正。
　②：账户之间的转账单向计算，即只算一次交易规模。
　③：艾瑞只统计规模以上企业网上支付的交易额，不包括线下及电话支付
等其他非网上支付方式。
资料来源：综合企业及专家访谈，根据艾瑞统计模型核算及预估数据。

图 4.5　2005～2013 年中国第三方网上支付交易规模

（3）相关法律法规对电子支付的监管。2005 年，中国人民银行颁布
《电子支付指引（第一号）》，明确指出了境内银行金融机构开展电子支付
业务适用该指引。同年，中国人民银行支付结算司发布了《支付清算组织
管理办法（征求意见稿）》，该办法第二条规定：本办法所称支付清算组
织，是指依照有关法律法规和本办法规定在中华人民共和国境内设立的，
向参与者提供支付清算服务的法人组织。这其中包括为银行业金融机构或
其他机构及个人之间提供电子支付指令交换和计算的法人组织，由此可
见，监管部门对电子支付的监管将扩展到像第三方支付公司这样的非银行
机构。该办法提出了经营牌照的发放条件，包括：在资金上，设立全国性
支付清算组织的注册资本最低限额为 1 亿元人民币，设立区域性支付清算
组织的注册资本最低限额为 3000 万元人民币，设立地方性支付清算组织的
注册资本最低限额为 1000 万元人民币；外资控股不得超过 50%，企业法
人股东要连续两年盈利，要有电子交易经验，而且资金必须为现金而非无
形资产。

2009 年，央行为掌握非金融机构从事支付清算业务的情况，完善支付

服务市场监督管理政策，决定对从事支付清算业务的非金融机构进行登记。据艾瑞了解，全国 120～130 家的电子支付相关机构进行了登记报备，其中上海有 60～70 家，广州和北京各有 30 家左右。这里的电子支付相关机构既包括第三方支付公司，又包括一些专门做线下支付业务的公司。2009 年 7 月，从事网上支付的企业完成了基本登记。随后，央行对重点的网上支付企业进行了调研，咨询了企业对《电子货币发行与清算办法（征求意见稿）》的修改意见。

2010 年 6 月央行推出《非金融机构支付服务管理办法》，对网络支付实施市场准入管制。该办法明确规定：非金融机构支付服务指非金融机构在收付款人之间作为中介机构提供下列部分或全部货币资金转移服务，包括网络支付、预付卡的发行与受理、银行卡收单等。其中网络支付是指依托公共网络或专用网络在收付款人之间转移货币资金的行为，包括货币汇兑、互联网支付、移动电话支付、固定电话支付、数字电视支付等；非金融机构提供支付服务，应当依据本办法规定取得《支付业务许可证》，成为支付机构。支付机构依法接受中国人民银行的监督管理。未经中国人民银行批准，任何非金融机构和个人不得从事或变相从事支付业务；《支付业务许可证》的申请人应当具备下列条件：（一）在中华人民共和国境内依法设立的有限责任公司或股份有限公司，且为非金融机构法人；（二）有符合本办法规定的注册资本最低限额；（三）有符合本办法规定的出资人；（四）有 5 名以上熟悉支付业务的高级管理人员；（五）有符合要求的反洗钱措施；（六）有符合要求的支付业务设施；（七）有健全的组织机构、内部控制制度和风险管理措施；（八）有符合要求的营业场所和安全保障措施；（九）申请人及其高级管理人员最近 3 年内未因利用支付业务实施违法犯罪活动或为违法犯罪活动办理支付业务等受过处罚。

《非金融机构支付服务管理办法》还对网络支付的行为进行了规范，包括：支付机构之间的货币资金转移应当委托银行业金融机构办理，不得通过支付机构相互存放货币资金或委托其他支付机构等形式办理；支付机构不得办理银行业金融机构之间的货币资金转移，经特别许可的除外；支付机构应当遵循安全、效率、诚信和公平竞争的原则，不得损害国家利益、社会公共利益和客户合法权益；支付机构应当遵守反洗钱的有关规定，履行反洗钱义务；支付机构接受客户备付金的，应当在商业银行开立备付金专用存款账户存放备付金。等等。

2010 年底，为配合《非金融机构支付服务管理办法》的实施工作，中国人民银行制定了《非金融机构支付服务管理办法实施细则》。

3. 电子支付发展中的问题与建议

第三方支付平台的发展，解决了电子商务支付过程中的一系列问题。如安全问题、信用问题、成本问题。但是，现有的第三方支付平台也存在一定的问题，需要进一步改进和完善。

（1）第三方支付平台法律地位需进一步明确。第三方支付平台在买卖双方出现纠纷而充当仲裁人的角色时存在一定法律问题。当然，这在支付宝的相关协议《争议处理规则》中有一个前提要求您——注册用户——同意："您使用支付宝服务即表示您同意本公司有权处理争议，但本公司非司法机关，对证据的鉴别能力及对纠纷的处理能力有限，本公司处理争议完全基于您之委托，本公司不保证争议处理结果符合您的期望，亦不对争议处理结果承担任何责任。具体的争议处理规则可参见附录。"

第三方支付平台的服务本质上属于金融服务中的清算结算业务，我国《商业银行法》规定只有商业银行才能许可从事该项业务，因此它存在金融经营的法律地位问题。目前所有第三方支付服务商，都称自己在网络交易中是中介方，在用户协议中也尽量避免称自己为银行或金融机构，试图确立仅仅为用户提供网络代收代付的中介地位，但由于在第三方支付中涉及用户资金的结算和一定时期的资金代管、担保等类似于金融业务的活动，使得第三方支付服务商的法律地位难以准确定位。一些企业试图摆脱"违法经营"的窘境，例如淘宝网的支付宝的用户协议中明确规定，向用户提供的是"支付宝"软件服务系统以及为用户提供代收代付货款的中介服务，并在用户协议中多次避免将自己称为银行或者金融机构。在目前我国的法律法规中，虽然相继制定了相关的如《电子签名法》、《电子支付指引

(第一号)》、《支付清算组织管理办法》等法律。但它们的法律效力都处于模糊状态，在交易中的法律责任等很多问题都没有明确的立法加以规范。类似的问题还包括，由于第三方支付平台中买卖双方的货款大量存在着延时交付、延期清算的现象，导致平台中出现大量的沉淀资金。这些沉淀资金一定程度上具备了资金储蓄的性质，而这同样也是《商业银行法》规定由银行特许经营的业务。因此，第三方支付服务的完全合法化还有待于《商业银行法》等相关法律的完善。建议国家尽快出台支付清算组织管理办法，明确界定第三方支付服务商的法律地位，给予相应的权益和义务。

专栏4.5 支付的争执处理

2006年末G先生在"淘宝网"上购买了一款手机，他与卖家J先生约定以平邮方式寄送货品。G先生通过"淘宝网"的"支付宝"网络支付工具支付了货款。3天后，G先生意外地收到通过快递寄来的货品，但包装盒有明显拆卸迹象，打开后发现手机和电池板全无，剩下的只是些其他配件和说明书等物。G先生当即拒绝在快递签收单上签字确认。他向"淘宝网"方面要求退款，数日未见结果又向"淘宝网"客户服务中心投诉。该网站答复为"卖家不同意退款"，由此淘宝网也拒绝将货款退还G先生。其时该货款仍在"支付宝"账户中。按照媒体报道，"淘宝网"的"争议处理规则"中有这样的表述："自买卖双方争议发生之日起30天内，'支付宝'未收到交易双方协商一致的意见或公安机关、法院的案件受理通知书等法律文书，若交易双方中的一方申请支付宝对争议货款进行处理，支付宝可在7天内自行判断将争议货款的全部或部分支付给交易一方或双方"。对此，G先生认为支付宝的身份和任务是为买卖双方代收代付货款、起一个代理人的作用；支付宝无任何证据让人信服其裁判的结果一定是公平、公正的。

资料来源：新浪网站。

（2）第三方支付交易过程的监管问题。第三方支付是以开放的互联网络为基础，依托购物网站和商业银行的网上支付平台，通过网络进行数据存储和传输，容易出现假冒客户身份、非法窃取或篡改支付信息等问题。网络病毒种类繁多、传播方式和途径多样化，黑客恶意攻击，都时刻威胁着支付平台的安全。可靠的安全管理体系，在系统安全审计、业务审计和故障事故报告等方面尤其欠缺，因而建立在此基础上的第三方支付的安全风险仍比较突出，未来应加强安全监管。

电子支付具有极大的开放性，客观上为犯罪分子的洗钱行为提供了可能。首先，电子支付洗钱具有"隐蔽性"，客户进行电子支付，只需借助互联网，就可全部通过电子业务处理系统自动完成交易。其次，电子支付交易具有"匿名性"，造成反洗钱工作的障碍。电子支付系统通过对密钥、证书、数字签名的认证完成交易双方身份的确认，只认"证"不认"人"，认证各方只能查证对方身份及余额，不能审查支付方资金的来源及性质。再次，电子支付交易具有"网络性"，加大了反洗钱工作的难度，洗钱犯罪者的收入可以存放在洗钱管制薄弱地区的金融机构，通过以匿名银行存折为基础的账户，可以提取现金，通过密码操作，不需要进行身份认定。因此，电子支付需要建立相应的反洗钱监管制度。[①]

二、虚拟类电子商务及其治理

虚拟类的电子商务主要包括信息类服务（如搜索引擎、即时通信、博客、微博、信息门户等）和娱乐类服务（如网络游戏、网络音乐、网络视频等）。

[①] 胡秋梅："我国第三方支付存在的问题及对策研究"，《中国市场》，2008 年第 45 期，第 16～17 页。

虚拟类电子商务的概念与传统的狭义电子商务（又称电子交易）有一定的区别。狭义的电子商务概念是指将网络作为工具而进行的商务活动，而虚拟类的电子商务不仅仅将网络作为工具和手段，而且是商业活动的源头和目的，即网络本身是各类互联网企业提供网络服务和网民实时消费的全部场所，属于新兴的互联网企业的电子商务。

除部分以社会公益和电子政务为目的服务提供商之外，提供虚拟类服务的互联网企业均以商业上的赢利为最终目的。虽然互联网企业的赢利方式不似传统商务清楚明晰，且常以免费的方式提供，但是背后却有着长期的和巨大的商业利益诉求。经过十几年的发展，大多数互联网企业已经看到或找到了清楚而确定的赢利模式。例如搜索引擎通过竞价排名、网络游戏通过游戏装备等商业模式实现了盈利。

网络用户的无限需求和互联网企业的不断创新是虚拟类电子商务发展的最大推动力。与实物类电子商务类似，互联网企业的创新往往成为虚拟类电子商务治理的主要力量。通过市场机制，大多数互联网经营中的问题都可以由互联网企业在长远利益的驱动下靠自身的创新能力加以解决或向前推进。在这个眼球经济中普通网民利用鼠标和键盘进行的选择和参与指导或限制了网络企业的行为方向。

从促进虚拟类电子商务发展的角度，我们重点剖析虚拟财产、虚拟货币、知识产权等重要问题。

（一） 网络游戏中的虚拟财产

网络游戏是网络行业赢利优厚的三大领域之一。网络游戏服务领域不断扩展，服务覆盖面不断扩大，网络游戏服务已形成了包括游戏服务、代理（代练）服务、交易服务、线上线下服务等众多服务内容在内的综合服务，成为一个相对独立的新兴行业。截至 2010 年 12 月，中国网络游戏用户规模为 3.04 亿，较 2009 年底增长 3956 万，增长率为 15%。

1. 虚拟财产的定义与特征

关于虚拟财产的概念，现今并没有人给出一个权威和准确的定义。目前关于虚拟财产的概念认定主要有广义和狭义之分。广义的概念侧重于对虚拟的理解，认为只要是数字化的、非物化的财产形式都可以纳入虚拟财产的范畴之中，包括信息流及数字媒体等，外延很广泛。但由于目前网络游戏的盛行，虚拟财产在很大程度上就是指网络游戏空间存在的财物，包括游戏账号的等级，游戏货币、游戏人物拥有的各种装备等等，这些虚拟财产在一定条件下可以转换成现实中的财产。这种狭义的网络虚拟财产依赖于网络空间中的虚拟环境而存在的、属于游戏玩家控制的游戏资源，包括游戏账号、游戏角色（RPG），及其游戏过程中积累的"货币"、"地产"、"装备"、"宠物"等物品。

网络游戏虚拟装备的特征主要体现在虚拟性，期限性、价值性和相对独立性几个方面，具体分析如下。

虚拟性。虚拟财产实质上是借助于计算机这种媒介表现出来的数据组合，但这种数据组合的特点是：一方面必须具有视觉效果，是从视觉上可以感觉到的某种事物，无论是视觉上表现为"物"、"人"或是文字、图形；另一方面，这种视觉感觉到的事物如同现实环境中的真实事物，是对现实世界真实事物及其发展变化过程的模拟和逼真再现。这是相对于现实财产而言的，我们通常说网络世界是一个虚拟的世界，作为这个虚拟世界存在物的虚拟财产，毋庸置疑就必然具有虚拟性这样的特征。但是我们不能认为它是虚构、虚幻的物，同样它也是客观存在的。这里所讲的虚拟性是一种没有有形证明的电子数据。虚拟财产首先要满足虚拟的特性，这就意味着虚拟财产对网络游戏虚拟环境的依赖性，甚至在某种程度不能脱离网络游戏而存在，虚拟财产是现实财产在网络环境中通过电子数据的存储的转化形式，或者是玩家在网络环境中劳动成果的转化。相对于现实实体财产而言，是一种虚拟化的财产。以"网财"为例，虚拟财产是以游戏运营商提供的游戏环境为依托的，运营商创造世界，玩家统治世界，正是游戏环境的虚拟性决定了这种财产的虚拟性和无形性。

期限性。虚拟世界不同于人们必须面对的世界，它与人们的兴趣等主观意志密切相关，具有很强的选择性、自由性，加之由于网络的更新升级速度很快，同时对网络玩家来说，追求新奇是必然的趋势。正因随意性的原因使虚拟财产具有较强的期限性，虚拟财产可以因玩家的放弃或处分时不以保存而终止。以"网财"为例，任何一款游戏都不可能永远运营下去，它都有自身的运营周期，这个周期是由运营商和玩家共同决定的。当玩家对一款游戏感到厌倦，没有兴趣的时候，就会退出这款游戏。而当运营商发觉其运营成本高于其收益时，也会终止游戏的运营。但储存于网络中的数据、信息在某一特定领域和时间内是具有独占性和排他性的。

价值性。虚拟财产具有独立于其他网络资源或现实财产的价值。虚拟财产的存在首先就是为了满足行为人的某种需要。一种财产要为人们认可并被法律给予保护，最重要的一点就是具有价值性，能够满足人们的需求（物质需求或者精神需求），并可以以一定的货币给予衡量。由于虚拟财产一般来说，要么就是现实财产的虚拟化，要么就是权利人在网络环境下劳动成果的积累的转化，因此，它具有现实财产的价值属性。在网络环境下，模拟现实事物，以数字化形式存在的、既相对独立又具独占性的信息资源在特定的时间和领域内对某些人具有一定价值和效用。

独占性。虚拟财产既区别于网络供应商提供的运行环境，也与其他网络用户的资源相区别，具有排他性。这正是虚拟财产交易产生的前提。同时，虚拟财产还必须有独立于现实财产的价值。不具独立价值的数字形态财产往往只是现实财产的一种表现形式。以电子货币为例，电子货币也有数字化的表现形式，作为支付手段也可以通过网络实现支付功能，但电子货币必须以现实货币为基础，不具有独立于现实货币的价值，因此，本书将把虚拟货币作为一种广义的虚拟财产在另外章节研究。

2. 网络游戏中的虚拟财产问题

（1）虚拟财产的法律地位和保护。针对虚拟财产的盗窃、诈骗以及交易过程中的违法犯罪现象层出不穷，严重损害了网络使用者合法利益，网络虚拟财产的法律地位亟待解决。

"虚拟财产"同现实世界传统物的区别主要有：产生的方式不同。传统物通过对生产资料的培育、加工或制造等不同的方式产生；"虚拟财产"

的产生方式只有一种：通过编写运行程序编码来产生。形体不同。传统物多为有体物，不同财产有不同的形状和质感。"虚拟财产"的主要体现是电脑屏幕上不同的美术形象，以电磁记录的形式贮存在电脑里。发生效用的空间不同。传统物在现实空间里产生、流转和消亡；"虚拟财产"只能在网络虚拟空间里发生效用和消亡。发生效用的物理基础不同。传统物发生效用主要依赖于财产自身的物理存在是否完好。传统物物理上的消亡和其效用的消亡通常是一致的。"虚拟财产"发生效用既依赖于自身的物理存在（电磁记录），还要依赖特定的虚拟环境。"虚拟财产"的物理存在理论上可以永远保存完好，但其效用并不随着物理存在永远保持，而是会随着特定的虚拟环境的消亡而消亡（王怀宇，2008）。

关于虚拟财产是不是法律意义上的财产，主要有四种观点：一是认为虚拟财产不是法律意义上的财产，它仅仅是用某种电磁形式表现出来的一组数据，这些数据只能在特定的网络环境下起到某种作用，一旦独立出来便不再具有任何意义。二是认为它是一种知识产权，虚拟财产是一种智力成果。三是认为它是债权。虚拟财产是运营商和网络使用者基于服务合同而产生的一种债权。四是认为它是一种物权，虚拟财产的表现形式就是电磁记录数据，应属于无形物，是网络使用者付出了精力、时间等劳动性投入或者直接通过货币购买而取得的，享有当然的物权。

（2）虚拟财产的归属问题。2003年12月网络游戏"红月"用户李宏晨诉其运营商北极冰科技公司一案，是我国首例有关网络游戏财产失窃案。由此引发了一个重要的法律问题：虚拟物品到底归谁所有。

关于虚拟财产的归属，大家有不同的观点。

第一种观点认为，网络服务运营商依据生产取得以及独占权、处分权从而享有对网络虚拟财产的所有权。首先，网络服务运营商基于投入资金、技术和人员进行开发这一事实上的生产行为而取得网络游戏软硬件以及其中的虚拟财产的原始物权，而用户只是基于与网络服务运营商的合同关系而取得虚拟财产的使用权；其次，网络服务运营商基于开发而取得网络游戏产品的原始物权，从而对游戏产品形成独占控制状态；最后，网络服务运营商在完成游戏开发之后，投放市场、与用户缔结合同之前，享有对游戏产品、网络虚拟财产的圆满处分权（皮勇，2008）。

另一种观点认为，网络游戏中的虚拟财产是基于游戏开发商设定好的游戏规则而取得的，因此所有权属于游戏开发商、管理权属于网络服务运营商，而玩家只享有使用权（贾黎，2009）。

还有观点认为，网络虚拟财产归属于玩家，因为网络虚拟财产只在玩家参与这个特定的网络虚拟环境中具有使用价值和交易价值，而一旦离开这个特定的网络虚拟环境，网络虚拟财产就变得一文不值。

由于我国现有法律在此方面的空白，当玩家的合法权益受到侵犯，请求法律给予公力救济时，相关部门往往面临着无法可依的尴尬局面。而游戏运营商针对账号被盗装备被盗等问题也进行了相当多的整顿。例如增加了密保卡的功能，以及高级装备的绑定功能（即某些高级装备不能转赠、转卖他人）等措施。

专栏4.6 首例网络游戏财产失窃案

2003年2月的某天，李宏晨轻车熟路地又一次登录进入游戏。已经是高手的他惊讶地发现自己库里的所有武器装备不翼而飞。后经查证，李先生的这些宝贝是被一个叫SHUILIUOOll的玩家盗走的。李先生马上找到游戏运营商北京北极冰科技发展有限公司交涉，但公司拒绝交出那名玩家的真实资料。事情并没有结束，公司在未事先通知李先生的情况下对他的账号进行了使用限制，并删除了所有装备。其后，公司又删除了他另一个账号里的所有装备。这些装备中有一部分是李先生花840元人民币买来的。在多次交涉未果后李先生以侵犯了他的私人财产为由把北极冰科技发展有限公司告上了法庭。要求被告赔偿其丢失的生化武器等装备并赔偿精神损失。

北京朝阳区人民法院的一审判决认为：虚拟装备在网络游戏环境中是一种无形财产，应该获得法律上的适当评价和救济，由于玩家参与游戏时，获得游戏时间和虚拟装备的游戏卡均需要以货币购买，所以虚拟装备具有价值含量，但虚拟物品无法获得与现实社会中同类产品的价值参照，不应将购买游戏卡的费用直接确定为虚拟装备的价值。所以法院最终只是判令被告通过技术操作将原告丢失的虚拟装备予以恢复。该案引起了专家学者对网络虚拟财产问题的极大关注。

最终的诉讼结果如下。

诉讼案由	游戏装备及道具被盗
判决依据	《民法通则》第五十五条、第五十八条、第六十一条，《合同法》第六十一条、一百零七条
法院观点	虽然虚拟装备是无形的且存在于特殊的网络环境中，但并不影响虚拟物品作为无形财产的一种获得法律上的适当评价和救济
判决结果	判决被告恢复原告游戏装备及道具

各方对虚拟财产的观点。

李宏晨	丢的这些账号和装备是财产。这些装备是花了很长的时间和精力才获得的并且被告作为游戏运营商也公开向玩家销售这种装备
北极冰科技发展有限公司	游戏装备是一种无形的东西归根到底只是服务器里的一组数据。另外，作为虚拟物品的玩家不能够完全支配这些东西
法律专家	针对此类事件表示网络玩家的"虚拟财产"其实是由实际财产演变过来的，玩家有实际花费也能从这些财产中得到满足感和快乐。现在法律中虽然没有针对保护"虚拟财产"的明文规定，按照《民法通则》中保护公民合法利益的精神"虚拟财产"应该得到法律的保护。财产是虚拟的，但是产生的利益却是实际的

资料来源：根据新浪、搜狐、网易网等相关新闻编写。

（3）有关虚拟财产的相关权利与责任。主要有以下几方面问题。

不平等服务条款。我们查阅了一些网络游戏运营商提供的合同条款，发觉我们常说的"霸王条款"，"不公平条款"充斥其间。例如很多网络游戏运营商会在游戏服务协议中包含如下条款："由于用户及市场状况的不断变化，××网络公司保留随时修改服务条款的权利，修改本服务条款时，××网络公司将于官方网站首页公告修改的事实，而不另对用户进行个别通知。若用户不同意修改的内容，可停止使用××网络公司的线上游戏，若用户继续使用××网络公司的线上游戏，即视为用户已经接受××网络公司所修订的内容。"这完全是无视合同意思表示一致乃合同之根基的法律原理，赋予自己单方面的随意修改合同的权利；例如某些游戏服务合同中含有这样的条款："××网络公司取消或停止用户的资格或加以限制，用户不得要求补偿或赔偿；""××网络公司对于用户使用线上游戏所发生的任何直接、间接、衍生的损害或所失利益不负任何损害赔偿责任。若依法无法完全排除损害赔偿责任时，××网络公司的赔偿责任也仅以用户使用线上游戏所支付的价值为限。若用户违反服务合同条款或相关法令，导致××网络公司，或其关联企业，受雇人，代理人或其他相关履行辅助人因此而受到损害或支出费用（包括但不限于进行民、刑事、行政程序所支出的律师费用），用户应承担损害赔偿责任。""用户应该了解并同意，运营商所属线上游戏可能因公司本身、其他合作厂商或相关电信业者网络系统软硬件设备的故障、失灵、或因合作方及其相关电信工作人员人为操作的疏失而全部或部分中断、暂时无法使用、迟延或因他人侵入××网络公司私自篡改或伪造变造资料等，造成线上游戏的停止或中断者或用户档案缺失，用户不得要求运营商提供任何的补偿或赔偿。"玩家作为合同的一方，对于违反合同的一方提出索赔是再正当不过的权利，对于因运营商自身或者其合作伙伴的过失或过错造成网络游戏无法进行、玩家人身或财产受到损失，玩家都有权利向网络运营商进行索赔。这种单方面的限制玩家合法索赔权利和索赔数额的规定违背了最起码的公平，合理原则，应该被认定为是无效的条款。再例如很多合同中规定："对于用户所登陆的个人资料，视做用户同××网络公司以及其关联企业或合作对象，在合理范围内搜索、处理、保存、传递以及使用该资料，以提供用户其他信息及服务或作成会计资料，或进行网络行为的调查研究，或其他任何合法使用。"在网络社会中个人的隐私空间越来越小，如何更好地保护消费者的隐私权是各国网络立法的重要考虑因素之一，而该条款仅仅以"合理范围"这样的模糊措辞来使用玩家的信息和资料，难免会侵犯玩家的隐私权，比如为了商业目的将玩家的个人资料出卖。

因运营商停止网络游戏运营而引发的纠纷。任何网络游戏的运营都是有一定的期限的，通常而言一款网络游戏的运营周期是18个月到3年。运营商停止运营原因很多，如因经营不善而终止运营，但不管是哪种情况都会使得玩家的虚拟财产失去存在的依据和价值，因此往往会引起玩家和运营商之间的纠纷。游戏运营公司在停止运营一款网络游戏时，应该注意保护玩家的利益，如在停止运营前通知玩家，或提供一定的免费游戏时间，或对玩家所买的未消费完的游戏点卡退款。

因游戏运营系统存在问题引起的纠纷。由于网络游戏运营商作为提供网络服务的合同一方，有义务保证系统的安全，有义务为玩家提供一个安全、稳定、高质量的系统环境，有义务保存玩家的游戏数据和信息。在实践中，由于游戏系统存在漏洞或者运营商进行系统合并，出现玩家的游戏数据或装备的丢失情况。或者黑客入侵、病毒入侵造成玩家数据丢失。不同情况下，运营商和用户的权责关系需要明确。

因私服和外挂而引起的纠纷。私服即私人服务器，外挂主要是一种模拟键盘和鼠标运动的程序，主要修改客户端内存中的数据，通常也被称为作弊程序。对于私服、外挂问题运营商与官方的态度是认定为违反法律的。根据新闻出版总署等五部委联合发出《关于开展对"私服"、"外挂"专项治理的通知》，明确"'私服'、'外挂'违法行为是指未经许可或授权，破坏合法出版、他人享有著作权的互联网游戏作品的技术保护措施、修改作品数据、私自架设服务器、制作游戏充值卡（点卡）、运营或挂接运营合法出版、他人享有著作权的互联网游戏作品，从而谋取利益、侵害他人利益。""'私服'、'外挂'违法行为是非法互联网出版活动,应依法予以严厉打击"。由于私服涉及的问题主要是私人服务器设立者与运营商之间的利益之争,很少涉及与玩家的纠纷,因此笔者在此只论述玩家因玩外挂而被运营商封号,删除装备或虚拟财产从而引发的两者之间的纠纷。

地下游戏工厂交易。游戏装备的购买一般可以通过正常的向运营商直接购买,另外也可以通过玩家之间进行地下交易,因此催生了一批专门打游戏装备用以出售给玩家的地下游戏工厂,形成了一个地下的交易产业链,而由此可能带来对运营商正常经营的冲击和一些交易过程中可能出现的纠纷。"销售—服务—开发—管理—代理—工厂—监控—回收—稳定"已形成一条龙服务,建立起了比较完整的交易渠道体系。对这种违反常规的现象,运营商一方面在努力避免和禁止,同时是否需要在法律法规上进行规范也有待进一步研究。

专栏4.7 盗卖QQ号案件

2004年5月31日,被告人曾某受聘于腾讯公司,后被安排到该公司安全中心负责系统监控工作。2005年3月初,曾某通过购买QQ号在淘宝网上与被告人杨某认识,两人遂合谋通过窃取他人QQ号出售获利。2005年3月至7月期间,由杨某将随机选定的他人的QQ号,通过互联网发给被告人曾某。曾某本人并无查询QQ用户密码保护资料的权限,便私下破解了腾讯公司离职员工柳某使用过但尚未注销的"ioioliu"账号的密码(该账号拥有查看QQ用户原始注册信息,包括证件号码、邮箱等信息的权限)。曾某利用该账号进入本公司的计算机后台系统,根据杨某提供的QQ号查询该号码的密码保护资料,即证件号码和邮箱,然后将查询到的资料再发回给杨某,由杨某将QQ号密码保护问题答案破解,并将QQ号的原密码更改之后出售给他人,造成该QQ号原始用户无法使用原注册的QQ号。2005年3月至7月期间,曾某、杨某两人共修改密码并卖出QQ号约130个,从中获利人民币 61650 元。其中，被告人曾某分得人民币 39100 元，被告人杨某分得人民币 22550 元。

最终判决如下。

诉讼案由	广东省深圳市南山区人民检察院以"盗窃罪"向法院提起公诉
判决依据	《中华人民共和国刑法》第 252 条规定：隐匿、毁弃或者非法开拆他人信件，侵犯公民通信自由权利，情节严重的，处一年以下有期徒刑或者拘役 《关于维护互联网安全的决定》第 4 条第 2 项规定：非法截获、篡改、删除他人电子邮件或者其他数据资料，侵犯公民通信自由和通信秘密的，依照刑法有关规定追究刑事责任
法院观点	QQ 号码不属于刑法意义上的财产保护对象，认定以 QQ 号码作为代码所提供的网络通信服务才是其核心内容，QQ 号码应被认为主要是一种通信工具的代码
判决结果	以侵犯通信自由罪定性，以盗卖 QQ 号码销赃获利作为量刑情节，作出判决

资料来源：腾讯网站。

3. 虚拟财产保护

（1）明确网络游戏虚拟财产所产生的权责关系。网络游戏服务合同作为一种规定玩家与运营商之间权力、义务关系的格式合同，除了排除上文提到的各种"霸王条款"与"不公平条款"以保护玩家利益外，有必要探讨合同双方主体之间的主要权利与义务。对于玩家而言主要的权利为：玩家有选择是否加入某款网络游戏的权利；玩家有享受公平、稳定的游戏环境的权利；玩家有通过既定的游戏投入获得相应的、符合约定的质量的服务内容的权利；玩家有随时中断或撤出游戏的权利；玩家在自己的人身或财产权益受到损害时有获得赔偿的权利；玩家有对游戏环境、质量、系统等的知情权；对于游戏运营商根据游戏规则给予的处罚有异议权；对自己所有的虚拟财产有占有、使用、收益、处分、转让等权利。同时玩家也有义务遵守所玩游戏中运营商制定的相关规则，服从游戏管理员（GM）的管理，并按时支付游戏点卡费用。对于游戏运营商而言主要的权利为：运营商有收取相应服务费用的权利；有对违反游戏规则的玩家给予一定的处罚的权利；有决定是否停止运营游戏的权利；对于因玩家的过错造成的损害提出赔偿的权利。同时游戏运营商负有管理、维护游戏网络安全，有提供公平、正常、稳定的游戏运行环境的义务；有尊重玩家在不违反相关的游戏规则作出的相关行为的义务；当玩家因为取证需要运营商给予协助的，有给予协助的义务；对于玩家注册时所提供的信息和个人资料有保密的义务，未经过玩家许可不得用于商业性的目的等。

网络运营商的权利与责任包括：由于运营商是以盈利为目的运营网络游戏，通过运营或从玩家那里收取一定费用或通过聚集人气来扩大网络宣传力度等手段来实现利润最大化。因此，运营商必须保证网络游戏的正常运行；玩家的账号保存在运营商的服务器中，运营商有义务保证玩家的账号安全（玩家个人原因导致的账号不安全除外），以及玩家账号内所对应的网络虚拟装备不被盗窃（用户个人原因导致的虚拟装备被盗除外）；当用户的账号被盗，导致玩家的网络虚拟装备被盗，其经济利益、精神等受到损害时，游戏运营商有义务帮助用户维护用户的权益。此外，运营商有权按照其与用户签订的合同对用户某些网络行为进行监督，推动网络事业的健康发展。由于运营商关闭服务器所带来的影响，运营商有义务在关闭服务器之前的合理时间段内通知参与游戏的所有玩家，完成关闭服务器前的必要准备工作。玩家的权利与责任包括：有业务按照与运营商发生交易之间所签订的合同来参与网络游戏，不准进行违法违规网络行为；有义务对个人的账号密码进行力所能及的保护，配合运营商做好网络环境工作。有权监督网络运营商的运营行为，在发现运营商有违法违规行为时，能向相关部门进行汇报，促进网络的健康发展。当用户的账号被盗时，有权向运营商提出相关申请，要求运营商协助保护个人的经济利益。

表 4.2　　　　　　　　　　网络游戏中的权责关系

		权利状况		责任（义务）
运营商	收益	收取相应服务费用的权利	技术保障	管理、维护游戏网络安全，提供公平、正常、稳定的游戏运行环境的义务
	处罚	对违反游戏规则的玩家给予一定的处罚的权利	尊重玩家	有尊重玩家在不违反游戏规则的前提下作出的相关行为的义务
	决定	有决定是否依法停止继续运营游戏的权利	给予协助	当玩家因为取证需要运营商给予协助的，有给予协助的义务
	获偿	对于因玩家的过错造成的损害提出赔偿的权利	保密	对玩家提供的个人信息进行保密
用户	自由选择	选择是否加入某款网络游戏的权利及中断或撤出游戏的权利	服从管理，交纳费用	遵守所玩游戏中运营商制定的相关规则，服从游戏管理员（GM）的管理，并按时支付游戏点卡费用
	公平竞争	享受公平、稳定的游戏环境的权利		
	收益	通过既定的游戏投入获得相应的、符合约定的质量的服务内容的权利		
	索赔	在自己的人身或财产权益受到损害有获得赔偿的权利		
	知情	对游戏环境、质量、系统等的知情权		
	异议	对于游戏运营商根据游戏规则给予的处罚有异议权		
	所有	对自己所有的虚拟财产可以占有、使用、收益、处分、转让		

（2）提高网络的安全技术水平。侵犯虚拟财产本质是利用计算机技术获取虚拟财产，因此要实现对虚拟财产的有效保护，就要提高技术保护能力。对于网络游戏运营商来说，就要提高游戏技术保障能力，减少游戏漏洞，防止恶性外挂破坏游戏平衡；增加游戏物品加密、二次密码等措施、账号绑定等措施避免对虚拟财产的随意处置。对于用户来说，

要提高电脑等硬件设施的安全度，安装杀毒软件、防火墙使盗号木马无法得逞。

（3）加强立法进程和有效执法。通过立法，明确以下几点：确立虚拟财产法律上的地位，明确虚拟财产属于公民合法财产的一种形式；设立虚拟财产价值的认定标准，如取得虚拟财产所花费的时间与劳动投入的大小、虚拟物品在游戏中和现实中的交易价格以及虚拟物品在游戏中的地位和作用等等；明确虚拟财产交易的合法性，规范虚拟财产的交易活动，结束"地下交易"的无序状态；明确虚拟财产纠纷的网络处理原则，包括申请、选择专家、调查程序、处理规则等。

通过立法规定网络服务运营商对网络虚拟财产所有权人负有协助进行举证的义务。网络虚拟财产所有权人在诉求时通常面临两项举证义务，一是自己是网络虚拟财产的所有权人，履行这一义务困难不大，网络用户通常可以通过自己进入到网络时的各种原始资料和账号密码等来进行证明；二是证明自己确实取得了该网络虚拟财产的所有权并且这些网络虚拟财产遭到侵害，这一点更多的是需要网络服务运营商提供数据库的详细记录才能得以实现，而目前我国法律并没有规定网络服务运营商有这方面的义务。

解决虚拟财产纠纷也可借鉴解决传统财产纠纷的经验，如协商、调解、仲裁、诉讼等。网络社会具有高速、多变的特点，如果每件虚拟财产纠纷都要通过漫长复杂的诉讼方式解决，显然效率低下，因此有必要寻找一种更快捷简便的纠纷解决方式。各运营商可在网站上建立一种纠纷解决机制，设立纠纷解决规则，提供法律专家、网络从业人员等供当事人选择。当事人选择自己信任的专家，按事先制定的规则和程序处理纠纷，让虚拟财产纠纷得以快速高效解决。为此，需要通过国家或者行业协会建立客观、公正、规范的解决虚拟财产纠纷的特殊规则，逐步形成解决网络纠纷的权威机制。

（二）虚拟货币

在国内互联网虚拟世界的发展过程中，由于在网络运营商和网民之间存在服务和消费的关系，随着双边交易需求的日益增大，同时由于小额支付所产生的交易成本比较高，现实的货币交易方式不适应网络消费需要，因此大型的网络服务运营企业，如腾讯、新浪、网易、盛大等网络运营商开始发行自己的企业虚拟货币，方便了网络消费者的消费需要，同时解决了长期困扰互联网的盈利难的问题。这种由网络运营商发行的网络企业虚拟货币是以自己的品牌知名度或已有的顾客基础为信用支撑，以企业的资本作为财务支撑，仅限于本网站范围内使用的一种"货币"。该虚拟货币最初以企业货币的形式出现，但随着运营商的壮大，或通过互联网企业之间的竞争、兼并、合作等方式显现出企业货币的外部性，另一方面随着网络消费者的消费需求不仅限于某几个大型网络运营商提供的服务，造成某一企业货币超出了原定企业范围，成为互联网经济体中其他小型网络提供商和消费者认可的交易货币形式。

因此，虚拟货币是指一定的发行主体以公用信息网为基础，以计算机技术和通信技术为手段，以数字化的形式存储在网络或有关电子设备中，并通过网络系统以数据传输方式实现流通和支付功能的网上等价物。和第三方支付平台的出现类似，虚拟货币也是企业面对电子商务支付难的问题而创新和采用的一种解决方案，尤其适用在 B2C 类型的网络游戏等虚拟类信息或娱乐服务产品的支付中。

1. 网络虚拟货币的作用

（1）虚拟货币是互联网企业的重要竞争工具。对虚拟货币发行主体来说，网络虚拟货币的发行拓展了其赢利渠道，通过发行预付费性质的网络虚拟货币：首先可以吸收一定的资金，为其运营和投资提供了一定的经济基础；其次，虚拟货币的发行拓展了其营销渠道，虚拟货币的获取可以通过多种形式来实现，比较典型的比如现金购买实物卡渠道、通过网上银行转账和银行卡等银行渠道、电话和宽带等通讯费缴费渠道、网上支付代理（如腾讯公司的 Esale，腾讯公司通过互联网进行虚拟账户充值的一种方式）等多种渠道，实现多元化的支付，绕开或避免了依赖传统支付组织收费的各种限制和费用高的制约；再次，网络虚拟货币是商家掌握主动权的利器——虚拟货币或者虚拟奖励是吸引会员积极地在网站里进行各种活动的力量和激励，是会员忠于网站的动力。

从网站的发展过程来看：首先是吸引会员，吸引到会员后，就是调动会员的积极性和参与度。而以网络虚拟货币吸引用户对其更为关注，有利于公司信誉的提升和业务的推广，并进一步锁定一定的客户群，使网站处于主动地位，把握主动权，同时又增强了会员对网站的忠诚度，使网站与会员之间能够进行良好的互动。举例来说，对于以网络广告为赢利渠道的网络运营商来说，广告点击馈赠网络虚拟货币的方式可以吸引消费者对网站的关注，从而提升网站点击率。对网络公司来说，点击率直接关系到在其平台上发布广告的厂商为其支付的服务费的高低，高关注和高点击率无疑为其带来了更多的收入和利润。

（2）虚拟货币为用户提供了方便。从网络虚拟货币产生的过程来看，网络虚拟货币的推出，首先为用户提供了可供选择的支付途径来为其虚拟账户充值，包括银行账户转账、购买实物卡等，为对电子账户转账的安全性缺乏信赖及广大的无银行账户的用户群的互联网体验消费提供了替代性的方便途径；其次，网络虚拟账户可以一次充值，多次消费，为降低用户支付成本提供了方便。

从网络虚拟货币的用户体验过程来看，网络虚拟货币的推出，为用户的体验消费的集成性提供了条件，互联网增值服务或网络游戏服务商可以将为用户提供服务的过程集成在其提供的一个平台上，用户仅在体验前的充值过程和其他系统交集，而一旦充值后，整个实质性的体验消费过程都在互联网增值服务或网络游戏服务商自身的平台上进行，便于服务商更好地为其提供通常且满意的服务，整个服务质量的高低完全由其自身的系统来决定而不受其他系统的影响。总的来说，网络虚拟货币的运行为用户提供了支付上的便利且有利于互联网增值服务或网络游戏服务商整合其资源为用户提供更为满意的服务。

（3）作为小额支付工具促进了电子商务发展。网络虚拟货币的应用解决了网上小额支付问题。为了进一步挖掘每天巨大流量蕴藏的潜在商业价值，成千上万的网络运营商们大力发展互联网增值服务而绝大多数的网络增值服务都是不到10元的小额支付。例如，为了在QQ空间上装扮自己的形象，需要购买一件漂亮的虚拟服装，这一般只需要一个Q币，这个时候，就面临支付的选择，如果选择通过网上银行完成支付，考虑到网络和账户安全的问题，为了一个不到10元的小额支付去启动自己的网上银行账号是绝大多数网民所不愿意做的，而选择去邮局汇款，网络增值服务"小额度，高频率"的特点决定了网民不会愿意经常这么做。为了解决这一矛盾，网络虚拟货币应运而生，这极好地解决了网上小额支付问题。各大门户以及网络游戏提供商均推出自己的网络虚拟货币，网民可以通过多种途径获取网络虚拟货币，从而可以选择自己喜欢的支付方式，轻松快捷地完成在线小额支付。

网络虚拟货币的产生和发展，是市场经济发展和技术创新条件下，适用于消费者新的消费行为下新的消费习惯的新的支付手段，它的独特之初就在于其虚拟性和虚拟货币创造的自主性，它在给当前支付体系的管理提出新的挑战的同时，也是现有的支付体系不断发现自身的缺陷和漏洞，对我国小额支付体系的发展是一个有力的促进和补充，从而使得我国的小额支付在满足人们对现实生活的产品和服务的支付需求的同时，也能对虚拟产品和服务的支付需求得以实现和满足，从而使得我国小额支付体系不断完善。

2. 网络虚拟货币存在的问题

（1）虚拟货币的安全问题。由于网络虚拟货币都是与用户的账号相关联的，也是通过用户使用现金与网络运营商进行交易才能得到，因此对于用户来说具有经济价值。而一旦用户的账号密码泄漏导致与此账号相关联的虚拟货币被盗，则对用户造成经济损失。

用户密码或账号被盗主要有三方面原因。一是由于用户疏忽，由于物理原因被人窥视或电脑设备被恶意利用等等。该原因造成的损失应归用户承担或第三方保险赔偿。二是由于病毒或恶意的黑客袭击，窃取密码或账号。该损失应由双方共同防范，用户需要及时更新杀毒软件，及时更改预设密码等。而运营商应通过网络管理技术（如密码认证等技术）防范恶意盗取和攻击。该原因造成的损失应由病毒制造者或恶意传播者承担。三是由于运营商内部管理或技术落后造成的用户虚拟财产安全问题。又如服务器的物理安全等问题，该责任应由运营单位或第三方承担。

（2）虚拟货币贬值或失效。由于运营商短视行为造成虚拟货币发行量过多导致虚拟世界的通货膨胀，是发行商不负责任的表现。对于消费该网络运营商虚拟服务的用户来讲是一种欺诈或伤害。如何规避发行商套利退出或破产的风险，监管虚拟货币发行商的发行流通，是保护网民和整个互联网经济健康发展的需要。

另一种造成虚拟货币迅速贬值的可能是网络服务提供商不断提供级别更高的虚拟物产品，由于快速的更新换代导致原有物品迅速贬值。例如在网络游戏当中，随着游戏版本的持续升级，有更多的顶级武器装备不断涌现导致物价上涨，货币贬值。这和虚拟物品即时消费的特性有关。

而由于网络运营商的经营失败导致其发行的货币价值失效造成的后果，目前来看只能由用户来承担损失。正因为消费者有这种认识，因此网民虚拟货币的持有量均较小，若要改变这种即时消费，促进网民对虚拟货币的信心，发行商应依托政府或金融企业降低其金融风险。从第三方的角度降低虚拟货币持有的风险。

（3）违规交易。目前由于虚拟货币发行商官方发售货币，但并不回收，因此出现了想退订该网站服务的网民（或积累了超出使用的货币量）寻找有需要的网民抛售虚拟货币（往往低于官方价格出售）。而且由于官方虚拟货币价格比较固定，而其提供的网络服务产品供给量是变化的，使得其货币不能及时反应其真实价值（往往趋向于贬值），也促使网民愿意通过 C2C 的方式购买虚拟货币。因此虽然发行商和政府都规定虚拟货币只能单向流通，但实际上已经出现了地下的货币交易。至于单向流通政策和地下违规交易的利弊不能一概而论，需要从整个互联网络的发展来看待这个问题。有待更进一步的研究。

（4）虚拟货币的不当利用。有些犯罪分子可能利用虚拟货币洗钱。虚拟货币洗钱仍然需要通过金融机构办理，同其他支付业务的可疑交易相比，虚拟货币投资可疑交易存在着银行很难发现的特点，主要原因是网上银行业务的快捷性和非柜台交易增加了发现可疑支付交易的难度。随着网上银行的不断推广与电子货币支付体系的完善，世界上任何地方的人都可以使用电子货币通过网络即时交易。网络的开放性使得金融机构难以鉴别客户真实身份，金融交易能在瞬间完成。

运营商通过非常优惠的促销活动鼓励用户多充值网币，网币不是在账户中留存，而是超越运营商的体系之外，在网民之间互相流通，购买市场上的商品或劳务时，有些网络游戏厂商选择了网络赌博这样灰色的产品作支柱，通过虚拟货币进行交易，赌博的非法所得可以兑现成人民币，进一步滋长了网络赌博行为。

有些运营商对虚拟货币保护不力。由于网络虚拟货币的充值和实际提供服务的过程是分离的，运营商在用户充值网币时就取得了销售收入，用户的网币即使被盗也不会造成运营商的直接损失，有的运营商对保护网币安全的态度可能比较消极，造成用户购买的网络货币没有得到相应的保护，造成用户的损失。

（5）虚拟货币是否冲击现实金融秩序。随着虚拟货币的逐步发展，它可能具有真实货币的某些特征。鉴于 Q 币的价值，有很多网站专门提供 Q 币与人民币进行双向兑换，使 Q 币具有一定的交换特性。许多虚拟货币兑换网站的魔兽金币、水浒 Q 币等虚拟货币的网上交易十分火爆。在一些网站，网友可用虚拟货币兑换网络商城中的各种商品，包括 MP4、数码相机等价格较高的数码产品，甚至还能为固定电话和手机充值，以及在网上支付相关服务费用等。虽然目前虚拟货币只能通过网上交易，在一种有限的、半公开的环境下完成与现实货币的兑换，但虚拟货币的使用范围正呈不断扩大的趋势已是不争的事实。

有人认为，Q币等网络虚拟货币由商家发行，与人民币可"兑换"，可能冲击现实金融秩序。

也有人认为，Q币本身就是一种商品，是企业收取的数字化、网络化的预付款。Q币并不具备货币的典型特征。一种商品能否成为货币要看它能否充当一般等价物，能否充当现实货币的替代物，发行者是否有信用背景等等。Q币几乎不具备这些特征，Q币是一种商品，是公司的促销手段，以Q币作为交换媒介的交易，更倾向于物物交换。

3. 虚拟货币的治理

（1）相关各方的权责关系。由于网络虚拟货币是网络用户通过现金交易与网络运营商之间形成的产物，因此其权责关系也就在用户与运营商之间产生，我们通过分析各大网络服务运营商的服务协议，总结如表4.3。

表4.3　　　　　　　　　　虚拟货币相关各方的权责关系

参与方	权　利		责任（义务）	
运营商	监督管理	按照与用户签订的协议监督管理用户的行为	技术保障	提供有保障的合格实值产品与服务，保证服务运营正常
	处置	当用户使用违规时，可以按协议处置用户账号	保密	对用户账号信息进行保密
	知识产权	拥有对虚拟货币的最终解释权及知识产权	维护用户合法权益	当用户权益受到不法损害时，配合用户保护其权益
用户	监督	监督运营商的运营行为及提高其内容业务质量	合法交易	按照协议要求合法与运营商进行交易
	申诉	当个人权益受损时，向运营商提供申诉，要求保护个人合法权益	自我保护	对个人的账号密码进行力所能及的保护，配合运营商做好网络环境工作

参与方	权　利		责任（义务）	
行政、 司法部门	立法	及时根据实际需要提案立法	保护	保护国家金融安全、互联网企业商业利益以及用户权益
	监管	制定新的金融监管政策	促进发展	平衡商家和用户间的权益，促进电子商务的整体发展
	执法	根据相关法律法规执法判罚，对新问题可以试行案例法	公平公正	严格遵从法律法规，坚持司法的公开公正公平原则

运营商：由于运营商是以盈利为目的与用户发生交易，通过发行网络虚拟货币来实现利润最大化，因此，运营商必须为网络虚拟货币的实际价值进行担保，不可故意在收到现金后大幅度地降低网络虚拟货币的实际价值；用户与运营商之间通过网络虚拟货币进行服务内容的交易时，运营商必须保证交易的顺利进行，不能因为网络服务器等原因而对消费者的权益造成侵犯，保质保量地完成交易，提供合格的内容产品与服务；用户的账号保存在运营商的服务器中，运营商应尽力保证用户的账号安全（用户个人原因导致的账号不安全除外），以及用户账号所对应的网络虚拟货币不被盗窃（用户个人原因导致的虚拟货币被盗除外）；当用户的账号被盗，其经济利益受到损害时，有义务帮助用户维护用户的权益。此外，运营商有权按照其与用户签订的合同进行对用户某些网络行为的监督，推动网络事业的健康发展。

用户：有义务按照与运营商发生交易之间所签订的合同进行交易，不准进行违法违规交易；有义务对个人的账号密码进行力所能及的保护，配合运营商做好网络环境工作。有权监督网络运营商的运营行为以及其提供的内容、服务等业务的质量，在发现运营商有违法违规行为时，能向相关部门进行汇报，促进网络的健康发展。当用户的账号被盗时，有权向运营商提出相关申请，要求运营商协助保护个人的经济利益。

行政、司法部门：针对虚拟货币发行方的运营商需要从法律角度赋予其相应的法律地位和权利义务。从金融监管的角度需要提出相应的金融监管办法。对于违法违纪行为要有行之有效的执法判罚。当然，政府行政部门在监管时应充分考虑运营商和用户的利益，从整个虚拟类电子商务的发展角度进行政策方针的制定。立法部门要从保护企业创新和消费者的合法权益的角度及时地提出立法建议。而司法部门要严格按照法律法规办事，并能针对新问题试行判例法，促进这个创新市场的良好环境建立。

（2）运营企业的基础作用。虚拟货币本身即是互联网企业为解决其用户在购买其虚拟服务时提供的一种支付解决方案，是企业的创新举措。当然，该举措也为企业带来了更广泛的赢利机会和业务拓展的空间。因此，像第三方支付一样，在多家竞争的前提下，各企业同样也对这类服务进行不断规范和创新。本书主要以腾讯的 Q 币为例介绍企业在虚拟货币治理上的一些努力和贡献。

腾讯对 Q 币的定义为：Q 币是用于计算用户使用腾讯网站各种增值服务的种类、数量或时间等的一种统计代码，并非任何代币票券，不能用于腾讯网站增值服务以外的任何商品或服务。Q 币不仅可以购买腾讯服务（如会员、黄钻、红钻等），还可以购买游戏（包括游戏大厅中的各种游戏以及 QQ 堂、QQ 幻想、QQ 音速、QQ 三国）中的道具等。从此定义可见，腾讯发行 Q 币的目的是为其增值服务的销售，而非作为网络的一般等价物，尽量避开了现行的法律规范。

（3）政府的监管政策。2007 年，中国人民银行等 14 部门联合发布《关于进一步加强网吧及网络游戏管理工作的通知》，已经对网络虚拟货币有所规定。核心就是"网络游戏经营单位发行的虚拟货币不能用于购买实物产品，只能用于购买自身提供的网络游戏等虚拟产品和服务"。专家分析，货币是社会普遍接受的支付手段。只要将网络虚拟货币限制在一家网站内发行、使用，由其回收，不能购买实物产品，则性质上类似普通商户发行的定向用途的预付卡或会员卡，不具有现实货币的支付功能。如果网络游戏用户之间自行将虚拟货币兑换为现实货币，也只是现实货币的转手，不改变经济体系中的货币总量，不会对货币秩序造成冲击。

人民银行负责人在《中国支付体系发展报告（2006）》新闻发布会上的讲话显示，在虚拟货币问题上，央行的态度是"规范、发展"。央行特别关心的是"网络虚拟货币的安全性"，包括保护消费者的利益，以及防止虚拟货币用于网络洗钱等非法目的。

2010年6月22日文化部出台了《网络游戏管理暂行办法》，并于当年8月1日起正式实施，这也是我国第一部专门针对网络游戏进行管理和规范的部门规章。该《办法》中对网络游戏虚拟货币给予了明确的定义，即指由网络游戏经营单位发行，网络游戏用户使用法定货币按一定比例直接或者间接购买，存在于游戏程序之外，以电磁记录方式存储于服务器内，并以特定数字单位表现的虚拟兑换工具。其中第十九条规定："网络游戏运营企业发行网络游戏虚拟货币的，应当遵守以下规定：（一）网络游戏虚拟货币的使用范围仅限于兑换自身提供的网络游戏产品和服务，不得用于支付、购买实物或者兑换其他单位的产品和服务；（二）发行网络游戏虚拟货币不得以恶意占用用户预付资金为目的；（三）保存网络游戏用户的购买记录。保存期限自用户最后一次接受服务之日起，不得少于180日；（四）将网络游戏虚拟货币发行种类、价格、总量等情况按规定报送注册地省级文化行政部门备案。"第二十条规定："网络游戏虚拟货币交易服务企业应当遵守以下规定：（一）不得为未成年人提供交易服务；（二）不得为未经审查或者备案的网络游戏提供交易服务；（三）提供服务时，应保证用户使用有效身份证件进行注册，并绑定与该用户注册信息相一致的银行账户；（四）接到利害关系人、政府部门、司法机关通知后，应当协助核实交易行为的合法性。经核实属于违法交易的，应当立即采取措施终止交易服务并保存有关纪录；（五）保存用户间的交易记录和账务记录等信息不得少于180日。"

有专家认为，应当限制网络虚拟货币的使用范围，使其限制在购买或支付相关公司提供的虚拟物品、游戏服务等增值服务的范围内。还有专家认为，应依法保护合理获取的网络虚拟货币。尽快制定出相应的法律，切实保护网民的虚拟财产权和相关权益已经迫在眉睫。应从维护网民的合法财产权出发，建立起保护网民虚拟财产权的行之有效的管理制度。如对网上购物应建立"追踪机制"，完善网上追踪系统，这样出现"网络虚拟货币"等网财失窃事件后，可以及时找到相关的责任人，做到有责可查。目前最简易可行的方法是利用成熟的银行支付系统，由网络运营商与银行联手，所有支付行为均通过银行，实行银行实名汇款制，保证网民身份的真实存在性，从而保障网民对于"网财"拥有的合法权益。网民也应树立网络安全意识，及时更新系统补丁，安装必要的杀毒软件和程序，不轻易透露个人的账号或密码，保护自己的私有网络虚拟财产不受侵犯。①。还有专家建议，加强对网络货币交易的管理，依法打击洗钱等不法行为。对涉及网络虚拟货币的交易活动应该有合理的规范和管理，正如对手机号码和储蓄账户实行实名制管理一样，对于网络游戏的用户信息，特别是网络虚拟货币的使用者，在进行虚拟货币交易的过程中，也应当有必要的实名登记，由此来减少在涉及网络虚拟货币的犯罪中根本无法审查的可能性。尽管目前对网络实名制的推行还存在用户信息容易泄露等问题，但至少可以对网络虚拟货币的交易进行重点关注，避免一些不法分子借此途径来转移不法所得。同时，对利用网络虚拟货币进行赌博的行为应该严厉禁止，严禁网络赌博游戏的上市发行，以净化社会风气，维护社会稳定。②

（三）网络知识产权

1. 互联网上典型的知识产权问题

知识产权是人们对无形的智力成果所享有的专有权利，包括专利权、版权、商标权、商业秘密权等。近年来，伴随着互联网技术的迅猛发展，出现了"网络知识产权"这一名词，网络知识产权（Network Intellectual Property）就是由数字网络发展引起的或与其相关的各种知识产权，网络知识产权除了传统知识产权的内涵外，又包含数据库、计算机软件、多媒

---

① 苏宁：《虚拟货币的理论分析》，社会科学文献出版社 2008 年版。
② 杨丽媗："网络货币：虚拟财富的现实危机"，《理财》，2006 年第 5 期。

体、网络域名、数字化作品以及电子版权等。如：电子邮件公共利益、电脑软件、网上新闻资料库、照片、图片、音乐、动画、多媒体技术、数据库、网络作品、网络域名等。因此网络环境下的知识产权的概念外延了很多，在网络环境下，由于信息的产生、传播、利用以及存在形式等因素的不同，这就决定了网络知识产权与传统知识产权相比有其特殊性。

由于互联网的开放性，在网络环境里，传统知识产权的特点在网络环境中已基本不存在了，知识产权中的著作权、专利权、商标权等都是通过网络技术中数字信息的方式表达出来，形成了作品数字化、公开公共化、无国界化等新的特征。

第一，网络知识产权无形性加深。在传统环境中，智力成果总要与一定的物质载体相结合，通过具体的产品或者文字说明表现出来；但在网络环境中，智力成果都以数字化形式储存在计算机中并通过互联网进行传播，人们感知到的已经是计算机终端屏幕上数据和影像，这就是说知识产权在网络中的载体也是虚拟的、无形的，这个特性也给知识产权侵权的认定和保护带来了新的困难。

第二，网络知识产权专有性弱化。传统知识产权的专有性是指知识产权的所有人对其权利的客体（如专利、注册商标）享有实施、占有、收益和处分的权利，非经权利人许可（或法律另有特别规定）任何其他人均不得占有和使用。由于互联网的开放性，而且网络的传播速度之快、涉及领域之广，网络用户只需登入互联网就可以获取他们任意想要的信息。因此在网络环境下，知识产权存在形式的数字化以及高效率的网络传播，使得人们可以轻易地进行数字产品的复制和传播，这就必然将弱化知识产权的专有性。[①]

第三，网络知识产权地域性削弱。传统的知识产权具有显著的地域性特点，即权利的产生、使用以及侵权认定都依据本国的法律。在互联网络环境下，国家与国家之间的界限越来越模糊和淡化，智力成果信息可以以

---

① 刘香："网络环境下的知识产权保护"，《信息网络安全》，2009第2期，第4～5页。

极快的速度在全球范围传播并被不同的网民所接受和使用，这使得知识产权的地域性日渐削弱。

以下是网络知识产权纠纷的典型案例案件。

网络音乐的版权问题。网络音乐版权保护问题是当前网络音乐行业面临的巨大挑战。在新一代数字音乐市场迅猛发展的同时，也使维护音乐版权的难度日益增加。当今世界网络盛行，在市场尚不规范，法制并不健全的条件下，在网络上下载音乐仍然是主要渠道，尤其是各大搜索引擎更是为网友寻找 MP3 提供了最大的便利，所以人们就淡忘了原本必须遵循的版权规则。

网络音乐版权的保护应解决两个层面的问题，一是认知问题，暨人们对知识产权的法律的认知，二是如何对网络音乐进行规范管理。网络音乐规范管理也存在着一些不同的情况。首先，向网络传播音乐是一部分网络音乐原创网友的主要渠道。因为网络音乐基本上是免费的，因而它能起到巨大的推广作用，现在许多歌手更是由网络歌曲而成名，而这部分歌曲是不存在版权问题的。其次，一些原创音乐，在推广时期也需要网络进行推广，这部分音乐虽存在版权利益，但在推广时却不存在版权问题，所以不能因为网络音乐的传播难以控制和版权问题就全盘否定它的存在价值。此外，网络音乐还有更多复杂的情况，例如，有人买了 CD，将其上传到网络，使之成为网络免费音乐，而这张 CD 的音乐是有版权的；有些音乐发烧友本着共享的精神上传他们买的原版音乐，可是人们听后没有履行 12 小时之后删除的义务。以上各种行为，都为网络音乐的保护提出了很多新的课题。

在新媒体时代，获取信息容易、迅速、高质量的情况之下，没有强有力的法制对应，无法解决版权的问题。所以在新媒体时代有关版权的案例日益增加，侵犯版权事件层出不穷。

"私服、外挂"的问题。现今的网游世界中，私服、外挂的问题层出不穷。例如 2009 年魔兽停服时期，各类私服如雨后春笋般出现，直接影响了互联网的秩序。私服、外挂，不仅侵犯了游戏软件著作人的权利，还侵犯了游戏运营商的权利，危害信息网络安全。

专栏4.8　大学生开设私服被抓

90后在校大学生伙同他人开设网络游戏私服，冒名在网上支付平台开设账户收取玩家钱款，一年多时间非法获利近200万元，对久游公司造成直接经济损失900余万元。2009年，徐汇区人民检察院以涉嫌侵犯著作权罪，将犯罪嫌疑人张明（化名）批准逮捕。

犯罪嫌疑人张明，很喜欢玩游戏且喜欢钻研游戏。2006年，还在读大学的张明，在玩网游时认识了广州某网吧网管李定国（化名，在逃）、北京网络公司工作人员刘春（化名，在逃）。经刘春提议，三人决定开设网络游戏私服赚钱，最后选定了当时很火的网游《劲舞团》。首先由张明注册网络域名用于设置私服游戏的网站主页。电脑技术好的李定国则从境外某网络论坛上下载一个英文版《劲舞团》游戏服务器端程序，再偷偷架设到刘春工作的网络公司服务器上，予以调试。

私服架设好以后，三人在网上各论坛发布广告，公布他们注册的网站名，自称运营私服，并留下自己的QQ号用于联络，在腾讯网"财旺通"等网上支付平台开设账号用于收钱。网络玩家联络上他们以后，只要通过"财旺通"等网上交易平台、网上付款系统付相应款项，就可以获得用户名和密码，进入这个网站玩网游《劲舞团》。

三人分工非常明确，李定国负责私服架设和数据库维护，刘春负责服务器的日常维护和安全。张明则负责该私服论坛、解答玩家问题。一年多时间内，三人累计经营收入195万余元。去掉网络支付平台抽取的30%的佣金，三人约获利140余万。其中张明一人获利40余万，他自己也很吃惊，到案后，直呼"没想到这么短的时间能赚到那么多钱"。

资料来源：根据新浪、搜狐、网易网等相关新闻编写。

博客知识产权问题。博客，又译为网络日志、部落格或部落阁等，是一种通常由个人管理、不定期张贴新的文章的网站。博客虽然是非纸质文章，但其仍属于文字作品，与著作权法中的其他作品本质是一样的，只是表现形式不同。著作权法第十条规定，著作权人享有署名权、信息网络传播权等多项权利。署名权即表明作者身份，在作品上署名的权利；信息网络传播权，即以有线或者无线方式向公众提供作品，使公众可以在其个人选定的时间和地点获得作品的权利。著作权人可以转让或者许可他人行使上述权利，并依照约定或者法律规定获得报酬。

专栏4.9　博客侵权案例

2009年8月2日，于某在以其名字命名的搜狐博客上发表文章《如何突破难度与稳定的瓶颈，继续领跑世界跳坛》（下称《如》文）。《如》文引用了《西方理念是科学，东方思想是宗教》（下称《西》文）的整段内容，但并未以任何形式注明引文的作者和出处，也未经作者同意，更不用说支付报酬。《西》文于2009年6月17日发表在"西北风的空间——搜狐博客"上。于某曾多次访问该博客，并对《西》文进行评论。

不久，于某接到法院寄至的诉状，《西》文的作者李某要求自己停止侵权、赔礼道歉、赔偿损失。原来，李某发现自己的文章被大段引用，即请公证机关就相关内容进行了公证，收集、保全了相关证据。后将于某告上法庭，请求法院判令于某停止侵权、赔礼道歉，并赔偿经济损失及维权费用7000余元。

于某认为，博客中的文章没有著作权，李某也不能证明自己就是博客文章《西》文的作者，其起诉不能成立。但法院审理认为，李某通过用户名和密码可以登录"西北风的空间——搜狐博客"，且该博客旁显示有李某的照片。于某虽然辩称李某并非该博客的主人，但并没有提供充分的证据。故法院没有采信于某的辩解，而是认定李某就是博客《西》文的作者，认为博客作品也具有著作权，据此作出上述判决。

资料来源：根据新浪、搜狐、网易网等相关新闻整理。

许多人在博客中上传自己原创的文章，与网民们共享交流。这些文章中不乏一些优秀的、受到广大网民称赞的作品，有些人便把这些零散的较为优秀的作品收集起来，再加以分类编辑，形成一个相当于优秀作品集的数据库与网民们共同分享。这样看来，这是一种积极的行为，为广大网民提供方便的同时，也使这些作品免于因为无人知晓而被埋没，而此时作品收集者充当了信息传播者的角色。但是，这种行为却侵犯了博客原创者的著作权。我国《著作权法》明确规定，著作权作为一种私有财产，持有人拥有完整的占有、使用和处分的权利。除了作品持有人之外，其他人不能享有完整的占有、使用或者处分的权利。这种解释应同样适用于网络上的各种行为。显然，很多人忽略了这一点。这种通过信息网络向公众他人提供作品而没有取得权利人许可，显然是侵犯了著作权人的合法权利。

数字图书馆的知识产权问题。Google、百度等互联网公司都在建设网上数字图书馆，本着互联网的共享精神，为用户提供数字图书服务。数字图书馆在颠覆传统图书馆的同时，也带来了知识产权的冲突。

专栏4.10 Google 数字图书馆涉嫌侵权

2009 年 10 月 13 日，央视《朝闻天下》栏目报道称，Google 数字图书馆涉嫌大范围侵权中文图书，从中国文字著作权协会获悉，570 位权利人 17922 部作品未经授权被 Google 扫描上网。Google 公司将面临中国权利人的侵权指控。

> 在接受央视采访时，中国文字著作权协会相关负责人表示，这570位包括国家领导人、政府官员和作家在内的权利人对此毫不知情，且没有证据表明 Google 公司取得了权利人的授权。法学专家认为，Google 的这种未经许可的复制和网络转载的行为均涉嫌侵犯著作权。
>
> Google 提出和解声明，表示每本著作可以获得至少约 60 美元的赔偿。在这份方案中，Google 把条款分为"同意和解"和"不同意"两类。同意者，每人每本书可以获得"至少 60 美元"作为赔偿，以后还能获得图书在线阅读收入的 63%，但前提是需本人提出"申请"。2010 年 6 月 5 日之后还未申请，则被视为自动放弃权利。如果作家选择"不同意"，则可提出诉讼，但不得晚于 2010 年 1 月 5 日。
>
> 2010 年 1 月 14 日 Google 与文著协第四轮谈判延期。在中国作协同意 Google 延期一周提交处理方案的最后一天，1 月 9 日 Google 正式回应《中国作家协会维权通告》，承认与中国作家的沟通做得不够好，并表示道歉。但是，就在事态有望向前推进时，12 日 Google 单方面突然"变卦"，原定于 12 日下午 2 点在京举行的中国文著协与 Google 第四轮谈判，暂时延期。12 日 Google 表示，因网络攻击可能关闭中国网站，并可能撤销在中国的办事处。
>
> 资料来源：百度百科：Google 数字图书馆。

2. 网络知识产权保护

在我国，网络知识产权的保护是一项极其庞大的系统工程，也是一项长期坚持的任务，需要我们全社会的积极合作。随着网络技术的不断发展以及网络知识产权的侵权问题不断涌现，必须根据互联网发展的规律，不断完善法律法规，加强执法，才能形成良好的保护知识产权的环境。

（1）网络知识产权立法。近年来，我国政府不断加大信息网络技术文化建设和管理力度，加强网络环境下的知识产权保护工作，在推进网络版权保护方面取得了明显成效。2005 年 4 月，国家版权局与信息产业部联合发布《互联网著作权行政保护办法》。该办法共 19 条，规定了适用范围、划分了著作权行政管理部门（版权局）与信息产业主管部门在互联网著作权保护方面的权责，界定了著作权人、互联网内容提供者、互联网接入服务提供者、互联网信息服务提供者在保护网上著作权方面的权利义务，并规定了相应的处罚措施。互联网的作品可分为两种：一种是将传统的作品数字化，这种作品在进入网络前已经存在于纸、磁带等传统载体上，只是通过计算机组织、加工、存储并以网络形式表现出来；另一种称为数字式作品，是从其被创作之时起就直接以数字形式在网络上传播。该办法主要规范的是在互联网信息服务活动中，根据互联网内容提供者的指令，通过互联网自动提供作品、录音录像制品等内容的上载、存储、链接或搜索等功能，且对存储或传输的内容不进行任何编辑、修改或选择的行为，即第二种行为，而对于第一种直接提供互联网内容的行为，直接适用著作权法的规定。

根据《中华人民共和国著作权法》（以下简称著作权法），国家颁布了《信息网络传播权保护条例》，旨在为保护著作权人、表演者、录音录像制作者（以下统称权利人）的信息网络传播权，鼓励有益于社会主义精神文明、物质文明建设的作品的创作和传播，于 2006 年 7 月 1 日起施行。《信息网络传播权保护条例》规定：权利人享有的信息网络传播权受著作权法和本条例保护。除法律、行政法规另有规定的外，任何组织或者个人将他人的作品、表演、录音录像制品通过信息网络向公众提供，应当取得权利人许可，并支付报酬。条例提出了处理网络侵权纠纷"通知与删除"简便程序，权利人认为网站服务所涉及的作品、表演、录音录像制品，侵犯自己的信息网络传播权或者被删除、改变了自己的权利管理电子信息的，可以向该网站提交书面通知，要求删除该作品、表演、录音录像制品，或者断开与该作品、表演、录音录像制品的链接。

《世界知识产权组织版权条约》和《世界知识产权组织表演和录音制品条约》两个互联网国际条约也在中国正式生效，这两个条约更新和补充了世界知识产权组织现有关于版权和邻接权的主要条约《伯尔尼公约》和《罗马公约》。

（2）多方参与的维权机制。许多企业积极利用法律保护自身的知识产权。如游戏运营商盛大网络联合全国各地多家律师事务所，签署维权协议，坚决打击网络游戏私服、外挂违法犯罪行为，对情节严重者按照 2009年 2 月 28 日最新颁布的刑法修正案（七）第 285 条规定，追究其刑事责任。盛大网络诚邀全国各地律师事务所共同开展私服、外挂打击行动，个人、单位均可以向盛大网络举报任何涉及盛大网络公司所运营游戏产品的私服、外挂、木马等侵权行为的线索，并依照线索承办案件，获得高额的办案悬赏金。

国内一些个人也开始利用法律维护自身的权利。2009 年 11 月，国内知名作家棉棉就 Google 数字图书馆侵权事件将 Google 告上法院，要求法院确认侵权，判令被告将作品从 Google 网站删除，公开赔礼道歉，并赔偿经济损失和精神损失共计 6 万元人民币。棉棉此次起诉 Google 是因为 Google 数字图书馆收录了其作品《盐酸情人》，该收录行为未得到作者的许可即行将作品扫描上网并供不特定访问者查看；且 Google 公司以作品扫描片段的方式展示，破坏了作品的完整性。棉棉对 Google 随意切割并展示其作品的方式非常不满。棉棉认为，Google 的行为侵害了著作权人合法拥有的著作权。并因此向法院提起诉讼，请求法院维护著作权人的合法权益。

政府相关行政部门也定期开展知识产权保护专项整治行动。如 2005 年，我国各地版权部门在当地公安、电信主管部门的大力配合下，共查办网络侵权案件 172 件，其中国家版权局确定重点案件 28 件，依法关闭网站 76 家，没收服务器 39 台，责令 137 家网站删除侵权内容，对 29 家侵权网站予以 78.9 万元罚款处罚，移送司法机关涉嫌刑事犯罪案件 18 件，其中，查办境外权利人及权利人组织举报的案件 14 件，占 28 个重点案件的 50%。又如，2010 年，国务院决定从 2010 年 10 月至 2011 年 3 月，在全国集中开展打击侵犯知识产权和制售假冒伪劣商品专项行动，并成立了王岐山副总理为组长，商务部部长陈德铭、国务院副秘书长毕井泉、知识产权局局长田力普为副组长的专项行动领导小组，网络知识产权保护是专项行动的重要内容。

三、网络地下经济及其治理

网络地下经济概念尚未有公认的定义，本书的网络地下经济指的是互联网上以损害他人利益谋取私利的行为。

随着网络的飞速发展，以不法牟利为动机的网络经济行为在世界范围里急速增长，相应的，网络地下经济已经趋于组织化、规模化、公开化，第三方平台销赃、洗钱，分工明确，形成了一个非常完善的流水性作业的程序。例如，据国家计算机网络应急技术处理协调中心副主任、中国互联网协会秘书长黄澄清的调研，从制造木马病毒、传播木马到盗窃账户信息、第三方平台销赃、洗钱，一条分工明确的网络地下经济产业链基本形成。互联网地下经济的日渐"繁荣"严重威胁国家网络安全、威胁网民个人信息和财产的安全。"熊猫烧香"病毒的贩卖者王磊落网时感慨地称："这是个比房地产来钱还快的暴利产业！"

网络地下经济活动涉及领域较广，大致可分为两类：第一类为网络营销衍生类的灰色经济，主要形式是骚扰型广告，如垃圾邮件。第二类是被称为网络犯罪类的黑色经济，如网络赌博、网络诈骗、网络色情经济等。

网络地下经济具有以下基本特点。

技术性。流氓软件、木马、病毒程序的编写及钓鱼网站的发布等各种网络不法行为无一例外地基于一定的网络技术，通过这些网络技术获取大量用户信息或劫持大量计算机进行网络攻击或隐蔽地联系客户来逃避政府监管进行违法犯罪活动，谋取不当利益。

危害性。网络地下经济行为一般以损害他人利益的方式谋取自身利益，其危害行为可能构成犯罪，也可能不构成犯罪，但其危害性客观存在。

隐蔽性。这类网络经济活动如网络赌博，网络诈骗，网络色情等，为了逃避政府的监管、处罚，均不公开进行，而网络给他们提供了更隐蔽的方式，如对信息进行多重加密的自行开发的网络通信工具，或网络聊天室等来进行违法交易，正常的网络监管很难达到效果。

规模产业化。随着网络的飞速发展，以不法牟利为动机的网络经济行为在世界范围里急速增长，相应的，网络地下经济已经趋于组织化、规模化，从木马、病毒及钓鱼类或虚假诈骗类网站、程序的开发，散播，到个人信息的窃取，个人计算机的非法控制，到第三方平台销赃、洗钱，分工明确，形成了一个流水性作业的程序。

（一）网络灰色经济

网络灰色经济指利用网络开展的不当经营行为，这些行为违反了政策法规或社会道德，对用户造成一定程度的损害，但多数并未触犯刑法，许多行为处在犯罪的边缘。常见的灰色经济包括流氓软件、贩卖用户隐私信息、垃圾邮件、网络水军等。

1. 灰色经济的常见形式

（1）流氓软件。流氓软件及其特点。流氓软件指某些企业利用一定的技术手段在用户终端上强制安装软件并对抗用户删除，安装的软件包括广告软件、间谍软件、浏览器修改和劫持软件、行为跟踪软件等。流氓软件与病毒不同，调查显示大多数流氓软件主要表现为干扰用户的正常使用，只有很小部分流氓软件具有破坏性，而且不像病毒那样具有自我复制的特征。

流氓软件所具有的共性是：依托于技术手段，借助广告等社会工程的传播途径，在用户不完全知情或完全不知情的情况下，强行或者秘密安装到用户计算机上。安装后它可能导致电脑运行变慢、浏览器异常甚至造成系统破坏、硬盘损坏等问题的出现。与正常的软件相比较，它具有不可知性与不可控制性，多数流氓软件都具备以下三个特征：强迫性安装。分为三种情况：一是不经用户许可自动安装；二是不给出明显提示，欺骗用户安装；三是反复提示用户安装，使用户不胜其烦而不得不安装。无法卸载。通过正常手段无法卸载或无法完全卸载。频繁弹出广告窗口，干扰正常使用。

根据不同的特征，困扰计算机用户的流氓软件主要有如下5类，其主要危害见表4.4。

表4.4　　　　　　　　　　　　　　流氓软件种类

类　型	定　义	危　害
广告软件	指未经用户允许，下载并安装在用户电脑上；或与其他软件捆绑，通过弹出式广告等形式牟取商业利益的程序	强制安装并无法卸载；在后台收集用户信息牟利，危及用户隐私；频繁弹出广告，消耗系统资源，使其运行变慢等
间谍软件	一种能够在用户不知情的情况下，在其电脑上安装后门、收集用户信息的软件	用户的隐私数据和重要信息会被"后门程序"捕获。并被发送给黑客、商业公司等。这些"后门程序"甚至能使用户的电脑被远程操纵
浏览器劫持	一种恶意程序，通过浏览器插件、BHO（浏览器辅助对象）、Winsock LSP等形式对用户的浏览器进行篡改，使用户的浏览器配置不正常，被强行引导到商业网站	浏览网站时会被强行安装此类插件。普通用户根本无法卸载，用户只要上网就会被强行引导到其指定的网站，严重影响正常上网浏览
行为记录软件	指未经用户许可，窃取并分析用户隐私数据，记录用户电脑使用习惯、网络浏览习惯等个人行为的软件	软件会在后台记录用户访问过的网站并加以分析，然后发送给专门的商业公司或机构，此类机构会据此窥测用户的爱好，并进行相应的广告推广或商业活动。危及用户隐私
恶意共享软件	某些共享软件为了获取利益，采用诱骗手段、试用陷阱等方式强迫用户注册，或在软件体内捆绑各类恶意插件，未经允许即将其安装到用户机器里	使用"试用陷阱"强迫用户进行注册，否则可能会丢失个人资料等数据。软件集成的插件可能会造成用户浏览器被劫持、隐私被窃取等

流氓软件的利益链条。流氓软件的利益链条的源头应该从网络公司说起，网络公司使用流氓软件主要有三个用途。

其一是虚增点击率。提高自己的网站身价，目的是吸引投资者。网站内容并不吸引人，可是在流氓软件的帮助下，网民对其进行无意识点击，点击率直接上升，吸引投资者。一个垃圾网站，圈钱就跑的事情在互联网业内屡见不鲜。

其二是发布广告。利用流氓插件，散布广告，提高广告收入。网络广告的计费是按弹出次数进行计费的。使用流氓软件可以在用户根本没有授权的情况下随意弹出广告，提高广告弹出次数，借此提高广告收益。

其三是营销利益。网民的上网信息对于网络公司来说是一种宝贵的资源，收集方可将信息出卖给第三方，或是通过对信息的分析了解用户的喜好以便能"投其所好"地向该用户发送广告，这里隐藏的是营销利益。就如反流氓软件联盟发起人董海平所说的，"一个小插件公司月收入在百万元以上绝对正常，一个成熟网站凭借流氓软件收入甚至可达上千万元"。

由此可见，利益的驱逐使流氓软件迅猛发展，而其结果是：用户上网效率与质量下降，互联网信誉度大跌。利用流氓软件牟取暴利的行径显然是违反社会公德的，但是对其是否违法却存在很大的争议。

专栏4.11　流氓软件诉讼案

2007年4月，浦东新区法院一审受理了何先生诉"很棒公司"一案，何先生诉称，自己在下载QQ密码防盗专家特别版共享软件时，不知不觉地被强制下载安装了很棒富媒体广告软件，然后电脑就开始不断弹出广告窗口。

据何先生的代理律师介绍，自从整合富媒体的"很棒小秘书"软件被强制安装后，每当何先生上网时，"小秘书"就会占用电脑CPU的使用率和内存空间，导致电脑运行速度缓慢，电脑都无法操作。为了修复这个"顽症"，何先生不得已请了电脑公司的人来"赶走小秘书"，并为此支付了150元。何先生故起诉要求很棒公司立即停止制造和通过网络或其他途径传播"很棒小秘书"软件，公开登报赔礼道歉，赔偿他的修复损失。

资料来源：根据新浪、搜狐网等相关新闻编写。

（2）信息贩卖。进入信息社会，消费者个人信息的隐私资料已成为经营者开发产品、开拓市场必须了解和掌握的内容。有的经营者甚至将出卖消费者的个人信息资料作为一种营利手段，严重影响了消费者的正常生活。如移动运营商将个人手机号码泄露给 SP 运营商，从此手机用户便不断收到"垃圾短信息"的骚扰；在某家网站注册一个收费电子邮箱，提供了自己的家庭地址、手机号码等个人信息资料，网上商家广告邮件，已经把邮箱的空间占满；保险公司将客户资料擅自出售给其他商业机构，时常有人推荐商业信息等。总之在社会经济不断发展中，隐私权的领域已经深入到消费领域。消费者出于生活的需要向经营者购买商品或接受服务，有时须向经营者提供包括个人资料在内的隐私，这些资料有些被收集者转售给其他商业组织或者被泄露而滥用，从而形成对消费者隐私权的侵害。专栏 4.12 是几则信息泄露的案例。

专栏 4.12　信息贩卖案例

案例一：一名电脑"黑客"，通过某通信公司网站漏洞，侵入公司内网服务器，查询、复制、修改用户信息。他还以公司服务器为跳板，将黑手伸向包括该通信公司内的多家省级分公司，在盗取用户信息后，将用户信息在网上批量贩卖。2010 年 12 月 23 日，鼓楼检察院以破坏计算机信息系统罪将其起诉（福州新闻网讯）。

案例二：侦探通过修改手机密码获取个人信息，甚至通过手机定位锁定使用者的位置，这些一般人只能在电影大片中才会看到的情节已成为现实：北京市朝阳区法院正审理一起"私家侦探"敲诈勒索案，根据检方指控，这些"私家侦探"非法获取的许多个人信息，竟然源自中国移动、中国联通等电信运营企业的员工。张荣浩、张荣涛兄弟于 2004 年至 2007 年间在北京注册成立了东方亨特商务调查中心等 5 家调查公司，他们利用非法获取的个人信息，从事讨债业务和婚姻调查等活动。在此期间，一名受害人因手机通话记录和基本信息被泄露，最终被仇家杀害于家门口。

案例三：广州"资料门"事件。《三百楼盘数十万业主资料泄露》、《京沪穗深 150 万业主资料被盗?》、《盗百万业主信息"工作"日志揭秘》，2008 年 2 月，广州日报曾揭发全国广大业主资料外泄，并披露"众为咨询公司"的行窃手法，引起众多市民对"资料门"事件的关注。

资料来源：根据新浪、搜狐、网易等网站相关资料整理。

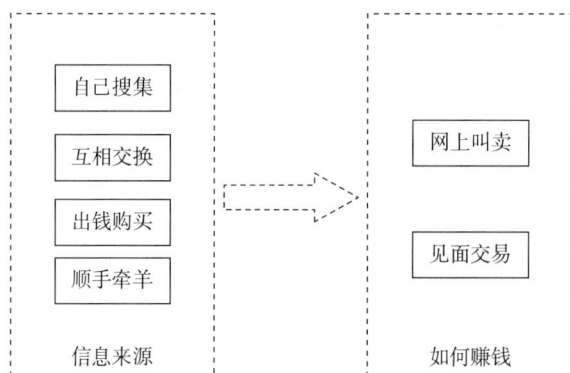

图 4.6　信息贩卖链条

（3）垃圾邮件。21 世纪是一个信息爆炸的时代，随着计算机网络的不断发展，从网络上能够获取的信息已经渗透到社会的各个领域，给人们生活和工作带来便利的同时，也带来了许多垃圾信息的传播，包括各种虚假、反动、淫秽、色情、迷信、暴力、病毒等信息，俗称网络垃圾信息，其特性是干扰了网民对互联网的正常使用。网络垃圾信息的泛滥给人类社会造成了精神污染，干扰了人们正常的社会工作与生活，同时也对社会经济造成了严重的损失。

专栏4.13 全国首例垃圾邮件侵权诉讼

原告王女士，长期使用私人电子邮箱与客户联系业务。自2005年起，原告的邮箱一直收到海某咨询公司通过广州某科技公司发送的垃圾邮件，其内容是咨询公司举办的有关培训业务的广告。原告花费了大量的时间、精力接收和删除这些垃圾邮件，其正常工作和生活受到严重影响。而且，为避免用手机上网接收和删除垃圾邮件的额外费用，原告不再使用手机上网，耽误了不少业务。在屡次致电及传真通知对方停发垃圾邮件无效后，原告以咨询公司和科技公司为共同被告向北京市崇文区法院提起侵权诉讼。原告认为，上海某咨询公司未经许可擅自向其电子邮箱中发送垃圾邮件，侵犯了原告的合法权益，应承担民事赔偿责任。而广州某科技公司在网上收集有效电子邮件地址并出售获利，提供垃圾邮件群发软件为咨询公司发送垃圾邮件，侵害了原告的合法权益，应承担连带赔偿责任。原告据此提出了要求二被告停止侵害，赔礼道歉，并赔偿经济损失和精神损失共计人民币1100元的诉讼请求。

但就在法院立案后不久，原告却向法院撤诉，全国首例垃圾邮件侵权案以此结案。原告表示其撤诉的真正原因在于电子诉讼的高科技性，缺乏证据确定垃圾邮件的制造者和发送者。此案撤诉的原因是我国垃圾邮件治理的技术难题在司法诉讼中的直接体现。反垃圾邮件实践遇到的一个突出问题就是垃圾邮件取证技术的研发成本过高，垃圾邮件发送容易而查处却非常困难，垃圾邮件发送者的责任风险很低。当互联网用户对垃圾邮件发送者提起司法诉讼的时候，这个问题在法律上首先就反映为诉讼的被告难以确定，不符合《民事诉讼法》第108条诉讼条件之一"有明确的被告"的规定。本案的原告就因无法举证被告的确切身份，只能以撤诉的方式承担了举证不能的后果。

资料来源：黄道丽："全国首例垃圾邮件侵权诉讼的法律思考"，《信息网络安全》，2007第7期。

垃圾邮件带来严重社会危害。垃圾邮件的社会危害主要表现在对人们的工作、收益、生活以及娱乐和精神境界的危害。包括：增加破坏设备的可能，垃圾邮件通常都可能携带危险的病毒、蠕虫，对电脑硬盘造成威胁；扩大费用和成本，大批量的垃圾邮件能使邮箱堵塞，使得电脑网络速度大幅下降。在日本，大部分垃圾邮件的内容都是商业广告，一般来说，人们需要至少10秒钟来判断收到的邮件是否为垃圾邮件，如果每天收到几十份垃圾邮件，就得花大约10分钟的时间来处理它们。影响与客户的正常业务联系，造成间接经济损失。对通信机构来说，大量的垃圾邮件使它们必须大幅度提高计算机性能以维持邮件服务器的正常运行，为此所花的成本要么自己消化，要么转嫁到用户身上。对有用电子邮件的抵消，如手机能够储存的邮件数量有限，超过限度后，旧邮件就会自动消失，大量垃圾邮件会使有用的电子邮件很快化为乌有；影响接受人的身心健康。据调查，韩国网民收到的电子邮件中，约有80%是垃圾邮件，其中内容不健康的邮件占63%。手机在日本中小学生中已呈普及趋势，一些通过手机发送的色情邮件严重影响少年儿童的身心健康；对互联网造成破坏。垃圾邮件中有很大部分为色情网站做广告，对用户造成了侵犯，是对人的自由的侵犯，动摇了人们对互联网的信心，并且阻碍了信息业的发展，损害了人们对于网络交流的信心。

（4）网络水军。网络水军指受雇于网络公关公司为他人发帖回帖造势的网络人员。为客户发帖回帖造势常常需要成百上千个人共同完成，那些临时在网上征集来的发帖的人被叫做"网络水军"。版主把主贴发出去后，获得最广大的"消费者"的注意，进而营造出一个话题事件。一些网络公关公司雇佣大批人员为客户发帖造势，网络水军有专职和兼职之分。

网络水军的出现是市场营销在网络上的发展。网络水军可以发挥正面作用，也可以产生负面影响。它可以帮助幕后的商业企业，为新开发、新成立的网络产品（如网站、论坛、网络游戏等）恶意提高人气、吸引消费者关注和参与，也可以炒作恶意信息并打击竞争对手（网络打手），更有甚者，一些无良的网络水军被国外别有用心的机构和资本支持，不断在国内各大论坛发布和张贴攻击信息、造谣言论或挑拨语言，进行不可告人的网络文化渗透。

网络水军的特点有三个：一是灵活性，它可以根据任务的不同选择不同的水军进行操作，没有局限性。二是不可控性，水军大都是不识身份的消费者，无法掌控。三是零散性，即水军分散在全国各地，有活时才聚在一起，完成项目后又分散开。因此在治理上有一定困难。

有专家指出，"网络水军"就是"网络黑社会"，许多知名企业惨遭"网络水军"的毒手，却很少有谁能揪出真凶并成功维权。这是因为，在现行法律框架下，针对企业的网络诽谤属于民事诉讼范畴，应作为自诉案件由法院直接受理，公安机关一般不予立案。但问题是，企业根本没有能力通过网络取证，很难查出背后的"网络黑社会"，连起诉谁都不知道，更别说去法院"自诉"。

专栏4.14 蒙牛陷害门中的"网络水军"

麻烦不断的中国乳业再度爆出丑闻：乳业巨头蒙牛集团高管和一些"网络推手"（通常是网络公关公司负责人）通过雇佣"网络水军"损害另一乳业巨头伊利集团的商业信誉，内蒙古呼和浩特警方已对有关涉案人员采取了司法措施。

新华社下属的《经济参考报》引述呼和浩特警方说，蒙牛集团"未来星儿童奶"产品经理安勇，蒙牛乳业集团总裁助理、北京博思智奇公关顾问有限公司董事长杨再飞，博思智奇公司副总经理肖雪梅等人"有组织、有预谋、有目的、有计划实施攻击伊利和圣元乳业产品的行动"。2010年7月，部分媒体刊发了《深海鱼油大多有问题，专家称造假现象严重》、《专家："深海鱼油"危害超过地沟油》等文章，随即网上相继出现大量宣传"深海鱼油不如地沟油"的恶意攻击性文章。这些文章主要出现在大型门户网站论坛、个人博客和百度等主流网站的问答栏目中。之后，网络攻击深海鱼油的行动有组织地向深层次发展，宣传添加深海鱼油的产品不能食用。同时，攻击方向又直指伊利集团生产的"QQ星儿童奶"，煽动消费者抵制"伊利QQ星儿童奶"。事件发生后，伊利集团向呼和浩特市公安局报案。警方调查显示，博思智奇公司副总经理肖雪梅带领公司网络组职员赵宁、郝历平和综合组职员马野与蒙牛集团"未来星儿童奶"产品经理安勇共同商讨炒作打击"伊利QQ星儿童奶"的相关事宜，并制定了《借势〈生命时报〉传播规划》、《DHA借势口碑传播》、《鱼油传播精彩效果示意报告》、《鱼油传播汇报总结》等资料。《DHA借势口碑传播》方案分为六部分，分别是"背景"、"策略"、"手段"、"传播话题"、"媒体名单"、"预算"。"背景"部分说："《生命时报》、《京华时报》分别大篇幅曝光中国鱼油市场乱象，我们可以借此机会趁热打铁，引发公众关注鱼油质量问题，强化藻油DHA优于鱼油DHA的认知"。"手段"分为四部分，其中包括，在Wiki（维基）问答、百度知道、搜搜问问、天涯问答、新浪爱问、雅虎知识堂里，通过对鱼油DHA的质疑性提问，在回复中植入藻油DHA安全性更高、纯度更高等正面信息，并通过关键词优化，确保消费者在搜索相关信息时，藻油DHA的正面信息能大量出现；在论坛，亲子、育儿论坛全面覆盖；大众论坛热门版块持续发布和重点维护；用消费者的口吻和角度，发起"万人签名拒绝鱼油DHA"的签名运动等。

类似的网络攻击也使圣元乳业身陷"性早熟"风波，圣元产品销售一落千丈。微博和许多网络论坛都传出消息，指蒙牛是圣元事件的幕后策划者，并传言这起事件的"揭秘者"是伊利。蒙牛集团发布声明，否认和"圣元性早熟事件"有关系，但对其涉及攻击伊利产品事件没有作出回应。伊利则不对"圣元性早熟事件"置评。蒙牛高管策动的这次"陷害门"，也让公众看到了"网络水军"的威力。新华网昨天发表文章说，"网络水军"其实就是"网络黑社会"，呼吁官方通过完善法律，打击这种"网络黑社会"。

　　　　资料来源：根据新浪、搜狐、网易、新华网等相关新闻编写。

2. 灰色经济的治理

　　（1）不断完善法律法规体系。法律法规滞后于互联网发展是灰色经济不断扩大的重要原因，必须加快完善法律法规体系。以垃圾邮件为例，世界各国都在加快立法步伐。美国作为世界第一垃圾邮件生产国，是世界上最早试图通过立法来解决垃圾邮件问题的国家之一。20世界90年代后期，美国参、众两院开始关注垃圾邮件问题，先后制定了多部法律法规反垃圾邮件；欧盟及其成员国如英国、西班牙、德国等，也纷纷立法解决垃圾邮件泛滥的问题；韩国与日本，也同样出台了与电子邮件相关的保护措施。中国工业与信息化部颁布的《互联网电子邮件服务管理办法》提出要依法惩治垃圾邮件的违规行为，其内容包括垃圾邮件的界定、垃圾邮件的举报和认定、垃圾邮件的追查、垃圾邮件的处罚、用户权益保护等方面的规定。2004年原信息产业部颁布了首批防治垃圾邮件的通信行业标准，为防范垃圾邮件提供技术指导，其中《互联网广告电子邮件格式要求》规定了国内互联网络上传播的、符合国家相关法律规定的广告电子邮件的格式，主要包括广告电子邮件的词法、头部字段和消息体的格式以及头部字段的语法；《防范互联网垃圾电子邮件技术要求》规定了国内互联网络上垃圾邮件处理系统的网络结构及其主要组成设备的功能要求，并给出了目前垃圾邮件的主要特征、判定规则以及主要防范垃圾邮件的方法，该标准为开展电子邮件业务的运营商以及开发反垃圾邮件功能的软件供应商提供技术依据。

　　我国的法律法规有待进一步完善。以反垃圾邮件为例，我国反垃圾邮件法规存在显著缺陷：一是缺少专门限制未经同意即向收件人发送电子邮件的条款，只有当垃圾邮件的内容直接违反了相关法律法规中的禁止性规定的时候，相关的法律法规才可能适用。建议赋予用户网络隐私权，确定责任主体，要求 ISP 和广告主承担相应的法律责任。二是处罚力度不够，对垃圾邮件制造者及发送者缺乏威慑力。建议加大违法违规者的惩罚力度。三是缺乏针对性，垃圾邮件存在技术性强、取证难的特点，可以借鉴美国的经验，允许数量众多的收件人进行集团诉讼，既可以及时有效地保护互联网用户的权益，又可以降低行政和司法成本；同时，降低原告方的举证责任以及提高损害赔偿的金额。

（2）加强行政监管。由于灰色经济具有取证难的特点，政府有关部门必须加强监管。专家建议，应根据"网络水军"的特点，制定专门的监管法规，由政府相关部门加强监管。网络水军兴起的原因是网络营销的需要，形成了相关利益链条，监管部门可从委托企业、网络公关公司、网络运营商等多个环节加强监管，预防和惩罚违规行为。

（3）加强宣传教育。中国的网络发展十分迅速，但是文明使用网络的知识教育却没有得到有效的普及，不论是正确使用电子邮件的方法，还是发现垃圾邮件之后如何进行处理以及相关的法律法规的教育都严重滞后。如果所有的网络用户都能自己首先遵守相关的网络法规，并且懂得科学使用网络技术以及普遍的技术防范手段，相信垃圾邮件制造者的数量会减少，同时垃圾邮件的制造难度也会大大增加。同时，也必须看到垃圾邮件问题的产生和人们现在所处的社会文明的状况以及民众道德水平有密切的关系，因此需加大反垃圾邮件的宣传力度，提高民众对发送垃圾邮件行为危害性的认识，从小培养良好的网络行为规范，可以从根本上防止垃圾邮件问题继续恶化。

（4）鼓励技术创新和公平竞争。互联网具有的匿名性、跨国性等特点，法律法规受到管辖权、执行成本等因素的限制，常常难以有效发挥作用。技术创新是法律法规的有效补充。应积极培育和扶持网络安全技术企业，为广大用户提供预防和消除不良网络行为的技术。例如，利用加密技术保护消费者隐私，利用垃圾邮件检测技术反垃圾邮件等。市场上已经出现了大量网络安全技术企业，而且他们的产品已经成为用户桌面上不可或缺的部分，应鼓励这些企业通过竞争创造更好的产品和服务。

（5）鼓励行业自律。目前我国已经成立了全国性和地方性的互联网行业协会，有的协会已经制定了相关的自律性公约，规范软件厂商和网络运营商的行为。建议行业组织在倡导行业自律之外，加强监督功能。鼓励互联网服务企业制定和公布自己的行为准则，如公布隐私保护制度，包括用户的隐私数据如何保护和使用，数据保存期限，公司遵循的规则等等。

（二）网络黑色经济

网络黑色经济指通过网络开展的犯罪性经济活动，常见的黑色经济包括网络赌博、网络诈骗、网络色情经济等。

1. 黑色经济的常见形式

（1）网络赌博。网络赌博是指利用或部分利用互联网络进行的下注或购彩行为。根据相关法律规定以及人们的普遍心理预期，从赌博三要素的概括来看，网络赌博活动完全符合赌博者、赌博用具、赌彩的构成要件——参与网络赌博的消费者就是赌博者；网络设备和特定的软件就是赌博工具；各种具有一定交换价值的电子货币、信息币就是赌彩。网络赌博通过虚拟空间进行赌博，相对于传统赌博来说隐蔽性更强、犯罪风险更小、犯罪成本低、监控难度大。那么根据我国刑法对赌博犯罪构成的定义，网络赌博犯罪可定义为：以营利为目的，利用网络和现代金融交易手段聚众赌博、开设赌场或者以赌博为业的行为[1]。

现阶段，我国出现的网络赌博形式呈现出多样化、普及化、娱乐化的特点。根据公安机关侦破的网络赌博案件看：主要分为网络赌球、网络赌马、网络私彩等类型。传统的"六合彩"等赌博也以网络化的形式不断出

---

[1] 蔡艺生："网络赌博犯罪的定义及其解构要素"，《北京人民警察学院学报》，2008 年第 2 期。

现。由此给公安机关打击网络赌博犯罪不断提出新的挑战。

网络赌球。2006年世界杯足球赛期间，北京警方就破获了以魏某、孙某为首的赌球团伙，他们利用台湾赌博公司提供的多个网络赌球系统最高级别代理权，在北京大肆发展下线庄家和参赌会员，进行网络赌球活动。仅孙某所使用的一个三级代理账号在 6 月 30 日至 7 月 27 日期间接受参赌会员投注 3328 笔，共计金额 1.08 亿余元。同时，网络赌球的庄家为了获取最大利益，不惜采取威胁、恐吓等手段对比赛双方运动员和裁判员进行骚扰。干扰比赛正常进行，严重影响了公正、公平的比赛原则。造成许多比赛结果直接操纵在庄家手中，比赛还未进行，但结果却已确定。

网络赌马。所谓赌马，并非真的有马可赌，而是由"马庄"（庄家）提出一句类似谜面的话，由参赌者猜测谜底，猜中者按 1 比 38 获得"马庄"的赔付款项。每周 3 期。由于有很高的赔付比例。加之全国各地"马庄"众多，造成了各地赌马成风。近一时期。这些"马庄"为逃避公安机关的打击，开始利用互联网作为聚赌、下注的平台。网络赌马的庄家诱骗群众参赌的手法归纳起来有四种情况：一是编造某某中数百万大彩的谎言诱引。调动他人的好奇心、侥幸心；二是给初次少量参赌者发送电子邮件或短信息，故意提供谜底让其中彩，使其放松警惕。吸引其放大赌注；三是通过互联网邮件或以即时通信的方式发送所谓"马报"，对其高额中奖率进行夸大宣传；四是在互联网上建立"博客"网站，吸收赌资，派送彩金，诱骗他人参赌。由于这些网络赌马具有跨地域性和网络性等特点，欺骗性危害性极大，对社会治安造成极大影响。

网络私彩。国外彩票发行权的审批分为中央统管、地方自管和两级管理三种体制。我国彩票发行的审批权集中在国务院，任何地方和部门均无权批准发行彩票。由于彩票具有巨大的经济利益，许多地方又出现了私下印刷彩票的行为。尤其是近年来许多私彩庄家为了逃避政府的监管，利用网络进行私彩的犯罪活动，严重干扰正常彩票市场秩序，对国家金融监管、税收管理都带来了冲击①。

（2）网络欺诈。网络欺诈作为我国刑法中规定的诈骗罪的一种特殊形式，一般是指利用网络媒介实施的，骗取网络用户财物的行为。有学者将其定义为设计使用网络进行的任何形式的欺诈，如利用聊天室、电子邮件、留言板、网站、及时通信等工具进行的欺诈行为。网络欺诈的主要类型有：

网络钓鱼（Phishing）。攻击者主要利用一些具有较强欺骗性的电子邮件和伪造的 Web 站点来进行网络诈骗活动，诈骗者通常将自己伪装成正规的网络银行、在线零售商或信用卡公司的网站，来骗取用户的信用卡号、银行卡账户及密码、身份证号等信息。

网上交易中的欺诈。犯罪分子往往利用消费者"贪便宜、图方便"的心理，通过虚假的网站、仿真的页面、较低的价格、伪造的信用来骗取钱财。有些网站或网店以很低的价格出售手机、MP3、数码相机、游戏点卡以吸引消费者，并用各种虚假的安全保障措施打消消费者的疑虑。待消费者付款后，却发现汇款石沉大海，再无回应，也找不到投诉的门道。还有很多人在收到的电子邮件中发现自己获得某购物网站的免费奖券或折扣券，但是在对方网站消费时却被要求先支付一定的邮递费、快件费或保证金，结果造成部分人受骗。

利用网络通讯工具进行欺诈。互联网络目前不仅是广大用户学习、休闲、娱乐的好场所，还是相互通讯的主要渠道。Internet 上有很多方式可以让网友相互交流和通讯，比如：MSN、腾讯 QQ、电子邮箱业务、校友录和网络论坛等。网络通讯中由于双方信息不对等，也很难验证另一方的身份，容易被不法分子钻空子。很多用户在网上聊天、信息交流时由于轻信对方的身份或留言，结果上当受骗。

利用网络上泄漏的个人隐私进行诈骗。随着网龄的增长，很多消费者的个人信息广泛存在于个人网页、个人博客、网上校友录、购物网站、即

---

① 郝文江："网络赌博犯罪分析与对策研究"，《中国公共安全》（学术版），2008 年第 1 期。

时通讯软件、电子邮箱、在线求职网站等网络空间，某个环节稍有差错，就很容易导致个人隐私泄漏，给网络欺诈带来了很大的便利。

（3）网络色情。网络色情是指在网上介绍性服务信息或者露骨宣扬色情的行为。网络色情主要可以分为：利用互联网制作、贩卖、传播淫秽色情图片、色情影音像、色情文学、色情服务"性息"；色情服务"性息"。"性息"的出现是网络色情最新的一种表现形式。所谓"性息"是指由消费者在色情网站上发布关于卖淫嫖娼的信息，这些信息内容多是对卖淫场所、场所卫生、场所安全性、卖淫女相貌、"服务"态度、"服务"项目、"服务"水平、"服务"价格的详细表述；利用互联网进行网络色情交流。这些即时的色情信息交流按次付费、按小时付费或者包月付费成为 VIP 会员。

网络色情严重泛滥。据统计，目前全世界大约有 23 万个色情网站，并且以每天 200～300 个的速度增加。假设一个网站有 10000 张色情图片，500 个色情小电影，10 个色情聊天室，总计就有 23 亿张图片，1.15 亿个小电影，230 万个色情聊天室。政府有关部门采取多种方式治理网络色情，但效果有限，主要原因是网络的全球开放性和匿名性。在全球性的互联网上，一国法律很难追究境外色情网站的法律责任；互联网的匿名性也增加了执法成本。

网络色情对未成年人造成巨大危害。严重影响未成年人的学业或工作，损害未成年人的身心健康甚至走向犯罪。

2. 黑色经济的治理

（1）加强法制建设，完善法律体系。我国已经就网络经济犯罪做出了初步的法律规定，但需要进一步完善。首先，应细化网络经济犯罪的相关条款，适应网络犯罪发展的新情况。第二，应尽快明确网络经济犯罪的相关证据，如规定电子证据的形式、特性、取证、质证、认证、采信的规则和标准。第三，应进一步加大网络经济犯罪的处罚力度，提高震慑力，减少不法分子钻法律执行成本高空子的侥幸心理。

（2）提高公安部门的预防和侦破能力。由于网络经济犯罪具有高科技性、高智能性、高隐蔽性等特征，受害者往往缺乏举证能力，公安部门必须发挥更大的作用。公安部门应进一步加强能力建设，不仅要建设专业化队伍，还要加强与各类技术机构、商业企业的合作，建立强大的技术网络。还要加强国际间的刑事司法合作，建立应对全球化网络经济犯罪的"法网"。

（3）落实网络企业的责任。企业加强内部管理是重要基础。如阿里巴巴通过撤换高管加强企业内部管理，建设更加安全的电子商务平台。从现有的资料表明，阿里巴巴的少数直销人员欺诈客户，违背了阿里巴巴的"诚信和价值观"的愿景。面对网上欺诈，企业作为客户的服务者，有责任提醒消费者。在 QQ 聊天工具栏里，我们可以看到"交谈中请勿轻信汇款、中奖信息、陌生电话，勿使用外挂软件"这种善意的提醒。因此，企业首先应该从行动上约束自己，并且应该根据所掌握的信息为消费者提供警示。此外，从事电子商务的企业还应注重自身网站的建设，网络目录仍是许多商家电子商务的重要盈利模式。如果非法者打着企业网站的旗号实施欺诈，不仅使消费者蒙受损失，商家也难逃法律追究。所以保护自己的网站地位不受侵犯是商家义不容辞的责任。为此，商家应及时向 CNNIC 注册与企业名称或商标密切相关的域名。警惕他人仿冒或盗用自己的域名、网站 Logo、企业标识、商标，在网站上散发虚假产品目录，或通过篡改目标 URL 等方式篡改网站信息。

（4）鼓励技术和商业创新。技术和商业创新可提高交易的安全性，减少网络经济犯罪。例如，北龙中网公司提供的"可信网站"验证和可信服务器证书等服务是提高网络安全性的新服务。"可信网站"验证服务由北龙中网公司提出的验证网站真实身份的第三方权威服务。它通过对域名注册信息、网站信息和企业工商或事业单位组织机构信息进行严格交互审核来验证网站真实身份，并利用先进的木马扫描技术帮助网站了解自身安全情况，为合格网站提供"可信身份证"。可信服务器采取了国际强身份认证的技术及理念，在页面出现防伪"锁"的基础上，提供能够方便网民识别的签章，在用该证书能够保障用户与网站间信息加密传输的同时，进一步提升该可信服务器证书的身份易识别性能。对重点行业的网站，例如金融、医疗、保险、教育等，使用第三方认证服务认证的可信网站，可保证网民不受虚假网站的侵害。

（5）发挥行业协会和产业联盟的作用。行业协会和产业联盟等组织可以整合行业资源，提高网络经济犯罪的预防能力。如2008年成立的中国反钓鱼网站联盟，是为解决互联网领域频繁出现的网络钓鱼及网络欺诈问题而成立的公益性行业组织。由国内银行证券机构、电子商务网站、域名注册管理机构、域名注册服务机构、专家学者等共同组成。参加联盟的企业超过150家。联盟建立了钓鱼网站快速处理流程：联盟成员/用户举报钓鱼网站，秘书处和认定机构核实钓鱼网站，域名注册服务机构暂停域名解析，钓鱼网站被关闭，申诉处理。钓鱼网站处理方式：对于CN域名，通知域名注册服务机构于2小时内暂停域名解析；对于境内注册的非CN域名，协调境内域名注册服务机构暂停域名解析；对于境外注册的非CN域名，将钓鱼网站URL推送给合作伙伴，在浏览器、杀毒软件及搜索引擎中进行隔离或页面提示。该联盟在打击钓鱼网站方面发挥了积极作用。

（6）提高网络用户的自我保护意识。实践表明，网络用户的自我保护能力常常发挥重要作用。有关部门应加强宣传，提高用户的自我保护能力，主要包括：用户不要轻信不熟悉的网站，无论网站看起来多么令人印象深刻，或者多么专业，都要加强防范意识；在线发表有价值的个人资料一定要谨慎，不要轻易提供个人资料、信用卡号码或者密码；尽量采取安全的交易方式，避免网络欺诈。

第五章

电子政务的治理

电子政务是指政府利用互联网开展的政务活动。电子政务的治理是指，政府、私营部门、民间社会以及广大网民，根据各自的作用，共同推进电子政务的发展，提升政府工作效率和政务水平，促进民主化。

电子政务治理的主要内容包括对网络办公和网络民主的治理。

虽然政府是电子政务的主导者，但是电子政务的治理仍然离不开社会公众、私营部门的共同参与。

一、电子政务的治理

（一）电子政务的定义

联合国经济社会理事会和世界银行等国际组织都对电子政务进行了指导性的定义。首先，电子政务是信息通信技术在政府管理中的应用；其次，这些组织关注到电子政务在改善公民、企业、政府之间关系中的重要作用；第三，电子政务可以增强政府的透明度、减少腐败、促进政府服务的便利化、改进公共政策的质量和决策的科学性、减少政府运行成本等。

一些学者也对电子政务进行了研究，美国锡拉丘兹大学市民社会与公共事务教授波恩汉姆（G. Matthew Bonham）和美国国会图书馆研究员赛福特（Jeffery W. Seifert）等人的观点很有特点，他们认为，"电子政务对于不同的人来说意味着不同的事物，它可以通过行为进行阐述，比如公民通过政府所提供的信息获取创业、就业信息，或者通过政府网站获得政府所提供的服务；或者在不同的政府机构之间创造共享性的数据库，以便在面对公民咨询的时候能够自动地提供政府服务"。

本书对电子政务的定义是：电子政务是指政府利用互联网开展的政务活动。政务活动包括两个方面：一是政府通过互联网从事事务性工作，即网络办公，这其中政府是主动的一方；二是公民通过互联网表达诉求、提出建议、进行监督等，与政府进行互动，解决问题，进而促进社会民主的发展，这其中公民是更为主动的一方。

电子政务并非一成不变的概念，它的内涵和外延都在不断变化。从最初的政府服务信息化、到整合政府各部门的信息资源，实现跨部门的联合办公、信息共享、实时通信，再到网络民主。因此，电子政务不是简单地将传统的政府管理事务原封不动地搬到互联网上，而是借助信息技术改造传统政务，建立一种新型的、服务导向的、与公众互动的、透明、民主的政府。

（二）电子政务的特点

1. 互联网在政务中的作用机制

互联网在公民、企业与政府之间架起了相互沟通、交流的桥梁，使信息的传导更为顺畅、互动更为容易。公民具有表达权、知情权等，通过互联网了解信息、表达民意、参与政治，作用于政府决策和政治民主；企业通过互联网提出诉求，网上办事；政府针对政策文件、重大决策向社会征求意见，对待和处理网络舆情，通过网络了解民情、民意，增加决策科学性和公民对决策的认同感，也通过网络进行政府办公（如图5.1）。

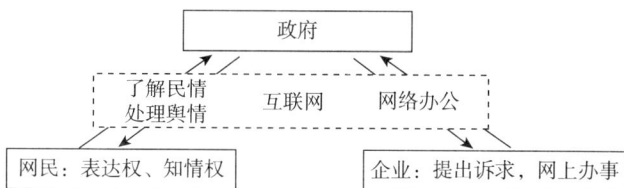

图 5.1　互联网在政务中的作用机制

互联网作用于电子政务，具有以下特点。

虚拟性与现实性：通过互联网进行的行为存在于虚拟空间中，而其功效和结果却是现实的。如公民或企业通过网络递交业务申请，办理网上申报纳税、申请业务许可等，政府对此进行处理，将结果反馈给公民或企业，完成纳税或业务审批流程；再如公民在网络中表达民意，提出对某项政策的意见，从而影响政府决策，都会产生现实的效果。

全球性与地域性：互联网具有全球性、跨国性的特点，而政务活动则是有国界的，而且即使在一国境内也存在地域性差异。电子政务则兼具了全球性与地域性的特点，其影响力超越了某一行政区域的界限，但一些网络办公的具体政务活动，却只可能在一定的地域范围内产生实际效力。

去中心化与中心化：互联网具有去中心化的特点，简单地说，就是由高度集中控制向分布集中控制转变，使世界更加扁平和多元。因此，在互联网上，人们可以不需要凭借其他人的转达、传递，能够直接获取充足信息，进行意见表达。而且互联网为每个人都提供了接近信息和权力的渠道，参与社会、经济、政治方面决策的人数增加，政治的透明和实质的民主成为可能。未来学家阿尔温·托夫勒在 1983 年出版了《预测与前提》一书，认为，网络"将会增加而不是减少参加社会、经济、政治方面的决策人数。而电子计算机可能是自有投票箱以来实行民主的最可依赖的工具"。政治和民主本身具有中心化特点，表现为将决策权向组织高层迁移或配置的过程，是自上而下的控制和领导力，知识、信息和决策集中于组织高层，优点在于果断、快速和步调一致，相反，去中心化的优势在于渐进、自发和参与，而电子政务则将互联网去中心化的特点应用于政务之中，使政务活动信息向公众公开、并开放互动参与，有利于决策民主。

互联网应用日趋多元：随着互联网的发展，出现了很多新的业务，如博客、微博客等。政府也将这些新的业务应用于电子政务之中，政府部门开通博客、微博客已经不再是新闻，政府与公民的网上在线交流增多，互动增强，有些政府部门还设立网络发言人等，促使电子政务的形式逐步走向多元。

2. 电子政务的特点

电子政务打破地域限制、部门限制，突破时间与空间。互联网跨界性、开放式的特点决定电子政务具有打破地域限制的基础。电子政务突破了国家和地区的界限，突破了传统网络办公活动的地域限制和时间限制，政府能随时随地为企业和社会公众提供每周 7 天、每天 24 小时的"全天候"服务。电子政务也使各个政府部门之间建立起了便捷的沟通桥梁，打破部门壁垒，对不同部门的信息资源进行有机整合、资源共享。而网络民主也使得传统民主突破了地理上的局限，偏远地区的人们可以通过网络参与两会、参政议政，远隔千山万水的突发事件，人们也可以通过网络共同进行讨论，甚至影响事件最终的处理结果。

电子政务提升传统政务效率、节约资源。在倡导低碳、节能减排的今天，无纸化办公已经成为一种时尚，也是电子政务的特点之一。在电子政务网络逐步建立和成熟的情况下，政府文件的生成、修改、存储、发送与接收都可以实现无纸化。无纸化办公有助于提高政府的工作效率，节约资源。政府机构内部之间、不同政府部门之间在网上进行信息交换和信息资源共享，实现办公自动化，可以极大地提高信息传播和交换的速度，提高办公效率。不同政府部门的协同工作，可以为公民和企业"客户"提供"一站式"的打包服务，节省了"客户"的时间和交易成本。

电子政务是政府的再造。电子政务将改造政府，改造政府的决策、工作流程、信息的收集和资源的共享模式，等等，甚至政府机构本身。电子政务促使不同政府部门、不同层级政府之间的办事规则统一化、标准化和程序化。改变原有的行政业务流程，利用信息技术、信息资源及信息网络，达到提高政府办公效率和质量的目的。为适应电子政务的发展，政府的内部机构需要调整，甚至在电子政务影响逐步深入的情况下，政府本身的工作理念、政府的组织结构等都将随之变化。

（三）电子政务治理中的主要矛盾

1. 互联网的快速发展与电子政务发展滞后性的矛盾

我国互联网发展迅速，根据中国互联网络信息中心发布的《第 27 次互联网络发展状况统计报告》，截至 2010 年底，中国网民规模达到 4.57 亿，互联网普及率攀升至 34.3%，手机网民数快速增加，达 3.03 亿，移动互联网展现出巨大的发展潜力。相比之下，移动电子政务的发展则比较滞后，应用范围小，很多政府网站都没有开通相关移动政务服务。

在互联网应用上，表现出商务化程度迅速提高、娱乐化倾向继续保持、沟通和信息工具价值加深的特点。2010 年上半年，大部分网络应用在网民中更加普及，各类网络应用的用户规模持续扩大。其中，商务类应用表现尤其突出，网上支付、网络购物和网上银行半年用户增长率均在 30% 左右，远远超过其他类网络应用。社交网站、网络文学和搜索引擎用户数量增长也较快。而对于电子政务的应用，目前在网络应用中所占比重还非常小。

可见，目前电子政务的发展水平远远落后于互联网的发展水平，而政务类的互联网应用，应该是互联网发展的一个重要领域，对互联网的健康快速发展也起着非常重要的作用。

2. 电子政务发展与政治体制改革滞后性的矛盾

国家信息化专家咨询委员会委员周宏仁教授认为，"电子政务建设的关键不是'电子'，而是'政务'"。这应该是对电子政务的代表性认识。国务院发展研究中心吴敬琏研究员认为，"只有在民主政治的体制基础上，电子信息技术才有用武之地。如果政务仍然是不透明或'暗箱操作'的，尽管有先进的电子技术手段，它也不可能发挥作用。反过来说，信息化又是推进社会主义民主政治建设、发展和完善社会主义制度的有力武器。电子信息技术在我国政治体制改革中能够大展长才"。

政治体制改革是电子政务发展的前提。首先，是观念和角色的转变，政府职能由管理向服务转变；政府由信息的所有者、占有者向信息的提供者、传播者转变；政府公共部门与社会公众，由治理者与被治理者之间的关系转变为公共服务的提供者与消费者、客户之间的关系。其次，是政府管理方式的转变，政府行政管理要充分运用法律手段，综合运用经济手段和必要的行政手段，由"行政—控制"型向"规则—服务"型转变；行政行为由依据内部文件、潜规则向规则透明、程序公开转变。

目前，很多政府部门使用互联网，也建立了电子政务系统，但是仅将其作为张贴信息的电子公告牌，而没有真正在如何利用电子政务改进工作，如何与公众加强互动，广泛听取社会各方意见上下工夫。而电子政务的发展方向，应实现从单一的将其作为发布信息的渠道，政府的形象工程向综合利用电子政务系统，反馈公众信息，与公众形成互动，共享信息，与相关部门协调决策，进而推进政治体制改革，促进社会民主进程转变。

3. 网络民意表达的快速性与政府舆情应对机制的矛盾

网络民意表达具有参与主体多元、意见表达真实、议题多样、影响广泛、传播迅速等特点。例如，在网络的快速传播与公众的广泛参与下，杭州飙车案、罗彩霞事件等，迅速成为广受关注的热点话题。2009 年 5 月 7 日 20 点 20 分左右，年仅 20 岁的胡斌驾驶三菱改装红色跑车在杭州文二西路与朋友"飙车"，将正在通过人行横道穿越马路的 25 岁浙江大学毕业生谭卓撞飞约 5 米高 20 米远，谭卓送医院抢救后不治身亡。事件发生后，在接下来的十几个小时迅速演变成一个公共事件，网友们展开了杭州网史上最强大的一次人肉搜索，人气最高的一个相关帖子达到了 60 多万点击量，7000 多个回帖。网络民意表达的传播速度之快，超出了政府的想象。这要求政府在处理网络舆情、民意的过程中，快速形成一套较为完善的应对机制。对突发性事件在第一时间进行调查处理，迅速展开调查、取证，控制局面，稳定公众情绪，发布正确的权威消息。而目前各地方政府处理应对网络民意的机制还在形成之中，相关经验也缺乏积累，与快速传播、发展的网络民意形成矛盾。

4. 网络民主与现实民主建设的互动性之间的矛盾

网络民主的出现与发展无疑推动了现实民主建设。但网络民主发展的过程中仍然存在很多问题，给现实民主建设带来了一些负面影响。网络民主可以充分体现人民参与民主政治过程的直接性、真实性、平等性，但是，由于互联网的虚拟性，网络民主也有其相对性甚至是破坏性、欺骗性，对现实民主建设有不利影响。

代议制民主是现实民主的基本制度安排，网络民主虽然具有一定代议制民主的特点，但是无法取代代议民主的这一基础性地位，而只能如同其他各种直接民主或参与民主的途径一样，对代议民主发挥补充作用。因此，在充分发挥网络民主积极作用的同时，也要防止其带来的潜在危险，化解其与现实民主建设的矛盾。

（四）电子政务治理的总体思路

1. 发展电子政务的意义

（1）电子政务对政府的意义。节约国家资源，降低管理成本，提高资源的利用效率。总体而言，政府通过信息技术对管理和决策信息进行有效的使用和处理，可以建立一个更加勤政、廉洁、精简和有竞争力的政府。公民直接通过网络与政府打交道、公民节约办事成本，政府节约行政成本；通过资料上网，可供社会公开查询，减少腐败源头，防止利用信息进行的诈骗活动。

改变政府结构，促进政府管理现代化，权力结构走向分权，变革决策方式，推动政府领导方式转型。电子政务推动了当代全球政府管理逐步从工业社会的传统模式向信息社会新的政府管理模式转变。互联网去中心化的特点，推动政府治理结构的扁平化。对于具体的政府部门，其权力结构的优化，可能使其行使权力的范围缩小，从而减少权力寻租。

加强沟通互动，有利服务公众，使公众了解政府，加强决策的贯彻力度。信息技术的应用能够使人民更好地参与政府的各项决策活动，从而促进全社会的进步。网络建立起更加有效、快捷的政府与公众之间相互交流的渠道，为公众与政府部门实时、双向地沟通提供方便。而且通过沟通，公众可以更多地了解政府决策流程、政策出台背景等，更有力地执行决策。

提升政府形象，在吸引外资的竞争中取胜。电子政务有助于建立一个公正透明的政府形象，对于外商投资而言，透明、公正的政府管理，稳定、明确的法律环境将有助于提升外商的投资信心。

电子政务为政府提供建设社会民主政治的更好途径。互联网提供了公众参与民主政治建设的平台，使更广泛的人群、更多的社会阶层平等地参与到对重大政策、公共事件的讨论中，推动事件的进展，达到社会民主政治建设的目标。

促进政府工作人员素质和技能的全面发展。电子政务对政府工作人员的计算机水平提出了要求，转变了传统的工作方式，促使政府去招聘或培训具有更高技术水平和综合能力的公务人员，从而提升整体公务员队伍的素质。

（2）电子政务对公众和社会的好处。主要有以下几种。

全面、即时地掌握政府信息。政府通过其门户网站，及时公布政策、法规，发布最新的重大活动信息，使公众能够更全面、及时地了解政策变化。

"一站式服务"节约办事成本。电子政务系统整合各政府部门的资源，倾向于向公众提供由多个政府部门在背后支持的"一站式服务"，有利于减少办一件事，需要到多个政府部门，盖章就盖满几页纸的情况。

增加表达诉求的渠道，参与决策。通过政府网站开设的留言板、信箱等，公众可以对政策进行评论、提出建议、反映意见，甚至参与到政府决策之中；通过在网上对某些热点公共事件的讨论和参与，有力推动事件的公正处理，保护弱势群体。

2. 电子政务的治理机制

建立多方参与的电子政务治理机制。电子政务的治理不能仅靠政府部门，而是需要社会的多方参与，建立起有效的治理机制。各级立法机构，要健全、完善相关法律法规，让网民依法上网、用网，畅所欲言，理性建言。

政府行政部门是电子政务治理的核心。应持续推进门户网站建设、加强互动环节的设计和利用；合理吸收网民意见，加强科学决策；建立重大、突发事件舆情应对机制，加强预警，快速反应，加以应对。

充分重视社会中介组织的力量。发挥相关研究机构的作用，从理论和实践方面加强电子政务研究；以行业协会为中介，加强与企业界、社会各界的交流。

公众也是电子政务治理机制的重要组成部分。一方面，公众是政府行政管理的相对人，是网络办公的直接受益者；另一方面，公众也是社会民主建设的参与者，公众在电子政务治理中，要充分发挥主观能动性，推进电子政务的发展。

政府是电子政务治理的核心和关键。强化各级政府部门推行电子政务的意识，转变对互联网的认识，将互联网作为政府行政管理、公共服务的有力工具。

推进政府改革，整合政府业务流程，将电子政务作为政府业务中的重要一环，使电子政务与政府改革实现良性互动。

开发高水平的电子政务应用，改变电子政务的应用数量和水平远远低于互联网业务应用创新速度的情况，应积极探索将互联网业务应用于电子政务，开发设计高水平的应用程序。

提高农村信息化水平，缩小数字鸿沟。网络民主的发展，使数字鸿沟问题更加突显，不能上网的人群缺少了重要的意见表达渠道，不利于民主社会建设。

吸引私人部门与非政府机构参与电子政务的建设，确保电子政务顺利开展。在确保政务安全的前提下，可以考虑通过合理方式授权企业参与筹资、建设、运营和管理。

加强政府公务人员培训，提高人员素质，从而提升电子政务的治理水平。

二、网络办公

网络办公是电子政务最初发展的最基本功能，是电子政务的基础内涵。网络办公指的是基于互联网（而非政府内网）的电子政务建设，包括政府利用互联网从事的政策发布、宣传，办理行政事务，为决策征询民意等活动。

网络办公不仅仅是把事务搬到网上，更主要的是政府治理观念的变化、实现信息的公开、透明，最大限度地与网民、公众互动，在此基础上处理政务，从而最大限度地增进公共利益。

（一）网络办公的治理现状

1. 网络办公的主要形式

按网络办公的服务对象，可以将网络办公分为三个方面。

政府对政府（G2G）：政府部门之间实现在网上发布传递公文、信息交换、数据库检索、信息共享等。例如，海关总署等12家部委共同参与的"中国电子口岸"，将这些部门分别管理的进出口业务信息流、资金流、货物流等电子底账数据集中存放到公共数据中心，在统一的计算机物理平台上实现数据共享和交换。各政府部门可根据执法和管理需要进行跨部门、跨行业的联网数据核查，企业也可以在网上办理各种进出口手续。

政府对企业（G2B）：政府通过电子网络系统进行电子采购与招标、电子税务、电子办理、信息资源服务、中小企业电子服务等，以方便快捷地为企业提供各种信息，减轻企业负担。

政府对公民（G2C）：政府网站向公民提供信息，与公民进行互动，例如政府网站所提供的主要信息服务包括：政府新闻、政府职能/业务介绍、统计数据/资料查询、法律法规/政策文件、办事指南/说明、通知/公告、企业/行业经济信息、便民生活/住行信息等，除信息提供外，公民可以通过政府网站进行在线评论并反馈对政府工作的意见，办理各种证件、证书等。政府网站还提供专业化的政府服务，例如北京市工商行政管理局建立了网上办公平台——红盾315网站，开办了网上专项审批、网上注册与年检、网上经营者身份及经营行为合法性认证、经营性网站备案核准等业务。

2. 网络办公的基本现状

各级人民政府是电子政务发展的主要推动力。国家信息化领导小组1999年成立，负责组织协调跨部门、跨行业的重大信息技术开发和信息化工程的有关问题。为了推进信息化建设，2001年8月国家信息化领导小组重新组建，组建国务院信息化工作办公室，作为国家信息化领导小组的常设办事机构，是电子政务建设的主管部门。2010年3月国务院信息化工作办公室被并入新组建的工业和信息化部，相关职能由信息化推进司、信息安全协调司和软件服务业司承担。其中，信息化推进司承担"指导协调电子政务和电子商务发展，协调推动跨行业、跨部门的互联互通；推动重要信息资源的开发利用、共享"职责，并承办国家信息化领导小组的具体工作。

截至2010年10月31日，由五洲传播中心创办的"找政府"网站（www.zhaozhengfu.cn）搜集中国各级政府及组织机构网站数量已近7万个，达到68777个。其中，中央级网站122个，省级网站2241个，地市级网站17948个，县区级以下网站48466个。一个电子化政府的体系日趋形成。根据2010年7月中国互联网信息中心发布的第26次《中国互联网发展状况统计报告》，gov.cn的政府域名共51997个，占CN域名总数的0.7%。目前100%的国务院组成部门和省级政府、95%以上的地市级地方政府、85%以上的区县级地方政府建成了政府网站。

表5.1　　　　　　　　　　中国分类CN域名数

	数量（个）	占CN域名总数比例（%）
cn	4581082	63.2
com.cn	2103626	29.0

	数量（个）	占 CN 域名总数比例（%）
net. cn	283228	3.9
adm. cn	108222	1.5
org. cn	107486	1.5
gov. cn	51997	0.7
ac. cn	7347	0.1
edu. cn	3685	0.1
mil. cn	13	0.0
合计	7246686	100

资料来源：第 26 次中国互联网发展状况统计报告。

  企业、公民作为政府网络办公的受益者，也是推动网络办公发展的重要力量。企业、公民不断在电子政务服务的使用过程中，为各级政府部门的门户网站建设提出完善的意见和建议。由于网络办公的安全性要求高，联想、北大方正、东软公司等国内主要 IT 企业都在纷纷推出各自的电子政务解决方案，与各级政府和部门合作，参与电子政务项目外包，积极推进有中国特色的电子政务办公系统的发展与完善。与此同时，众多中小软件企业也参与到网络办公软件和系统的发展中。

  在制度建设上，一些中央政府部门和地方政府专门出台了加强电子政务建设的部门规章、地方性法规或地方政府规章。2007 年 9 月，国家发展与改革委员会发布实施《国家电子政务工程建设项目管理暂行办法》，以加强国家电子政务工程建设项目管理，保证工程建设质量，提高投资效益，对使用中央财政性资金的国家电子政务工程建设项目进行规范。主要规定了国家电子政务工程建设项目的申报与审批、建设管理、资金管理、监督管理、验收评价管理、运行管理等。对于部门内部的电子政务建设，商务部、环境保护部出台了内部管理规定，商务部《电子政务项目建设管理办法》对商务部电子政务建设的组织管理机构、项目的立项和审核、项目建设的管理等进行了规定。环境保护部 2010 年 9 月出台了《电子政务信息交换平台管理规定（试行）》，主要是为了规范各级环境保护管理部门对电子政务信息交换平台的使用和管理，满足日益增长的环境业务管理工作的实际需要，提高工作效率和信息化水平。明确规定了信息交换平台的定位、主要功能和覆盖范围，对信息发布和共享、系统和用户管理、应用系统管理、系统安全保障等提出了具体要求。民航总局也出台了《民航电子政务管理办法》，用于规范民航行政机关的电子政务建设。

在地方政府层面，北京、天津、云南、深圳、合肥等省、市也出台了电子政务建设与管理的政府规章或规范性文件。例如，北京市在信息化工作领导小组《关于全面推进电子政务建设的意见》（京信发〔2004〕1号）、《北京市政务与公共服务信息化工程建设管理办法》（北京市政府第67号令）的基础上，出台了《北京市电子政务建设管理办法》。主要是为了深化电子政务建设的内涵，推动电子政务建设集约式发展，解决北京市电子政务建设中存在的多头决策、重复建设、资源不共享、标准不统一等问题。此外，天津市发布了《天津市电子政务管理办法》、云南省发布了《云南省电子政务管理办法》，都是以政府规章的形式对电子政务进行规范，明确了电子政务的主管部门、对信息安全、电子政务项目评估、政务信息公开的范围、信息资源开发与利用等进行了规定。

网络办公发展具有地区发展不平衡的特点。无论电子政务发展，还是政府门户网站建设、政府信息共享与资源协同，东南经济发达地区都好于中西部地区，例如上海、深圳等；中央、省市行政层级比较高的政府及其部门的电子政务发展比较快，门户网站建设比较完善，而行政层级比较低的政府或部门发展相对落后。

专栏 5.1　先进地区网络办公的经验

政府门户网站建设

深圳：建设以公众为中心的政府网站

在 2008 年，深圳市政府门户网站结合政府工作重点和公众需求，强化资源整合，优化设计理念，实现场景式服务，在提升政府网站服务质量方面取得了很大的进展，其主要做法包括了四个方面。

一是做好政府信息公开，为政府网站引来源头活水。深圳市按照《中华人民共和国政府信息公开条例》的要求，对政府各部门的职能和业务进行了梳理，在网站上发布了《深圳市政府网站信息公开目录》，包括8类公开信息，共157683条信息，为丰富政府网站内容奠定了基础。

二是加强政府网站人性化设计。内容丰富、功能强大但冰冷生硬的网站已不再受欢迎。深圳市政府门户网站按用户对象和流程导航方式设计了专项场景式服务，兼顾不同用户的使用习惯，创新了服务方式，降低了公众使用政府网站的门槛，切实体现了以公众为中心的服务理念。

三是结合用户需求，设计场景式服务导航。深圳市政府门户网站选取了"上学"、"看病就医"、"买房卖房"、"出入境"、"医疗保险"、"养老保险"等14个场景式服务主题，结合业务办理流程，依次整合政府相关部门的咨询渠道、网上服务资源，使用户能够顺利获取各项办事服务。

四是深化技术应用，为场景式服务提供后台支撑。深圳市开发了场景式服务生成系统，政府各部门针对不同用户细分业务事项后，可按照统一的规范、要求，生成不同主题的场景式服务。系统根据信息公开目录直接从资源库提取数据，动态生成最终服务页面，各部门不需要另外做内容保障工作，提高了场景导航式服务的服务水平、质量。

上海市虹口区：整合资源创新服务打造政府新门户

①深化信息公开，增强政府工作透明度

虹口区政府网站从技术上不断完善，实现了与虹口区公开信息的发布核审、申请信息公开的接受和处理系统的有机结合，并为各信息公开责任部门搭建了专门的交流平台，提供工作动态、工作交流、互动讨论及报表的上报备案、催报提醒等功能，提高了信息公开工作效率，形成了信息公开长效工作机制。

②不断拓展网上办事，提升为民服务水平

在区政府的统一部署下，各部门对行政事项做了统一梳理，实现了事项名称、受理标准、办理流程、信息反馈的流程和内容规范。在事项处理和发布上，初步实现了门户网站受理与协同办公系统（内门户）的有效衔接，并与全部业务部门实行了手机短信绑定；在申请流程上，摒弃了前置注册环节，实现"零门槛"的开放受理，形成了前台一口受理与发布，后台协同办理的工作模式，从而为公众提供了完整的在线受理、状态查询和结果反馈三个环节的网络服务。

③强化信息交互，广泛倾听社情民意

虹口区政府网站在保障"网上信访（投诉）中心"、"区长信箱"等渠道畅通、便捷的同时，开辟"民意倾听"专栏，在各重要页面开设入口，便于访问者随时进行交流沟通，实现了咨询、建议、投诉的一口式受理。此外，通过技术手段主动搜索网络舆情，及时了解社情民意、诉求，按照流程管理要求，将领导批示和部门处理结果在网上予以发布，妥善解决问题，化解矛盾，收到了良好效果。

为了让社区百姓充分享受信息化带来的成果和便捷，虹口区紧紧依托政府实事工程"万户家庭网上行"活动，创建了一个门户——"虹口学习网"、一本教材——"数字家园"、一支专业的队伍、10个社区信息化培训基地，累计培训社区居民7万余户。使社区居民掌握了如何获取政府信息、如何申请网上办事、如何申请信息公开、如何开展政民互动的操作技能，对消除数字鸿沟，营造良好的信息化社区氛围起到了积极作用。

信息共享与资源协同

广东省通过制定一系列大政方针，实施大社保信息系统、企业信用信息网、企业基础信息共享和交通安全信息共享等重大项目，参与共享的部门不断增多，共享信息的数量不断扩大，目前已接入单位68个，实现共享单位32个，共享信息达50类逾8000万条，每月交换数据154万条。经过多年来的实践探索，广东省通过信息共享主要支撑了以下几方面应用：一是优化型应用，对原有业务进行职能重组和流程优化，如地税局开展社保费地税代征应用；二是创新型应用，以信息化手段支撑新型业务，如社保局开展社保基金使用监察应用；三是信息研判应用，如公安厅开展抓捕罪犯信息分析；四是非常规性应用，如工商、税务部门根据需要不定期开展数据比对；五是公众信息服务，如企业信用信息网面向社会提供信用查询。

杭州市在政务信息资源共享与业务协同方面，充分调动和发挥部门的积极性，加快完善人口、法人单位、城市空间地理信息、社会经济统计指标数据库四大基础数据库。目前，以市民卡、企业基础信息互联、就业再就业等项目为基础，已初步建成杭州市人口和法人单位数据库，其中，法人库涉及单位7个，指标项266个，在库记录条数17204199条，人口库涉及单位7个，指标项615个，在库记录条数77159858条。市规划局、国安局、民政局牵头建设的城市地理空间基础数据库，已经建成覆盖杭州全市多种比例的基础地形数据、正射影像数据、数字高程模型和基础框架数据；覆盖杭州市八城区3300平方公里范围的基础地形数据、航空影像数据，覆盖杭州市主城区的综合地下管线数据、建成区范围的地名数据等，并实现了37个部门的业务共享。市统计局牵头建设的杭州经济社会发展统计数据库按照经济发展、就业生活、城市建设三大类，十五小类，1287项指标，对海量数据进行存贮和管理，能够将全市经济、社会、科技、资源与环境、居民生活和城市建设等信息整合起来，实行统一管理，还能根据具体的应用需求，进行综合应用。同时，依托目录与交换体系，已经实现市民卡项目、企业基础信息互联项目、就业再就业信息共享与协查项目、建筑业市场监管项目、房地产市场综合治税项目、食品安全信用信息系统、社会保险金地税代征缴信息系统等 7 项业务协同应用，正在实施流动人口数据库系统、96345 语音服务数据库系统、市房地产市场预警预报系统、"数字档案馆"系统、低保户认定应用系统、联合征信系统、"行政联合审批"系统、"金宏工程"数据库系统等 8 项业务协同应用；"权力规范运行"电子监察系统、高分辨率卫星遥感影像应用系统等 2 项协同应用已进入前期准备阶段。与部门实际应用、需求的密切结合，既丰富了试点工作的内容，又有效推进了试点工作的深入开展。

北京市通过近几年的探索和实践，政务信息资源共享工作的主要成果可以概括为"11241"，即：初步建立起了一套推动资源共享工作的法规标准体系，基本形成了一套闭环的资源共享工作机制，初步构建了市区两级共享交换体系，形成了以跨部门重大应用、主题应用、基础信息资源共享、部门间结成资源共享对子等四个方面作为突破口的分层推进策略，有效支撑了一系列重大应用和各部门的核心业务工作。完成了 1700 多类数据和 2300 项服务事项的梳理，编制了涉及人口、法人、空间的政务基础信息资源目录。探索并形成了以跨部门重大应用、主题应用、基础信息资源共享、部门间结成资源共享对子等四个方面作为突破口的有效推进策略。依托市区两级共享交换体系开展了大量跨部门、跨层级的资源共享，累计完成了近 1.2 亿条数据的共享交换，支撑了各部门的 60 多项业务应用，为应急指挥、城市运行管理等奥运会相关的重大业务应用提供了重要支撑，资源共享工作取得了突破性的进展。

资料来源：工业和信息化部网站。

3. 网络办公的治理现状、经验与问题

（1）网络办公的国家政策引导。从上世纪 90 年代以来，国家开始通过政策引导和推进电子政务的发展。

"三金工程"。1993 年 12 月国家启动"三金工程"，即金桥工程、金关工程和金卡工程，是中央政府主导的以信息化为特征的系列工程，重点是建设信息化的基础设施，为重点行业和部门传输数据和信息，这是政府推动网络办公的开始。"金桥工程"全称为"国家公用经济信息通信网工程"，是国家经济和社会信息化的基础设施之一。"金关工程"主要通过海关、外贸、外汇管理和税务等政府部门的联网，向企业提供相关服务。"金卡工程"是以电子货币工程为重点的卡基应用系统工程，除银行卡外，在非银行卡方面也取得了较大进展，尤其是 IC 卡在电信、公交、路桥自动收费、社会保障等多个领域得到广泛应用。2003 年北京市率先推出了"北京市民卡"，该卡是供市民办理各项保障事务、享受政府公共服务的一种智能 IC 卡，具有信息存储、电子凭证、支付交易及信息查询等基本功能，可应用于社会保险、劳动就业、社会福利、社会救济、优抚安置、卫生健康和社区服务等多个领域。

"政府上网工程"。1999 年 1 月，由中国电信和国家经贸委经济信息中心联合 40 多个部委（办、局）的信息主管部门共同倡议发起了"政府上网工程"，"政府上网工程"的主站点 www. gov. cninfo. net 和门户站点 www. gov. cn 正式开通，成为中国网上政府的导航中心和服务中心。中国政府网作为我国电子政务建设的重要组成部分，是政府面向社会的窗口，是公众与政府互动的渠道，是国务院和国务院各部门，以及各省、自治区、直辖市人民政府在国际互联网上发布政府信息和提供在线服务的综合平台。对于促进政务公开、推进依法行政、接受公众监督、改进行政管理、全面履行政府职能具有重要意义。中国政府网现开通"今日中国、中国概况、国家机构、政府机构、法律法规、政务公开、工作动态、政务互动、政府建设、人事任免、新闻发布、网上服务"等栏目，面向社会提供政务信息和与政府业务相关的服务，逐步实现政府与企业、公民的互动交流。

国民经济和社会发展五年规划。2000 年 10 月，电子政务被列为"十五"计划的重要内容。《中共中央关于制定国民经济和社会发展第十个五年计划的建议》提出："政府行政管理、社会公共服务、企业生产经营要运用数字化、网络化技术，加快信息化步伐。面向消费者，提供多方位的信息产品和网络服务。"五年后，"十一五"规划明确指出："各级政府要加强社会管理和公共服务职能，不得直接干预企业经营活动。深化政府机构改革，优化组织结构，减少行政层级，理顺职责分工，推进电子政务，提高行政效率，降低行政成本。"2010 年 10 月发布的《中共中央关于制定国民经济和社会发展第十二个五年规划的建议》中提出电子政务工作的重点："以信息共享、互联互通为重点，大力推进国家电子政务网络建设，整合提升政府公共服务和管理能力。"三个五年规划中，对电子政务的要求逐步深入。

《关于我国电子政务建设指导意见》。2002 年中共中央办公厅转发了《国家信息化领导小组关于我国电子政务建设指导意见》（中办发〔2002〕17 号），将电子政务建设作为今后一个时期我国信息化工作的重点，提出"政府先行，带动国民经济和社会信息化"，提出了建设"一站、两网、四库、十二金"的宏伟目标，"一站"即政府门户网站，"两网"即政务内网和政务外网，"四库"即建立人口、法人单位、空间地理和自然资源、宏观经济等四个基础数据库；"十二金"则是要重点推进办公业务资源系统等十二个业务系统。在电子政务建设指导意见指导下，2006 年国务院信息化办公室发布《国家电子政务总体框架》（国信〔2006〕2 号），以指导"十一五"期间全国电子政务的推行和健康发展。

《行政许可法》。2004 年 7 月 1 日开始施行的《行政许可法》是目前唯一一部法律层面的明确规定"电子政务"的立法。《行政许可法》第三十三条规定，行政机关应当建立和完善有关制度，推行电子政务，在行政机关的网站上公布行政许可事项，方便申请人采取数据电文等方式提出行政许可申请；应当与其他行政机关共享有关行政许可信息，提高办事效率。

2006～2020 国家信息化发展战略。2006 年，中共中央办公厅、国务院办公厅印发《2006～2020 国家信息化发展战略》，将电子政务作为我国信息化发展的战略重点，并提出了电子政务行动计划。

《国务院关于加强法治政府建设的意见》。2010年10月10日，国务院发布了《关于加强法治政府建设的意见》，要求"创新政务公开方式"。进一步加强电子政务建设，充分利用现代信息技术，建设好互联网信息服务平台和便民服务网络平台，方便人民群众通过互联网办事。要把政务公开与行政审批制度改革结合起来，推行网上电子审批、"一个窗口对外"和"一站式"服务。规范和发展各级各类行政服务中心，对与企业和人民群众密切相关的行政管理事项，要尽可能纳入行政服务中心办理，改善服务质量，提高服务效率，降低行政成本。为网络办公提供了最新的政策指引。

这些政策、工程和战略，是我国发展电子政务的重要基础，但政策还是要靠各级政府部门、各类企业主体和公众共同来落实，推动网络办公的发展。

（2）网络办公的服务与应用。经过多年的发展，目前网络办公的基础设施已经比较完善，硬件设施较为齐全，大部分政府部门都配置了性能比较高的电脑；网络都连接上了宽带；购买了大量正版软件。

从服务与应用上看，我国大部分政府门户网站的内容提供以信息发布为主，主要包括以下几类：概况和基本信息类、新闻类、政府机构和职能介绍类、办事程序或手续介绍类、政策法规、招投标信息发布、重点企业或事业单位介绍类。

国家政府信息公开的要求是电子政务的重要推动力量，政府信息也是电子政务的重要内容。2005年3月，中共中央办公厅、国务院办公厅发布了《中共中央办公厅、国务院办公厅关于进一步推行政务公开的意见》，是政务公开的指导文件。政务公开包括：政府办事制度、办事过程、办事结果。而政务信息并不是政府信息公开的全部，2007年我国颁布了《政府信息公开条例》，是目前关于政府信息公开的最主要法律依据，其中第二条以概括的方式规定，政府信息是指行政机关在履行职责过程中制作或者获取的，以一定形式记录、保存的信息。

《政府信息公开条例》第十条、第十一条、第十二条以列举的方式规定了重点公开的政府信息。

第十条　县级以上各级人民政府及其部门应当依照本条例第九条的规定，在各自职责范围内确定主动公开的政府信息的具体内容，并重点公开下列政府信息：

（一）行政法规、规章和规范性文件；

（二）国民经济和社会发展规划、专项规划、区域规划及相关政策；

（三）国民经济和社会发展统计信息；

（四）财政预算、决算报告；

（五）行政事业性收费的项目、依据、标准；

（六）政府集中采购项目的目录、标准及实施情况；

（七）行政许可的事项、依据、条件、数量、程序、期限以及申请行政许可需要提交的全部材料目录及办理情况；

（八）重大建设项目的批准和实施情况；

（九）扶贫、教育、医疗、社会保障、促进就业等方面的政策、措施及其实施情况；

（十）突发公共事件的应急预案、预警信息及应对情况；

（十一）环境保护、公共卫生、安全生产、食品药品、产品质量的监督检查情况。

政府信息公开可以防止信息被少数人垄断或有选择性地公开，防止信息被更改、掩盖。

第十一条　设区的市级人民政府、县级人民政府及其部门重点公开的政府信息还应当包括下列内容：

（一）城乡建设和管理的重大事项；

（二）社会公益事业建设情况；

（三）征收或者征用土地、房屋拆迁及其补偿、补助费用的发放、使用情况；

（四）抢险救灾、优抚、救济、社会捐助等款物的管理、使用和分配情况。

第十二条 乡（镇）人民政府应当依照本条例第九条的规定，在其职责范围内确定主动公开的政府信息的具体内容，并重点公开下列政府信息：

（一）贯彻落实国家关于农村工作政策的情况；

（二）财政收支、各类专项资金的管理和使用情况；

（三）乡（镇）土地利用总体规划、宅基地使用的审核情况；

（四）征收或者征用土地、房屋拆迁及其补偿、补助费用的发放、使用情况；

（五）乡（镇）的债权债务、筹资筹劳情况；

（六）抢险救灾、优抚、救济、社会捐助等款物的发放情况；

（七）乡镇集体企业及其他乡镇经济实体承包、租赁、拍卖等情况；

（八）执行计划生育政策的情况。

《政府信息公开条例》第十三条还规定，除行政机关主动公开的政府信息外，公民、法人或者其他组织还可以根据自身生产、生活、科研等特殊需要，向国务院部门、地方各级人民政府及县级以上地方人民政府部门申请获取相关政府信息。

政府信息公开要经过保密审查，行政机关在公开政府信息前，应当依照《中华人民共和国保守国家秘密法》以及其他法律、法规和国家有关规定对拟公开的政府信息进行审查。行政机关对政府信息不能确定是否可以公开时，应当依照法律、法规和国家有关规定报有关主管部门或者同级保密工作部门确定。行政机关不得公开涉及国家秘密、商业秘密、个人隐私的政府信息。但是，经权利人同意公开或者行政机关认为不公开可能对公共利益造成重大影响的涉及商业秘密、个人隐私的政府信息，可以予以公开。

《政府信息公开条例》规定了信息公开的方式和程序，其中，政府网站是重要的信息公开渠道。但目前，我国政府网站除更新速度较快的政府新闻和统计数据、资料查询外，整体更新速度较慢。例如，一些网站部分功能如网上办公、在线服务等无法进入或使用；部分政府网站信息的更新速度缓慢，严重滞后于现实发展，甚至最新信息是 2008 年或 2009 年的；不少政府网站设置了沟通平台如网络论坛等，但大多数子论坛都显示"回复数 0"。中国软件评测中心发布的《2010 年中国政府网站绩效评估报告》显示，目前部分政府网站的内容偏离业务，真正与本部门业务相关的信息和服务少之又少；在线服务和政民互动方面也表现较差，只提供表格下载、打印服务的政府网站占到 36%，开通了在线咨询和在线申报服务的仅占 24% 和 14.5%。在互动留言中，"已阅"、"请与×× 联系"等质量不高甚至推诿敷衍的答案，依然在相当程度上存在。

（3）政务信息共享与业务协同。随着网络办公的发展，网络办公逐步从单部门、单系统建设的网络办公平台及应用转向深度挖掘信息资源价值，加强跨部门协同应用，这样才能更好地促进政府行政效率、公共服务效能的提升。政府信息共享与业务协同，其中包含政府信息公开、数据库建设、应用系统整合和对外渠道整合等多方面的内容。

很多网络办公先进的地区都把基础数据库建设作为实现信息共享的基础。例如上海重点建设了人口、法人及空间地理三个全市基础数据库，确保各类基础信息的完整性、准确性和一致性。目前上海全市已初步形成覆盖 1370 万户籍人口、约 700 万来沪人员信息的人口数据库，可在人力资源、社会保障、公安、民政、医保、公积金管理等部门之间进行数据交换和共享。在法人领域，上海建成了覆盖全市 100 万户企业、含 53 项基础信息的企业基础信息库及数据交换平台，实现了工商、财税、质监等部门相关信息的交换与共享。在空间地理领域，初步建成由数字地形图、数字化遥感影像图组成的基础地理空间数据库，以此为依托形成了服务不同对象的三个应用版本。广东省为解决信息资源匮乏的问题，做了以下三方面工作。一是通过实施社保信息系统，建设了基础共享数据库，社保数据中心采集了全省涉及 12 个部门的 1800 万参保人员的基本信息、80 万婚姻登记信息和 40 万的再就业信息，这批数据形成了省数据中心基础数据。二是以信息共享为导向，在电子政务项目建设管理中强制要求资源共享。提出了信息资源建设"三个一原则"：数据采集"一数一源"，交换体系"一套标准"，数据共享"一个中心"，要求所有的项目建设必须明确可供共享的信息资源，并做出具体承诺，大大促进了各部门信息资源的开放和共享。如省公安部门已承诺提供包括人口信息在内的 11 类信息，现已提供"死亡注销人口信息"96 万条，"全省机动车驾驶证信息"2100 万条、"机动车登记证信息"2000 万条。

但目前，政府部门之间的信息共享机制、统一的政务信息交换平台的建设尚不完善，这是制约政府信息共享的主要因素。政务信息交换平台，有利于把各种孤立的应用系统和不同政府部门的信息系统联系起来，实现数据传输、共享和交换，解决信息孤岛问题。信息标准不统一也是信息整合的主要障碍，譬如对同一个对象或概念进行表述，公安部门用 10 个字表述，税务部门则用 6 个字表述，这就造成了不兼容，要解决这个问题，需要一个整体规划，解决从数据源到信息交互的标准的统一性问题。

网络办公有利于对政务流程进行改革，通过多个业务部门的协同工作，实现一个窗口对外。例如，湖北省国土资源厅的电子政务应用案例被国务院电子政务办评为全国中西部地区十佳电子政务优秀应用案例。即是推行"一站式服务，一个窗口对外"，审批事项业务报件全部由电子政务窗口受理，经过设定的程序流转、办理、会签、审批，最后又回到窗口发文并归档，整个办文过程全部实现自动化、网络化、无纸化。并且建立电子监察平台，与省监察厅电子监察系统对接，将行政审批事项全部纳入电子监察系统；在厅纪检监察室设专人对所有审批事项进行网上跟踪监督，利用电子政务系统短信发送平台，及时发出效能监督信息，对出现超时违规等问题的，及时提醒，定期通报，责成相关处室说明原因，限期整改。

（4）网络办公的内部组织管理。根据国内学者孟川瑾的研究，国内对于政府中电子政务组织的架构体系多年来一直没有太大的变化。一般是有"信息化领导小组"、"信息办"、"信息中心"三种结构。一般说来，"信息化领导小组"行使决策职能；"信息办"行使协调、评估的职能；而"信息中心"则行使"实施职能"。而信息化领导小组对于实施信息化的作用基本为零。因为我们的信息化领导小组大部分是某些高层领导挂职担当，并不参与具体的决策和协调，对于信息化的了解又不深，更多的实际决策来自下级，领导小组只是象征性地拍板而已。信息化管理和实施部门地位很低。目前国内"政府CIO"的主要组织结构可以分为以下几种："信息办 + 信息中心"主导型、"信息办"主导型、"信息中心"主导型、"职能处室"主导型、"职能处室 + 信息中心"型结构、"业务部门"主导型。

以上这几种不同结构的一个共性就是信息化主管部门在政府中的地位很低，往往与其他职能部门平齐甚至是比其他职能部门的地位还要低，而且由于"信息中心"是事业单位，不属于公务员系列，这种在组织结构上的不合理造成了电子政务的发展规划和实施很难从大局和统一的角度出发。造成了目前电子政务发展中的"各自为政""重复建设"等一系列问题。

网络办公的组织架构问题是制约电子政务发展的主要体制问题。各政府部门分别拥有自己的"信息中心"，分别建立各自的网络办公系统，增加了网络办公现实信息共享和业务协同的难度。加之，"信息中心"往往没有很好的人才激励机制，导致好的人才流失，技术上缺乏竞争力，也制约了网络办公技术水平的提高。

政府信息官（CIO）制度是国外普遍使用的电子政务组织管理模式，但在我国由于管理体制的限制，政府信息官尚没有明确的职责定位与身份。信息官往往由信息技术人员担任，但是信息技术人员不是管理者和决策者，甚至对政务的了解有限，兼备信息技术与政务管理两方面能力的政府信息官数量有限。

（5）网络办公中的信息安全。互联网是开放的，网络办公的体系也是开放的，敏感信息的泄露、黑客的入侵、网络资源的非法使用及计算机病毒等，都对政府的信息安全构成威胁。我国目前信息安全问题十分突出，也对网络办公的安全性提出了挑战。例如，政府网站受到黑客攻击、主页内容被篡改、网络服务瘫痪等。对信息安全的认识不足和管理滞后，是我国网络办公中安全问题的主要原因。例如，一些政府部门缺乏安全防范意识，忽视系统的安全技术规范，没有进行适当的目录和文件权限设置，没有对应用系统进行安全检测，政府工作人员存在违规操作等。此外，对保障信息安全的投入也不足，我国网络工程中网络安全的投入费用，据估算不到2%。

为加强网络办公中的信息安全管理，工业和信息化部及多个地方主管部门开展了多项政府网站信息安全培训、政府网站安全测评、政府信息系统安全检查等。工业和信息化部还组织开展了基于互联网电子政务信息安全等试点工作。试点地区加强信息安全管理，建立信息系统安全等级保护制度，开展第三方安全风险评估，制定应急处理制度和灾难恢复措施，健全信息安全管理机构，加强信息安全制度建设等，为电子政务中的信息安全管理积累了宝贵经验。

（6）地方政府推进网络办公的主要经验。立法推进信息公开。例如上海市2004年就在全国率先出台《上海市政府信息公开规定》，提出了"公开为原则，不公开为例外"的总要求——除属于国家机密、商业秘密、个人隐私等六类信息依法免予公开外，凡与经济社会管理和公共服务相关的政府信息都应当予以公开。据上海市信息委统计，自2004年5月1日《规定》实施至2005年10月底，上海各政府机关网站的页面总访问量达9800万次。如今上海百姓已经可以在网上轻易地查阅"红头文件"，对一些事关人民生命和消费安全的信息，政府还会主动"推送"，譬如工商局的传媒制作中心会及时通报与消费安全、生命健康密切相关的工商监管信息。2005年，台风"麦莎"和"卡努"袭击上海，上海市水务局利用电视、广播、网站等媒体以及遍布全市的7000多块电子屏幕，滚动播发预警信息，并用手机短信向200多万用户群发了预警报告，让公众在第一时间获取准确的汛情信息和安全提示。

完善网络办公服务。我国电子政务建设工作主要围绕"两网、四库、十二金"展开。"两网"指政务内网和政务外网（政府门户网站），"四库"指建立人口、法人单位、空间地理和自然资源、宏观经济等四个基础数据库，"十二金"是指重点推进对外办公业务系统 12 个业务系统，包含金税、金关、金财、金卡、金审、城管、社保、行政审批等基础业务。江苏省按照"一站式、一体化"服务理念，结合网上业务应用系统建设，拓展网络办公服务范围。目前，省政府门户网站提供网络办公服务 800 多项，省级各部门网站网络办公服务 500 多项，省辖市政府门户网站的在线办事服务 330 项，在线申报、办事查询、办事指南、在线咨询、表格下载等服务功能进一步完善。苏州、扬州、南京等市政府门户网站以用户为中心，按照用户对象和流程导航，设计了户籍办理、养老保险、交通出行、医疗保险、劳动就业、观光旅游等场景式服务，可以较好地引导用户获取相关服务。县级以上所有政府门户网站都能及时发布食、住、行、游、购、娱等与公众生活密切相关的公益性信息，体现了人性化服务的要求。

建立强大的数据库系统。广东省建立了三个重大系统，一是全省社会保障信息系统，系统横向连接了劳动、民政、社保、公安、财政、卫生等 12 个部门，纵向延伸到全省 21 个地市，实现了劳动力市场省市联网、20 个地市 100 个县联网办理婚姻登记业务，以及全省养老保险数据集中上传和全面覆盖。二是企业信用信息公开平台。省级平台收集了工商、国税、地税、质监、银行、海关等部门近 200 万企业的基础信息，网站点击超过 1 万人次/天，在社会上的影响力越来越大。三是交通安全信息共享平台，整合了全省交通事故信息、交通违法事实信息、营运车辆营运信息、机动车第三者强制责任保险信息等 8 大类信息 5300 多万条，实现省公安、交通、保监局三个部门和 12 家财产保险公司共享。

信息资源共享。加强政府部门之间的信息共享，有助于应对信息安全的挑战，满足信息沟通的需要，为公众提供更好的服务。随着互联网的发展，上海市开通网上审批，譬如工商部门已经实现了一点受理、多点审批；人事网实现了局域网、公务网和互联网之间的资源共享，并能协同工作。

移动电子政务兴起。随着移动互联网的发展，它已经迅速应用到电子政务之中。例如，浙江移动通信公司为杭州市政府提供了市长热线短信平台全面解决方案，杭州市民遇到难题除了打市长热线之外，还可以马上发送手机短信到"12345."市长公开电话手机短信平台向市长反映，避免了以往"12345"市长热线拨打难的问题。广州移动通信公司为广州市政府提供了基于 SMS 短信、WAP 手机上网和 GPRS 专线接入等方式的政府移动办公解决方案，并在公安、水利、交通等政府部门都得到了很好的应用。大连市政府目前正在使用政府内部移动办公系统，通过政府短信服务平台，公务员可以将自己的电子邮件系统与手机短信联动，一旦收到邮件，就会得到手机短信通知、并且知道是谁发的，以便及时回复。江苏省太仓市公安局的警务信息能够通过公安无线网络平台进行传递，警务人员随身携带一种特制的 PDA，在排查犯罪嫌疑人员和处罚违章车辆管理工作中取得了很好的实际效果。对于可疑人员，警务人员可以根据其姓名、年龄、籍贯等信息即时查询此人的档案数据，马上确定此人是否是在逃犯、犯罪嫌疑人等。

加强信息化人才培养。山东省实施省信息专业技术人才知识更新工程，积极建立健全信息化人才培养体系和专业人员职业资格认证体系。支持鼓励各市开展信息技术主管职业资格认证工作；继续规范信息化培训市场秩序，开展省级信息化培训机构认定。建设信息化人才培养服务平台，制定规范统一的信息化培训标准体系；开展 CIO 试点工作，建立山东省 CIO 联合会，完善信息化人才库，实施信息化人才战略。

（二）网络办公的机遇与挑战

网络办公对提高执政能力、建立现代政府、反对腐败等都提供了良好的机遇。但是在网络办公实行过程中，也需要解决一些问题，例如体制机制问题，动力不足问题等，需要对现有的政府管理体制进行改革，将行政管理与互联网的特点密切结合，发挥信息技术的优势，变革政府管理方式，管理流程。

1. 网络办公的机遇

网络办公不仅是政府办事的网络化，更重要的是促进政府职能向服务导向转变，网络办公的发展水平取决于政府行政管理体制改革的进展。网络办公是以政府做好公共服务为目标，对政务活动以网络形式的呈现。

网络办公打破了时间、空间的分割，政府可以一周 7 天，一天 24 小时提供服务。

网络办公打破了部门的等级及部门间的壁垒，使各级政府部门拥有统一的网络平台，公众面对的是一个虚拟化的政府，而不是各个分别的政府部门。

网络办公增强政府信息的处理能力。通过网络办公，政府建立起信息资源的备份存储制度，对电子化、数字化、网络化的政府信息资源进行集中处理。能够防止信息资源在繁琐的政府事务中，逐步遭到破坏或损失，通过信息技术的使用，对其进行有力的整合、分析，并在不同政府部门之间实现共享。

更重要的，网络办公还与政府的行政管理体制改革紧密相关。互联网的发展与在政务领域的应用，有助于节约资源，削减行政开支，简化行政流程，精简公务人员队伍，为推进行政管理体制改革提供了有效途径，使电子政务成为行政管理体制改革的重要内容。

2. 网络办公的挑战

网络办公的发展机制与推动力量，在我国与国外有所不同。例如，在美国，网络办公是市场力量自下而上推动的结果，进入信息社会以后，随着电子商务的发展，美国发现原有的行政体制不能适应信息时代的要求，纷纷要求变革政府管理模式，其根本动力是市场的发展。当然，政府战略和立法的引导也是不可或缺的推动力。

我国现阶段的网络办公，还主要由政府自上而下推动。中央政府的政策引导是我国网络办公发展的重要推动力，而在地方，一些经济发达地区，地方政府的重视和资源整合是地方政府电子政务发展的重要原因。例如，"首都之窗"网站是北京市政府的门户网站，一直以丰富的信息服务于民，连续 3 年在全国政务网站评比中荣获第一名，即是地方政府推动网络办公发展的成功案例。

专栏5.2 "首都之窗"——北京市网络办公的成功案例

1999年，北京市提出"数字北京"概念，"数字北京"工程是通过建设宽带多媒体信息网络、地理信息系统等基础设施平台，整合首都人文、社会、空间、环境、科技等信息资源，建立电子政务、电子商务、科教信息系统、劳动社会保障及信息化社区，从而建立信息化的交流体系。"数字北京"将逐步改变北京市民的生活、工作方式，加快推进北京电子政务建设的进程。

"数字北京"的核心意义在于建立以资源为核心的一体化电子政务体系，整合政府各部门门户网站遗留的信息孤岛，实现各部门网络互联，搭建良好的数据交流平台，从而提高政府网络的利用率，以促进建立统一网络标准和统一平台，为下一步政府视频会议、电子签章、无纸办公等政府信息化奠定良好的基础，使政府办公更加公开、高效，最终实现政府"一站式"办公。

"首都之窗"是"数字北京"的核心工程，是中共北京市委、市人大、市政府、市政协联合市纪委、市高法和18个区县政府、99个市政府委、办、局150多个各自的政府网站统一建立的北京市政府门户网站。它是为了统一、规范地宣传首都形象，落实"政务公开，加强行政监督"的原则，建立网络信访机制，向市民提供公益性服务信息，促进首都信息化，推动北京市电子政务工程的开展而建立的。其宗旨是："宣传首都，构架桥梁；信息服务，资源共享；辅助管理，支持决策"。

"首都之窗"通过内容管理技术平台，来实现网站信息的采集、编审、发布等统一集成管理，实现开发利用整合政府信息资源、加强对市属委办局各网站的统一管理、提供网上审批等综合政务服务推行务实电子政务的目的。

目前整合政府办事事项近2000项，便民服务1200多项。全部事项 100% 提供了办事指南、表格下载的基本服务。对于年业务量大，而且适宜在网上办理的事项在申报、审批、办事过程和结果查询等主要业务环节实现了全流程的网上办理。通过近几年的推动，网上办事已经从基础建设向应用推广的转变，网上办事应用效果予以凸显。

"首都之窗"已初步形成了以保障公众"知情权、参与全、监督权"为目的的政民互动信息服务体系，目前建成了以传播政策、沟通民众的"一个节目、一条热线、一张调查网"各种方式结合的公众参与模式。

资料来源：根据新华网、人民网等网站相关资源整理。

但是政府推动力有其内在的缺陷，政府推动网络办公，主要还是在原有的政府框架之下，基于政府内部原有的机构去开展办公的电子化，很难触及根本的体制机制问题。而网络办公最终目标是通过政府办公流程的再造，实现政府信息资源的整合与共享，政府部门的分割与部门利益的存在，有可能成为网络办公开展的阻碍。因此，网络办公需要来自市场和社会各界的多方推动力量。

（三）网络办公的国际经验

从发达国家网络办公的经验来看，其应用的重点不是政府内部的办公自动化，而是政府能够为社会、企业、公众提供什么样的公共服务。

国家战略和法律推进电子政务发展。美国的《电子政府法案》提出"电子政府"计划（E-Government），由美国总统管理委员会领导，由总统行政办公室与管理和预算办公室两个部门联合执行。2000 年 3 月，美国政府确定了电子政务发展的目标和任务，提出了 24 个政务服务项目，包括：综合政府服务、国际贸易促进服务、一站式商务法律法规信息服务、政府机构医疗信息共享系统、联邦政府与州政府在线信息交换系统、电子档案管理服务等等。日本政府有计划、有重点地推进电子政务始于 1993 年起草《推进行政信息化基本计划》，在"e-Japn"战略中，明确将电子政务建设确定为日本信息化建设的五大重点领域之一。韩国 2001 年颁布了《关于推进行政部门的信息化以实现电子政府的条例》，推进电子政府建设，实现对公民的电子服务传递、提升政府部门的管理效率、提高政府运作透明度等。

政府信息公开方面，美国 1966 年出台《信息自由法》，规定政府"信息公开为原则，不公开是例外"，即除了法律明确规定的例外情况之外，政府机构所有档案都应向公众公开。这一前提的确立，使得政府信息得以最大限度地公开，同时也避免了政府机构利用语言模糊的法律条文隐瞒信息。《信息自由法》还规定，政府对拒绝提供信息负举证责任。政府机构若拒绝提供信息，则在诉讼过程中需承担举证责任，证明其决定具有正当的法律依据，若不能证明这一点，则需承担败诉的后果，并及时将信息提供给申请人。《信息自由法》的 1996 年修正案又称"电子信息自由法"，规定了电子信息适用于《信息自由法》，而且规定政府机构应当提供大量的在线信息，从而保障公众获取电子信息的权利。这是适应网络办公要求的重要修订。

对电子政务加大投入。按照美国《2002 电子政府法案》，美国将建立一个电子政府基金，2003 年投入 4500 万美元，到 2006 年增长到 1.5 亿美元。2000 年 11 月，日本出台《IT 国家战略》，其中明确提出要推进电子政府的建设。2001 年度，日本中央政府用于建设电子政府的预算为 1.9 万亿日元。加上地方自治体的投入，这一年合计投入 2.2 万亿日元建设公共信息网络。这在当时的情况下，是非常巨大的投资。

电子政务建设与行政改革相结合。通过行政改革，改善政府服务，应用信息技术，推行电子政务。例如比利时联邦政府采取了政府行政改革与电子政务建设同步推进的策略，改革政府行政管理程序的"行政简化办公室"与推进信息通信技术利用的"信息通信技术办公室"共同合作，先进行政府内部和部门之间的业务流程整合，再面向用户进行电子政务项目建设。

设立政府首席信息官制度。政府首席信息官作为电子政务建设的管理和执行机构，该制度目前已经在世界上一百多个国家和地区推行。例如，在美国，总统管理委员会（PMC）是美国电子政务建设的最高领导机构，联邦管理和预算办公室（OMB）是其执行机构。而首席信息官办公室就设在 OMB 之下，管理着政府各部门的首席信息官，首席信息官办公室主任由总统直接任命，全权负责整个联邦政府的信息资源管理。政府流程再造是首席信息官的主要职责之一，在美国国家审计署 2004 年报告中，将联邦政府各部门首席信息官的工作职责归纳为 13 个方面，其中有 5 项为共性职责，"构建业务框架"就是其中一项。德国政府首席信息官办公室在开展电子政务建设之前的一项重要工作就是进行业务流程重组。加拿大政府首席信息官的一项重要任务也是政府业务流程的梳理与优化。

建立统一的政府服务网。2000 年 9 月，美国第一政府网（www. First. gov）正式上线，它是美国联邦政府唯一的政府服务网站，是一个纯粹的门户网站，支持一个完整的、开放的政府网站体系。它包含全美国 50 个州及各地县、市的有关材料及网站链接，包括 2 万多个政府网站，网站里面的内容丰富，信息量大，页面数量多达几千万，内容涵盖了有关市民、企业和政府之间的信息和服务，也包括各种公开的统计数据。网站按照其业务分类，突出三大块业务，即面向市民、面向企业和面向政府，按经济与商品、农业与食品、艺术与文化等进行归类，还在全国范围内，实现了网上政府债券购买、交纳税款、申请护照等。布什总统评价说，"21 世纪的美国政府就在鼠标的点击之中——因为你可以网络访问它，了解它，使用它并使它为你服务"。

加拿大政府网站通过资源整合，已建立了一个统一对外的服务窗口（政府综合门户网站），连接了 360 个政府网站，基本满足了公民出生、成长、教育、工作、医疗保险、社会福利、贸易往来和与世界沟通等各个方面和各个层次的需要。

英国 2001 年 2 月正式开通了 ukonline. gov. uk，该网站的理念是，要提供一个良好的界面，使公众不必为一件事登陆众多政府网站。它不仅将上千个政府网站连接起来，而且将内容按公众的需求组织起来，而不是按政府的机构设置组合。首批开通的六个主题是：学车、出行、生育、搬家、死亡及犯罪。访问者只需点击相关主题，与该主题相关的所有问题都可以找到，而无论该问题由哪个政府部门负责。例如点击搬家，与搬家有关的所有政府服务都可找到，如买房、卖房、租房、抵押借款、房屋装修与修缮、公用设施（水、电、气）等方面的手续和国家政策，以及居住地的社区信息，如学校、医疗、休闲、交通等，该网站建设的是要将所有政府服务都集中于此。

各政府部门统一协同。英国通过知识管理系统，实现了所有政府部门内部、部门与部门之间在同一个交互系统上进行协同工作、知识共享。其知识管理系统的构建分四期进行，在2002年6月完工。第一期工程侧重于知识网络系统的发布，初步实现了政府各部门通过政府安全内域网，以浏览器或是其他客户端的方式实现数据检索和查阅。二期工程主要侧重于政府部门在知识网络系统的相互交流，为跨部门协同工作提供基础。第三期侧重于知识网络的管理，加强各部门间的协同工作。第四期工程主要是推动各部门、各机构开始利用知识网络这个平台充分实现自己的目标。[①] 英国的电子政务并不是按政府部门的各项业务分别设置窗口，而是按照业务流程，让市民在单一窗口完成所有的手续，是政府在后台协调而不是让市民去面对不同的政府部门。新加坡电子政务1999年起开始出现整合趋势，一些业务不再按照部门来设置，而是按照流程做打包处理，也就是说，公民或企业在办理网上业务时，不必再考虑要登陆各个政府站点，分别办完各种相关手续，而是按照业务流程，一步步地在一个单一网站上完成所有这些相关业务手续，实现了"一站式"网上办公。

丹麦建立了"跨政府联合合作指导委员会"，它包括丹麦财政部（主席），科学技术与创新部，经济及商务部，内务及卫生部，LGDK和丹麦人自治区。各方的常设代表为副部长。指导委员会向丹麦政府、LGDK和丹

---

① 董海欣："电子政务环境下政府信息资源共享模式与运行机制研究"，吉林大学博士学位论文。

麦人自治区负责。指导委员会负责协调跨政府数字化计划。指导委员会的秘书处职能由数字化特别小组提供。数字化特别小组是一个基于项目的单位，设在财政部，由内设的政府、LGDK 和丹麦人自治区的雇员组成。

服务外包使企业成为电子政务的重要推动力量。发达国家在电子政务建设中，普遍采用了外包的服务模式。美国、英国、德国、新加坡等国家，电子政务的建设及运行维护都是委托市场化的专业外包服务公司，政府工作人员只承担行政管理职能，进行信息加工分析，提出对公众服务的项目要求等。政府部门通过 IT 服务外包改善了 IT 系统的运营环境，以最短的时间、最小的投资得到了高质量的服务，有效地提高了政府的工作效率。外包服务使以 IBM、微软为代表的诸多企业加入到电子政务的建设中来，成为电子政务重要推动力量。

（四）改善治理的建议

网络办公不仅是政府的事，而且关系到社会各界的利益。同样，网络办公的发展，不能仅仅依靠政府的力量，应综合法治、市场、社会、企业等各方的力量，建立由政府主导，多方共同参与发展的机制。

1. 网络办公治理的基本思路

网络办公治理的基本思路是，发挥政府的主导作用，发展多方共同参与治理的机制。重点解决网络办公中的体制机制问题，加强企业的参与程度。

首先应建立深化行政体制改革的机制。过去的实践证明，网络办公需要转变政府职能，改进管理方式，让权力在阳光下运行，所以必须建立深化行政体制改革的机制，否则网络办公寸步难行。建议政府部门通过互联网等渠道，不断听取人民群众的意见，加强科学研究，继续推进行政体制改革，为电子政府建设创造条件。

其次应建立政府与社会力量合作的机制。由于政府资源和能力的限制，政府不可能包办网络办公的所有事情，必须借助社会力量和市场机制。西方发达国家的经验值得借鉴，通过外包将大量日常性和技术性事务外包给企业和社会组织，政府保留政策性事务，从而提高行政效率，降低行政成本，形成行为规范、运转协调、公正透明、廉洁高效的行政管理体制。

2. 政策建议

加强电子政务法律制度建设。目前电子政务的规定大多属于部委规章或者地方立法，其效力层级比较低。由于缺乏高层级的法律规范，无法确立电子政务的战略地位，造成政策与法律的脱节。近年来，我国的电子政务只能依靠高层的政策推动，缺乏法律所具有的持续推动力度。一旦中央政府的政策目标发生变化或转移，或者主要领导者发生变化，电子政务工作就会受到明显的影响。由于缺乏高层级的法律规范，在实际工作中，一旦推动电子政务的举措与其他法律规范抵触或者不一致（比较明显地体现在政府机关的信息共享领域），就很容易造成法律上的障碍，无法推动电子政务向前发展。① 而且，由于缺乏法律的强制性规定，政府对信息化的重视程度不足，政府网站建设有效的内部管理机制尚未形成，网站的技术维护部门与内容提供部门之间缺乏联动机制。有专家指出，现行法律中对政府行为中的电子签名等法律效力并无规定，因此电子政务的实行更多在行政机关内部，在对外行政管理中较少使用。在政府行政许可等法律中虽然规定了网络申请等形式，但是行政机关还是需要当事人到行政机关提出书面申请，电子申请的作用并没有得到充分发挥，便民原则没有得到充分落实。因此，推动网络办公的发展，加强相关的法律制度的建设是当务之急。

加强政府网站的互动功能建设。中国网民访问网站的前两大目的是：获取资讯和与人沟通，公众对互动资源的需求更为迫切。但目前一些政府网站提供的"互动型信息资源"还处于起步阶段，对公众的问题无人回应，互动的时效性不强，无法满足公众日益强烈的沟通需求。

加强网络办公中信息资源共享的模式和机制建设。政府信息资源的共

---

① 周汉华："当前中国电子政务的 5 种推动力"，《中国信息界》，2009 年第 6 期。

享机制不健全是一些政府网站效率低下的主要原因，政府网站间独立的信息系统已经建立，但是资源共享的模式和机制，由于部门利益的存在长期未得到解决，各个行政机关之间缺乏联系和协调，信息资源分割严重，没有实现信息资源的共享，造成重复建设，浪费行政成本。

引入政府首席信息官制度，加强政府信息中心的地位，创新信息化管理方式。通过法律明确政府信息管理机构的地位和具体职责，探索实施政府首席信息官制度。创新信息化的组织管理方式，建议是一级政府的所有政府部门共享一个信息中心，为各政府部门提供信息服务，搭建平台，各政府部门提供信息内容，信息中心负责系统安全、维护；政府服务适度外包，由于信息中心的激励机制往往吸引不到最好的人才，可以外包给专业的公司，设立一定的资质要求和安全要求等，实现政府服务的专业化。

保障网络办公的安全运行。加强安全技术研究和应用，健全信息安全管理制度，提高网络办公的信息安全防御能力。我国目前网络建设中所采用的软件和硬件产品很多来自进口，政府上网的安全形势严峻。应加快开发拥有自主知识产权的产品和技术，提高其竞争力。在涉及重大安全的网络建设中，采购国产品牌的产品。

发挥市场推动力，社会力量和社会公众更多参与网络办公的治理。随着电子政务的发展，市场的作用会越来越大，从政府采购到服务外包，市场的推动力会越来越强，这样能更好地克服仅由政府推动带来的弊端。未来电子政务的治理，应是以公众参与为基本特征，政府应加强与群众的网络互动，使公众真正参与到重大决策的制定中来。公众也应不断反映自己的需求，参与到推动网络办公不断完善的进程之中。

三、网络民主

网络民主是电子政务的延伸，是以网络为媒介的民主，民主借助网络发展，实现"电子民主"、"数字民主"等新形式。互联网为民主制度提供了低成本的渐进式发展机遇，提供了议政的公共空间，方便公民主动参与公共事务，降低民主的成本，强化对政府的监督，推动现有制度渐进式改革等。

（一）网络民主的治理现状

1. 网络民主的形式

民主政治的方方面面，包括公共服务、言论自由、公民参与、政治选举、政治开放、隐私保护等，都因互联网的出现而发生了巨大的变化，网络为民主的发展提供了有效的工具。

（1）民意收集。网络言论已经日益成为社会民意的寒暑表。政府通过网络主动收集民意，是网络民主的主要形式之一。

国家领导人和各级政府部门都重视与网民的交流，了解网络民意。2008年6月20日，胡锦涛总书记做客人民网首次同网民在线交流，胡总书记在在线交流时说，他不可能每天上网，但还是抽时间尽量上网。"平时我上网，一是想看一看国内外新闻，二是想从网上了解网民朋友们关心些什么问题、有些什么看法，三是希望从网上了解网民朋友们对党和国家工作有些什么意见和建议。"这一标志性事件，引起全世界对中国互联网的空前关注。有媒体对此评论，"互联网中国"在全球得到一次罕有的传播，信息时代的中国执政风格更加开放和自信。自2007年以来，已先后有广东、江西省委书记和其他一些各级领导，采用在线形式和网友进行互动、交流。

《中国互联网状况》白皮书显示，每年全国人民代表大会和中国人民政治协商会议期间，都通过互联网征求公众意见。近三年来，每年通过互联网征求到的建议多达几百万条，为完善政府工作提供了有益参考。

在重大法律、政策出台前征求民意。2000年发布的《立法法》第五条规定，立法应当体现人民的意志，发扬社会主义民主，保障人民通过多种途径参与立法活动。2002年国务院的《规章制定程序条例》第35条规定："直接涉及公民、法人或者其他组织切身利益……应当向社会公布，征求社会各界的意见；起草单位也可以举行听证会。"征求意见的方式有很多，主要的是网上留言、网上调查、网上投票、召开听证会等。但是一些制度还存在一些问题，例如网民的代表性不足、征求意见的程序不明确等，导致人们对网络征求民意的效果持一定的质疑态度。

专栏 5.3　地方政府网络收集民意的方式

地方两会采取多种形式收集民意

利用互联网，最大范围征求民意，成为 2010 年各地两会的普遍做法。

——浙江杭州市《政府工作报告》征求意见稿，在政府门户网站向社会进行为期一周的公示。《政府工作报告》在市两会前通过互联网向全体市民征求意见，这在杭州还是第一次。

——四川省政协办公厅与四川新闻网麻辣社区、四川政协网开辟"两会民意直通车"，邀请网民一起提交两会提案、议案。

——上海市"两会"期间，多名市人大代表、市政协委员、上海市政府部分职能部门的主要负责人做客东方网，向市民公布与民生密切相关的各项措施的实施计划，并在线回答网友提出的各种问题。东方网的"网议人代会"已开办六年，但在"两会"期间开通，今年还是第一次。

在一些地方，还有网友以"旁听者"身份走进了两会会场，创下当地网络参政的"第一次"、"首次"。

——江苏省南京市政协十二届三次会议，通过网络和电话实名制报名产生的 12 名普通市民列席旁听，在南京市历届政协会议上是头一次，其中 9 名来自网络报名。

——广东惠州市首次尝试在网上征集两会旁听代表，网友可与政府和有关职能部门负责人面对面交流，所提的建议将汇总到相关部门，一些建设性建议将被吸纳到政协提案里。

河南发放征求意见建议卡收集民意

2009年6月，省政府纠风办通过发放5万份征求意见建议卡，开通"政风行风热线"、电台短信平台、省监察厅网站纠风在线等，对49个政府部门和28个公共服务行业在全省范围内广泛开展了征求意见、建议活动。此次活动共征集到意见、建议和案件线索35735条，群众对于"乱收费、乱罚款、滥修滥挖"等一批民生问题，反映依然强烈。

佛山市顺德区政府委托第三方收集民意

顺德区政府2011年政府工作民意咨询活动委托第三方民意咨询机构——深圳公众力进行。从2010年12月1日至12日，该机构开展了多场次、多种形式的公众参与活动征询民意，包括公众咨询活动、随机访问、问卷调查、网上调查、企业访谈、工作坊等形式。其中12月4日和5日，该机构深入各镇（街）举办公众咨询活动，详细听取市民和企业的意见和建议。

资料来源：根据新华网、人民网相关资料整理。

（2）民意表达。网络去中心化的特点，及时沟通的特性，让人们能够不需藉由中间人就获取充足信息，进行意见表达，享有直接民主的基础。民意表达的实质是把民众的态度、意见转变为向社会、向国家表达要求的方式。民意表达渠道的畅通是社会进步的表现。

2010年11月，上海发展战略研究所发布《2010年中国公民的网络表达与公共管理分析研究报告》。报告探讨了网络表达对公共管理的影响，认为网络为公民和法律法规制定者之间搭建了一座桥梁。2003年以来，网络民意表达促进了多条法律法规的完善，包括"非典"与《突发公共卫生事件应急条例》；三聚氰胺乳品事件与《婴幼儿配方乳粉审查细则》；"钓鱼执法"与《上海市行政执法人员执法行为规范》的制定；"开胸验肺"

和新版《尘肺病诊断标准》的出台等。分析认为，网络民意影响了公共管理政策议程，也推动公共决策协商模式的建立。

民意表达使一系列热点事件在网络的广泛传播下得到解决，以孙志刚案为代表，还有云南"躲猫猫"事件、湖北"邓玉娇案"、陕西"华南虎照风波"、杭州飙车案、罗彩霞事件等等。这表明，网络民意表达，已经成为一股影响社会舆论的重要力量。

但网络民意也有可能被别有用心之人、国内外敌对势力等利用，造成不良影响，这同样值得关注。

（3）监督政府和监督司法。近年来，网络监督渠道已经成为社会监督的主要形式。

网络监督较之传统监督具有一定的优势，如参与监督的主体广泛、数量大、成本低；网络的快捷性，有助于提高监督效力；网络的透明性，增加了监督的对象范围等。

监督政府依法行政，揭露官员腐败等社会丑恶现象。《中国互联网状况》白皮书显示，绝大多数政府网站都公布了电子邮箱、电话号码，以便于公众反映政府工作中存在的问题。近几年，一大批通过互联网反映出来的问题得到了解决。为便于公众举报贪污腐败等问题，中央纪检监察机构和最高人民法院、最高人民检察院等开设了举报网站。中央纪委监察部举报网站、国家预防腐败局网站等开通后，为惩治和预防贪污腐败发挥了重要作用。据抽样调查，超过60%的网民对政府发挥互联网的监督作用予以积极评价，认为这是中国社会民主与进步的体现。

监督司法公正。司法独立是法治社会的基本特征，而且舆论所代表的感性认识与法律的理性也可能发生冲突。但是任何公权力的运行都离不开监督机制，网络的监督更具有即时性，由于更多人的参与而具有更加强大的力量，对司法透明、公正具有促进作用。

当然，互联网将社会监督的力量放大，有利于政府改进行政与司法，但是，也可能对行政秩序与司法秩序造成不正当的干预，这更需要行政机构和司法机关进行理性的判断和处理，并使处理结果透明化，接受更广泛的监督。

专栏5.4 703804网站——网络民主监督的实例

2010年8月，一个叫"703804"的论坛上的一篇帖子让一座城市的11名官员挨了政纪处分，为首的是市政府副秘书长。这座城市是温州，帖子全名是《史上最牛高尔夫球协会惊现温州》。

"小网站"屡曝"大事件"

通过网络论坛用闲扯和聊天的方式说出心中的不满，——温州人的这种生活习惯已经有五六年了。从"703804"创立的那天起，它便开始承担这样的使命。《史上最牛高尔夫球协会惊现温州》是它2010年影响最大的一篇帖子。

2010年8月，《温州日报》、《温州晚报》分别刊登半版和整版广告，庆祝温州高尔夫球协会成立。其中，温州市20多名现职副厅级至副处级领导干部名单和职务赫然在目，市政府副秘书长担任协会主席。8月11日，一个叫"白忆心"的网友将广告照片贴上"703804"论坛；两天后，温州市委便召开会议，处分了市政府副秘书长在内的11名官员。

打开今天的"703804"，俨然一个行政诉讼法庭辩论现场，辩论的双方经常是市民和政府部门。12月14日，一名新注册网民发帖《永嘉县鹤盛乡岩峰村党支部书记就是比市长牛——打人欺上瞒下》；第二天，ID"鹤盛乡"发帖：《就"永嘉县鹤盛乡岩峰村党支部书记就是比市长牛——打人欺上瞒下"的调查结果》。这个帖子被网站置顶至今。

几乎八成以上的帖子都是投诉和爆料：医院、交警、拆迁、银行、城建……都是被投诉的对象。

如今的"703804"，已拥有近 60 名员工，日均访问量数十万。

政府与网站的互动

2005 年，曾任温州市副市长的女贪官杨秀珠在荷兰被抓。温州一名退休教师举着"杨秀珠被抓，领导必须引咎辞职"的大牌子在马路上来回走，网友拍了照片传到"703804"论坛上，围观者甚众。2005 年 8 月的一个晚上，温州市公安局网监大队二队队长徐强穿着便服，把几个网友约到街头大排档，要了几瓶啤酒。这个草根网站与政府部门的互动就此开始。

2010 年，"703804"网站曝光了温州市光大房地产开发公司的规划问题，网民对规划调整提出质疑，访问量高达 4 万多次，网评超过400 条；2010 年 11 月 30 日上午 11 时，7 位老人代表 60 名住户来到温州市信访局反映情况时被七八人殴打，再次被"703804"网站曝光，不到一周时间访问量达 3 万多次。这次事件引起浙江省有关领导及温州市委、市政府主要领导高度重视，分别作出批示要求严查肇事者，温州市公安部门成立联合专案组，目前已有 4 名涉案人员被刑拘。

在 2010 年 8 月召开的温州市第十届纪委第八次全体扩大会议上，温州市委常委、市纪委书记徐宇宁强调，"要把网络反腐作为拓宽监督渠道、收集案源线索和获取联名信息的有效途径，作为依靠群众反腐倡廉的重要武器"。

现在，已有越来越多的外地网民登录"703804"，甚至直接来到温州，找到网站所在的写字楼，请求登出他们遭受的不公平待遇。

资料来源：根据《南都深度特刊》相关报道节选。

2. 网络民主治理的基本现状

通过网站的论坛、博客、微博、新闻跟帖等，发表自己的政治见解。根据 2010 年国务院新闻办公室发布的《中国互联网状况》白皮书，中国约 80% 的网站提供电子公告服务。中国现有上百万个论坛，2.2 亿个博客用户，据抽样统计，每天人们通过论坛、新闻评论、博客等渠道发表的言论达 300 多万条，超过 66% 的中国网民经常在网上发表言论，就各种话题进行讨论，充分表达思想观点和利益诉求。如人民网的强国社区，就包含强国论坛、E 政广场、人民访谈、微博、聊吧、监督、辩论、网摘、网谈、博客、播客、手机等十多个子栏目。

新浪微博在 2010 年"两会"期间，开辟了"微观两会"和"媒体即时报"专区，全国有近 30 家媒体在微博中注册，将近 60 位来自各地的记者开通了微博，"新华视点两会微博"粉丝量达到 20 万。其中，房价、财产申报、打黑等都是两会微博中的热点话题，一些话题从微博发端，由媒体介入，引起代表和委员的热议。

自从广东省公安厅及 21 个地级市的公安局开通全国第一家公安微博群以来，全国公安系统相继上网"触电"。2010 年 8 月 1 日，北京市公安局"平安北京"官方博客与微博正式开通。据《法制日报》报道，测试上线一天内的微博粉丝就突破了万人。

专栏5.5　"平安北京"微博

截至 2010 年 11 月 27 日零时，北京警方"平安北京"网络公共关系平台的总点击量已经超过 1100 万次，新浪微博粉丝超过 23 万人，日增长 2000 人左右。

警方表示，平安北京博客自 2010 年 8 月 1 日开通以来，共解决网友反映的实际问题 89 件。为保证"平安北京"的顺利运行，北京市公安局公共关系办公室专门抽调 9 名民警分 3 组 24 小时轮班。据统计，平安北京的微博粉丝中，北京本地的粉丝占到 1/5，更多的粉丝来自全国各地，还有来自境外的。据"平安北京"博客团队的民警介绍，4 个月来，治安播报、防范提示和便民措施仍然是关注度最高的栏目，网友的回复量最多。同时，自 11 月 3 日以来开通的"北京维和警察在海地"栏目，由于在第一时间发出北京维和部队的工作、生活及每日见闻，受到了广泛关注。

> 2010 年 8 月 18 日下午，一份 110 警情被送到北京市公安局博客运行团队：北京再次发生银行卡欠费的短信诈骗案件。15 分钟内，值班民警吕品璋就将警情写成了微博："一名市民又落入骗子信用卡透支欠费陷阱……"
>
> 平安北京民警认为，对于网友们提出的建议、反映的问题，凡是与公安业务有关的，按规定都要通报到相关单位，并在第一时间将情况反馈给网友，力争做到"件件有回复"。
>
> 资料来源：根据新华网、人民网相关资料整理。

通过网络与政府官员进行在线交流。2008 年 6 月 20 日，胡锦涛总书记在人民网首次同网民在线交流；温总理 2009 年 2 月，2010 年 2 月两次来到新华网与网民在线交流。一些地方政府表示，要使官员与网民在线交流"常态化"。

网络民意的影响力正在形成。2003 年以"孙志刚事件"为标志，网络民意影响力正式形成。在这一事件中，在网络民意及社会舆论的强大压力下，《城市流浪乞讨人员收容遣送办法》废止，新的救助管理制度——《城市生活无着的流浪乞讨人员求助管理办法》产生。网络民意的政策影响力第一次强有力地显示了出来。

2007 年被媒体公认为网络民意元年，这一年，重庆"最牛钉子户事件"、山西"黑砖窑事件"、陕西"华南虎照事件"等一系列重大社会事件都是在网络上最先披露、追踪讨论并最终对事件的处理产生了决定性影响。与"孙志刚事件"的个案不同，2007 年的这一系列事件体现了网络民意对公共事件的普遍关注及对公共决策的影响力在范围上大幅度扩大，在程度上大幅度提升。从 2007 年到 2009 年，网络民意除了在贵州"躲猫猫事件"、湖北"邓玉娇案"等公共事件中继续发挥重要影响力外，还通过为全国"两会"建言、替重庆"打黑"呐喊、将贪腐官员曝光等方式，逐渐加深其政治内涵；网络问政、网络监督、网络反腐已成为网络民意的主流，网络民意影响力已经逐步深入，开始直接或间接地影响到宏观层面的公共决策。

3. 政府对网络民意的回应

网络民意导致政府管理层次减少、管理范围空前扩大、管理的组织结构从金字塔型逐渐转向扁平型。政府针对日益发展的网络民意，采取了积极的措施，对网络热点进行回应，将网络民意吸收进决策流程，并给予积极反馈等。

对网络言论进行收集、整理、加工、提炼之后，再加以吸收、利用。政府通过门户网站设立建言献策、网上评论、意见征集等通道，直接向社会公众征求关于政府工作的意见和建议，接受社会对于政府部门的投诉举报信息。根据中国软件评测中心公布的《2008年全国政府网站绩效考核评估报告》：2008年，各级政府网站通过意见征集、网上调查的方式开展政务活动的意见征集和民意调查活动，广泛听取市民对政府工作的意见或建议，辅助政府决策，受到社会的热切关注。政府意见征集方面，67.5%国家部委网站、90.6%省级政府网站、62.1%地市级政府网站建立了栏目，取得好的效果。咨询投诉方面，所有的部委和省级政府网站、85.9%地市级政府网站提供领导信箱、在线咨询、在线投诉等交流渠道。北京等6家省级政府网站，广州等13家地市级政府网站设置了政风行风热线，云南、重庆等23家省级网站和福州、常德等155家地市级政府网站整合了咨询反馈内容，集中为公众答疑解惑。53.8%部委政府网站、87.5%省级政府网站、37.5%地市级政府网站和部分区县政府网站根据自身条件，并结合当前工作热点和社会关注度高的话题，定期或不定期开展在线访谈活动。

积极回应网络民意和重大事件。2010年9月，常州市启动网络发言人制度，该制度规定，对于重大突发事件以及网民呼声很高的网络民意，网络发言人应在发现或接到市委宣传部、市政府新闻办通知后，3小时以内在"常州网络发言人"网站发布权威信息，及时引导舆论；对于突发事件以及网民关注度较高的网络民意，网络发言人应在24小时以内回复；意见、建议类网络民意，以及网民关注度较高，但涉及事件情况较复杂，或者涉及多个部门需要共同会商的网民诉求，网络发言人应在5个工作日以内回应。

建立舆情监控、舆情处理和公共危机应对机制。人民网舆情监测室2009 年起，每季度发布"地方应对网络舆情能力排行榜"，根据国内外各大主流传统媒体和网络媒体、新闻、门户网站、论坛、博客、微博客等的内容，对地方党政机关应对舆情热点事件的得失进行考评。"地方应对网络舆情能力排行榜"监测数据显示，截至 2010 年第二季度，政府信息透明度、政府公信力等各项指标综合得分与 2009 年上半年相比增长了近 25%。

设立网络发言人，建立网络评论员制度。广东省 15 个省直单位全部设立"网络发言人"，各地市政府也设立"网络问政平台"。建立网络评论员制度，引导网络舆论，正确解读国家政策、阐释社会热点，理性分析新闻事件，启发网民思考。

（二）网络民主的机遇与挑战

1. 网络民主的机遇

互联网使政府、私营部门、普通网民都成为民主社会建设的中心，这些主体拥有平等利用互联网分享信息的权利，拥有通过互动交流监督民主的便捷途径。网络民主将加速走向民主社会的进程。美国当代文化研究杂志《刺猬评论》在其 2008 年秋季号的《作为公民意味着什么》专辑中，将网络民主简单定义为：人们一阅读、二反应、三选择、四参与，则事成。

互联网的开放性、匿名性，使网络上的沟通呈现全方位、立体式的特点，克服了传统沟通渠道过于单一，沟通存在距离、环境、人力等障碍的问题，有利于创造民主氛围，有利于完善意见的表达机制，促进表达的真实性。

互联网向水平方向延伸的存在方式，决定网络上的每一个节点都可能成为中心，而通过每个节点的计算机上网的个人是平等的。因此，无论人们在现实社会中的身份、地位、贫富如何，都可以在网络上发表自己的见解和主张，都可以参与评价政府政策，而且每个人的意见在网上取得的效果都是一样的，不会有所差别。这种平等性，更激发了人们参与网络民主建设的热情。

互联网的发展，使信息成为人类社会最重要的战略资源，使信息能够无保留、无障碍地广泛传播，在信息的使用者和参与者数量巨大的情况下，谁拥有信息谁就拥有了实力，容易形成民间的"意见领袖"。对"意见领袖"的争取和引导，成为网络民主治理的重要内容。同时，信息的参与者越多，其代表的价值就越大，政府据此做出的决策就越符合客观实际，有利于促进决策的民主化、科学化。

互联网的公开、透明，打破了信息不对称的机制，打破了信息垄断的局面。在网络平台上，政府信息公开等电子政务措施的推行，使公众的知情权得到充分满足。

互联网的平民性、即时性、互动性，提供了全面的监督机制和渠道。监督者与被监督者在互联网中处于平等的地位，真正的身份被隐藏，提高了公众的监督意识，也维护了监督者的权益，民主监督活动更为有效。而信息传播的即时性也使监督具有即时、互动的快捷特点。网络传播的快速性促进了网络民意的"聚集性"，产生强大的舆论压力，有利于监督的进行。

参政议政的直接性是网络民主的突出表现。妨碍公民直接参政的主观原因是普通公民获取政治信息少、政治知识少、参政能力不足；客观原因是受区域、交通等直接参政所必备的物质条件的限制。网络的出现克服了以上限制条件，网络提供了丰富的政治信息，从网络上汲取政治知识也非常简便，网络还提供了直接参政所需的物质条件，公民在家中便可进行政治表达。

代议制民主向直接民主的回归。互联网是信息传输的新媒介，它为我们提供了开放式的网络平台，"零距离"的对话窗口，多元化的复杂信息，这些有助于畅通政治参与的渠道和培养公民的参政能力，而且也为直接民主提供了某种可能性，从而有望实现对选举民主和代议民主的超越。互联网的出现则又一次使直接民主成为可能，虽然无法取代代议制民主，但可以使直接民主在一定程度和一定范围内得以实现。同时，互联网可以提供数字化的投票机制，优化选举过程，选民可以在网上快速查阅候选人的信息，了解选举规则，可以就相关问题与候选人对话；同时，选举机关可以在网上第一时间收发、统计选票，在网上公开计票结果。这将增加选举的科学性和公开性。

网络民主是对政治权力的分享。公众通过互联网参与国家和社会的治理，这本身就是对公权利的分享。网络民主的权力分享，弱化了国家权威，体现了"人民主权"思想，构建了多元的宪政社会。网络还使公众的监督权行使更为便捷、直接。互联网随时随地的监督功能，遏制了权力扭曲，促使政府行为合法合理。互联网提供了一个平权的平台，基于此，公众分享了权力，自身利益诉求得到充分表达，也监督了政府的行政、司法活动。

2. 网络民主面临的挑战

网络民意具有局限性。网民的年龄、学历结构等方面都影响着网络民意的代表性，因此，网络民意并非能够代表社会各阶层、社会各领域。据中国互联网络信息中心《第27次中国互联网发展状况统计报告》统计，中国30岁以下网民占到网民总数的58.2%；初中以下学历的网民占到41.2%，而大专及以上学历的网民则仅为23.2%。

网络民意也不全是真实的，不排除少数人利用网络，打造网络推手，制造虚假舆论。与代议民主下民意的表达具有较大程度的均衡性不同，网络民主中的民意很难被均衡地代表，其表达更是偶发的、即时的、随意的、无序的甚至是不负责任的。

"网络水军"的出现更严重影响了网络民意的真实性。例如，蒙牛公司员工伙同公关公司损害伊利公司商业信誉案闹得沸沸扬扬。据警方查明，这些网络攻击手段包括：寻找网络写手撰写攻击帖子，并在近百个论坛上发帖炒作，煽动网民情绪；联系点击量较高的个人博客博主撰写文章发表在博客上，并采取"推荐"、"置顶"、"加精"等操作手段，以提高影响力、扩散力。在 360 与 QQ 之争中，也浮现出"网络水军"的影子。更有甚者，"网络灰黑势力"已经形成了一个"产业链"。中国网络传播学会会长、南京大学新闻传播学院教授杜骏飞认为，"网络灰黑势力"包括"网络灰帮"、"网络黑帮"和"网络黑洞"："网络灰帮"主要指网络推手、网络水军等；"网络黑帮"主要指网络打手、删帖服务；"网络黑洞"主要指流氓软件、无良内容、劫持服务等。据中国国际公共关系协会的数据显示，2008 年网络公关业的收益增长趋势稳居整个公关业的榜首，年服务毛收入达到了 10 亿元人民币。行业调查显示，2008 年网络公关占整个公关市场比重的 6.3%，约 8.8 亿。

网络上存在非法性和非理性的政治参与，影响政治秩序的稳定。网民的身份在网络上电子化、虚拟化了，从而摆脱了现实社会的约束，在网上更可能放纵自己的行为，发表不利于政治稳定的言论。而从国家的角度，其控制的对象从有形变成无形，难以识别、难以追踪进而难以防范。例如法轮功邪教组织，以及恐怖组织"东突"等，利用互联网进行宣传、活动。

数字鸿沟的存在造成了人们获取信息能力的不平等。在更多的人以网络为基础争取民主权利的情况下，不能上网的人在民意表达、参政议政等方面的能力欠缺更加突显。网络政治参与由于数字鸿沟的存在，也具有不均衡性，这对政治秩序的稳定具有一定的不利影响。

网络参政议政和网络监督的现实作用有限。公众通过网络进行的参政议政活动到底能够在实际社会生活中起多大作用，多少条意见得到采纳，多少问题得到了处理。由于没有完善的效果评估机制，这些问题仍没有较明确的答案。

网络方式进行的民主程序存在的问题。例如电子投票，如何解决重复的问题，是否可以代表大多数的意见；网络听证，网络上的意见是否能代表大家的意见。网络举报如何辨别真伪，是否直接作用于政府，还是通过网络舆论间接作用于政府决策。

（三）网络民主的治理经验

1. 国内经验

广泛收集分析网络民意。设置网络民意收集平台，如政务论坛、网上公示、跟帖评论、网上投诉、公开领导干部电子邮箱等，"直通中南海"就是一个典型的民意收集平台。以浏览方式收集热点话题，例如，人民网舆情频道定期发布的网络舆情报告，就是广泛收集方式获得的。广泛收集信息时，需要注意论坛主要参与者的影响面，如是全国性还是地方性等。收集的方式，有自动通过搜索引擎技术采集和人工采集等，根据评论数据、讨论密集程度等识别热门话题，并进行跟踪，进行观点的倾向性分析、趋势分析、对敏感话题进行预警，进行统计分析。注意识别"网络推手"，区分网络表达与整体民意。一些网上发言缺乏理性，虚假信息充斥，网络是政府了解民意和启动调查的一个重要来源，但绝不是唯一来源。政府在收集分析网络民意时要仔细甄别。

国务院新闻办 2010 年发布的《中国的互联网状况》白皮书指出："互联网在政府与公众之间架起了直接沟通的桥梁。通过互联网了解民情、汇聚民智，成为中国政府执政为民、改进工作的新渠道，互联网上的公众言论正受到前所未有的关注。中国领导人经常上网了解公众意愿，有时直接在网上与网民交流，讨论国家大事，回答网民的问题。各级政府出台重大政策前，通过互联网征求意见已成为普遍做法。每年全国人民代表大会和中国人民政治协商会议期间，都通过互联网征求公众意见。近三年来，每年通过互联网征求到的建议多达几百万条，为完善政府工作提供了有益参考。"

建立网络舆情快速反应机制。政府部门密切跟踪网络动态，出现问题快速反应，妥善回复网民跟帖，发布权威信息。社会上的突发事件一经发生，一般 2~3 小时后网上便会出现，6 小时后就可被其他网站转载，24 小时后网上的跟帖议论就会达到高潮。因此，快速的反应机制可以最大限度地减少或避免公众猜测和新闻媒体的失实报道，掌握舆论的主动权。2009

年初，国内多家网站陆续上传和转载肇庆市端州区区长等13人"出国考察"事件。广东省纪委对此事十分重视，事件发生后，不出三天，肇庆市委做出决定，免去谭某端州区区委副书记的职务，责成其辞去端州区区长职务。之后，国内各大网络媒体对此决定纷纷进行了报道，网络上关于该公款旅游事件的热议得到平息。

利用互联网新业务推进网络民主。2010年，微博的迅速发展，开启了民意表达的新方式，而政府利用微博，也实现了与公众的互动，公安微博甚至还达到了辅助抓捕罪犯的效果。有的领导干部在网上开博客，有的以真实身份上网征求网民意见，网络成了上传下达的重要工具。

网络监督推进社会进步。国务院新闻办2010年发布的《中国的互联网状况》白皮书指出，"中国政府积极创造条件让人民监督政府，十分重视互联网的监督作用，对人们通过互联网反映的问题，要求各级政府及时调查解决，并向公众反馈处理结果。绝大多数政府网站都公布了电子邮箱、电话号码，以便于公众反映政府工作中存在的问题。近几年，一大批通过互联网反映出来的问题得到了解决。为便于公众举报贪污腐败等问题，中央纪检监察机构和最高人民法院、最高人民检察院等开设了举报网站。中央纪委监察部举报网站、国家预防腐败局网站等开通后，为惩治和预防贪污腐败发挥了重要作用。据抽样调查，超过60%的网民对政府发挥互联网的监督作用予以积极评价，认为这是中国社会民主与进步的体现"。

网络民意使政府在治理过程中的角色和职能发生重大变化，政府由管理者向服务者、引导者转变，致力于帮助公民实现共同利益。

2. 国际经验

政府信息采集与信息公开。1998年英国颁布的《数据保护法案》规定，政府采集与公民自身或企业有关的信息，必须遵守资料保护的法律与相关程序，尽量减少重复收集，维护资料的安全，确保信息收集行为的合法性、收集目的的正当性、收集过程的科学性、信息内容的正确性、数据的完整性和准确性。除了部分涉及国家安全、商业机密或个人隐私的信息受到法律保护而不公开外，其他政府信息应经过系统的处理后，尽量以电子化形式予以公开。《数据保护法案》明确规定，公民拥有获得与自身相关的全部信息、数据的合法权利；并允许公民修正个人资料中的错误内容。《信息自由法》也规定，要保证企业和公民能够依法查询到政府公布的各项信息。2000 年 11 月，英国内阁颁布法令，宣布：应该公开的政府文件将被放在"英国在线"门户网上，以供公民随时查看。英国公民可以获悉议会的最新动态，知道众、参两院讨论的事项，获取最新的法律文件，在网上对政府文件进行咨询并提出意见。

在线政府论坛。"英国在线"门户网站设立一系列"政策论坛"，供公民对政府现行政策进行讨论。公民可以在论坛里自由地发表见解，相互交流。许多政府部门都在门户网上建立了该部门的政府讨论专区，公民可以就感兴趣的政策法规进入各自的论坛。此外，英国政府还接受公民的电子请愿。

政策法规出台前的意见征求机制。在 OECD 国家，政府就法律、政策的有关方面向公众提供信息，而公众对政府所研究的问题给予一定的回应，这是双向的关系。咨询的方式有两种。第一种方式是回馈，具体包括民主测验、问题调查等，这样能了解到普通民众的具体需求。第二种方式是磋商咨询，OECD 成员国大部分会通过讨论和论坛的形式向公众发布政府所制定的政策和法规，采取此种方式也有助于公民在更高更专业的层次对相关的法律和法规议案进行探讨。美国政府政策出台主要包括三个步骤。第一步是在联邦登记上公告，在这个过程中会通过书面或口头的形式来评论。第二步是部门阅读了这些评论之后将作出答复，同样在联邦登记上以序言的形式给予公众答复。第三步会有 30 天的等待期来让拟定的法规生效。在联邦登记上不仅包括草案的全文，还包括以出台政府决策必要性和法律授权来源为主要内容的相关说明材料。

网络选举。2008 年的美国大选也翻开了美国网络民主新的一页。奥巴马在成为美国历史上首位黑人总统的同时，也被称为"第一个互联网总统"。与此相对应，美国选民们对互联网的利用也达到了前所未有的水平。

此外，在胜选以后，奥巴马竞选办公室通过电子邮件向数百万支持者发出了一份4页的网络调查表，征求美国公民对奥巴马政府未来施政方针的意见和建议。结果，有55万人参与了调查。这或许是美国历史上最广泛、最有效的网络民主运动。

电子投票。电子投票除了可以更迅速地开票计票，降低选举成本外，还方便选民投票。在选民投票意愿日益低下的日本，推广电子投票意义重大。2002年2月，日本《地方选举电子投票特例法》正式生效。同年6月23日，冈山县新见市举行市长、市议会选举，这是日本历史上第一次电子选举。约2万选民在各投票站领取自己的IC卡，将它插进电子投票装置的端口，屏幕上立即显示出各候选人的名字，然后拿专用的电子笔在自己心仪的候选人名字上轻轻一触就完成了投票过程。由于新见市约有10%的选民在选举当天不在本地，他们是用专用信函将自己的选票寄到投票站的，包括这部分传统选票在内，从选举结束后开票到揭晓也只花了2小时，比以往的传统投票缩短了一半。

在2000年5月的地方选举中，英国开始试行电子投票。有三个地区采用了在投票点进行电子投票与电子计票。还有两个地区包括首都伦敦的市长选举，采用了电子计票。政府已计划采取远程电子投票方案，由相关部门展开可行性调查。包括：公众对远程投票的态度，地方政府的准备情况，以及相关的法律与技术问题。并着手用以核定公民选举权的"电子注册工程"。开发统一、稳定的电子注册标准系统，确保远程投票时的安全性与可靠性。英国电子特使办公室还加入了一个由多国政府与相关行业组成的国际委员会，共同参与制定电子投票的国际技术标准。

（四）改善治理的建议

1. 网络民主治理的基本思路

由于网络民主局限性的存在，一方面有人认为互联网的应用与发展，会促进社会民主的发展与言论的自由，另一方面则有人担心网络上所谓的"意见领袖"会将大众引入歧途。治理网络民主，需要建立共同参与的治理机制，以互联网为平台，政府通过互联网平台，了解民情、汇聚民智；网民通过互联网平台，表达诉求、针砭时弊、献计献策、舆论监督。

互联网使公民有渠道参与政事，催生了网络民意，使网络民意具有真实的力量。网络传播的快捷性促进了网络民意的"聚集性"，使网络民意容易产生强大的舆论压力和影响力。网络关系的平等性提高了网民参与的积极性，使网络民意代表了利益博弈中的大众力量。网络消除了身份地位，淡化了权力色彩，人们可以平等地进行交流。

因此，网络民主有效的治理机制，是为网民提供更加有利的表达环境，给予网络更加广阔的发挥空间，使其直接参与到重大政策决策、突发事件处理和政府的监督之中。"正是来自网络的追问与怀疑，才让人们逐步逼近事实的真相，这就是网络的影响力"。

政府要和各社会力量协同行动，共同寻求社会问题的解决方案。

2. 政策建议

网络民主的发展，有赖于传统民主的声援，反过来，也促进传统民主的发展。传统民主的有效机制和做法应同时应用于网络，形成网络民主的价值准则。

立法要求政府重大决策要通过网络征求民意，尤其是强化关于公民切身利益的政策法规、重大决策的网上民意征求程序。目前，新的政策法规出台前征求民意的工作现已逐步实施，但征求意见的时间往往比较短，民意表达不充分。尤其是一些关系到民生的措施出台前，征求民意的工作还比较欠缺，即便征求，敷衍了事的现象也时常发生。建议规定各种政策法规、关系到国计民生的事项等出台前，必须留下充分的时间来征求意见，根据各种意见认真修改和完善方案，并在网上向民众反馈，对意见进行归类、回复，并完善征求意见的程序，如公告的形式，答复、说明的时限等。

建立及时、系统收集民意的机制。明确各级政府部门中主动收集公众民意的机构，收集民意的程序，技术手段等。较为系统地去做网络民意收集的工作，尤其关注政治、经济问题讨论较为集中的网站，开展民意调查，建立民意收集、整理的工具等。

实现公众网络参政与政府的互动。网民参政为政府提取信息创造了新的条件。建议创建一种网络环境下网民参政议政、政府回应、部门落实的信息交互模式，健全政府与民众之间的沟通机制。同时，对公众网络参政进行引导，甄别和去除虚假信息，避免公众受到误导。网民对社会事务有很大的参与热情，但政府或官员可能在这些事务中参与讨论较少，在网上所发的帖子也较少，无法起到引导作用。建议政府就一些矛盾比较突出的事项在网上发布主要观点，让大家能够通过跟帖表达自己的意见，同时要对跟帖尽快答复。使政府官员与网友在线交流的机制常态化，通过网络与民众直接交流，联系群众、化解矛盾、集中民智。

消除数字鸿沟，创造建设网络民主的平等机会。缩小数字鸿沟是加强网络民主的重要途径，使更多的人能够参与到网络民主的建设中来，实现在更大范围内的民主。

做到网络监督有通道，有督办，有处理，有回应。网上监督是网络民主的重要形式。党的十七大要求："保障人民的知情权、参与权、表达权、监督权"。对于焦点、热点问题，网民的意见是最直接、快捷、也最真实的。利用网络监督，使权力在阳光下运行，这就要求对网络监督制定规则，对于监督事项，有关部门有处理，有回应，及时反馈给网民。同时也规范网民的监督行为，网络监督不是非理性宣泄，同样需要遵守现实生活中的法律规范和道德准则，利用法律手段予以解决。

但网络监督过程中，要注意隐私的保护。网络的举报、监督是好的，但利用网络损害他人利益的，要予以打击。尤其要防止网上诽谤、恶搞，防止利用网络监督工具达到个人私利、产生负面影响的事情发生。支持网络民主，但是要防止滥用，打击违法利用网络民主的行为。

参考文献
References

［1］ R Kalakota, AB Whinston . Electronic commerce: structures and issues. International Journal of Electronic Commerce – Special section: Diversity in electronic commerce research. 1996.

［2］ Auerbach, K. 2004. Questions and Answers About The Internet and Internet Governance. URL: http: //www. cavebear. com/rw/igov – qa. html.

［3］ Gumucio – Dagron, A. 2005. Right to Communicate – From the summit to the people in Information for Development – Human Rights and ICTs. Vol. 3, No. 7.

［4］ Lessig, L. 2001, The Architecture of Innovation presented at the Conference on Public Domain, Duke Law School, November 10 – 11 2001. URL: http: //www. law. duke. edu/pd/papers/lessig. pdf.

［5］ Mathiason, J. 2005. Where do we go from here? Statement by the Internet Governance Project, Syracuse University. URL: http: //www. wgig. org/docs/Syracuse – JULY. doc

［6］ WGIG, 2005. Report of the Working Group on Internet Governance, Château de Bossey. URL: http: //www. wgig. org/docs/WGIGREPORT. pdf

［7］ WSIS, 2003. Declaration of Principles – Building the Information Society: a global challenge in the new Millennium. URL: http: //www. itu. int/dms_ pub/itu – s/md/03/wsis/doc/S03 – WSIS – DOC – 0004!! PDF – E. pdf.

［8］ WSIS, 2003. Plan of Action. URL: http: //www. itu. int/dms_ pub/itu – s/md/03/wsis/doc/S03 – WSIS – DOC – 0005!! PDF – E. pdf.

［9］ Milton Mueller. Ruling the Root: Internet Governance and the Taming of Cyberspace. Massachusetts Institute of Technology. 2004

［10］ David R. Johnson, Susan P. Crawford, John G. Palfrey Jr. The Accountable Net: Peer Production of Internet Governance. 2004, 9 (9).

［11］ William H. Dutton, Malcolm Peltu. The emerging Internet governance mosaic: connecting the pieces. 2007, 12: 63 – 81.

[12] George Christou, Seamus Simpson. Gaining a Stake in Global Internet Governance: The EU, ICANN and Strategic Norm Manipulation [J]. European Journal Of Communication. 2007, 12 (2): 147 – 164.

[13] John Mathiason. Internet governance: the new frontier of global institutions [M]. Routledge 2 Park, Abingdon, OX14 4RN. 2009.

[14] Don McLean, ICT Task Force Series. Internet Governance: A Grand Collaboration. United Nations. 2005.

[15] Hans Klein. ICANN and Internet Governance: Leveraging Technical Coordination to Realize Global Public Policy [J]. The Information Society: An International Journal. 2001, 18 (3): 193 – 207.

[16] Richard Collins. Internet governance in the UK. Media Culture Society. 2006, 28 (3): 337 – 358.

[17] United Nations ICT Task Force. Reforming Internet governance: perspectives from the Working Group on Internet Governance (WGIG). United Nations. 2008.

[18] Laura DeNardis. Protocol Politics: The Globalization of Internet Governance. The MIT Press. 2009.

[19] Gibson, R. Online Participation in the UK: Testing a 'Contextualized' Model of Internet Effects. Political Studies. Association, BJPIR, 2005, 7: 561 – 583.

[20] Kahn, R. Kellner, D. Oppositional Politics and the Internet: A Critical/Reconstructive Approach [J]. Cultural Politics. 2005, 1 (1): 75 – 100.

[21] Kleinwaechter, W. Beyond ICANN vs ITU? . Gazette: The International Journal for Communication Studies. 2004, 66 (3): 233 – 251.

[22] Ge ZHU, Sangwan Sunanda, LU Tingjie. U – Readiness Extending the Universe of Society in China [C]. IEEE Conference of 4th International Conference on Management of Innovation and Technology (ICMIT 2008). Thailand, pp681 – 686, 2008.

[23] Martin Hans Knahl. Internet governance: the state of the art and future developments. IADIS International Conference on Web Based Communities 2007. 87 – 94.

[24] Mueller. Milton, Mathiason. John, Klein. Hans. Internet and Global Governance: Principles and Norms for a New Regime [J]. Global Governance. 2007, 13: 237 – 254.

[25] Rolf H. Weber. Transparency and the governance of the Internet. Computer Law & Security Report. 2008, 24 (4): 342 – 348.

[26] V. Mayer – Schönberger, M. Ziewitz, Jefferson rebuffed. the United States and the future of Internet governance. Science and Technology Law Review. 2007, 8: 188 – 228.

[27] M. Froomkin, Wrong turn in cyberspace: using ICANN to route around the APA and the constitution

［J］. Duke Law Journal，2000，50：94－105.

［28］ KLEINWÄCHTER Wolfgang. Wsis and internet governance：the struggle over the core resources of the internet. Communications law. 2006，11（1）：3－12.

［29］ Milton L. Mueller. IP addressing：the next frontier of internet governance debate ［J］. Emerald Group Publishing Limited. 2006，8（5）：3－12.

［30］ David Souter. Internet governance and development：Another digital divide？ ［J］. Information Polity. 2007，12：29－38.

［31］ 唐守廉. 互联网及其治理. 北京：北京邮电大学出版社，2008

［32］ 纪萍萍. B2B 行业在我国发展现状探讨. 产业经济，2009（11）

［33］ 艾瑞咨询集团. 2007～2008 年中国中小企业 B2B 电子商务行业发展报告，艾瑞网

［34］ CNNIC. 中国互联网络发展状况统计报告，2008（7）

［35］ 国务院办公厅. 国务院办公厅关于加快电子商务发展的若干意见. 2005（1）

［36］ 杨安怀，钱明慧，张琪. 阿里巴巴的 B2B 商业模式研究及启示. 消费导刊，2009（5）

［37］ 朱晓荣，邓新杰. 我国 B2B 电子商务现状分析及发展建议. 经济管理者，2009（22）

［38］ 周舟. 中国 B2B 电子商务的现状分析. 管理观察，2009（4）

［39］ 樊丽. 基于网站调查的我国 B2B 电子商务行业实证研究. 汕头大学硕士学位论文，2002

［40］ 杨炜烨. 中国 B2B 电子商务发展策略. 西南交通大学硕士学位论文，2006.

［41］ 杨洁. B2C、C2C 电子商务模式比较分析——以卓越、淘宝为例. 产业经济，2009（9）

［42］ 田沛. B2C 电子商务信用问题的对策建议. 电脑知识与技术，2010（2）

［43］ 李忠美，张黎. B2C 电子商务优势分析及发展策略. 电子商务，2008（11）

［44］ 张琪. 我国电子商务面临的主要问题及建议. 科技资讯，2007（7）

［45］ 包立军，章扬，李旺彦. 我国 B2C 电子商务的物流配送"瓶颈"问题及对策. 电子商务，2007（6）

［46］ 吴卫南. 我国 B2C 电子商务发展的制约因素与发展思路探讨. 电子商务，2008（11）

［47］ 张玮炜，刘冲. EBAY 易趣和淘宝之分析. 内蒙古科技与经济，2008（24）

［48］ 鲁瑛. ebay 易趣与淘宝网的 C2C 电子商务发展状况分析. 佛山科学技术学院学报（自然科学版），2007（1）

［49］ 王炳焕. 从 ebay 和淘宝看 C2C 物流模式的发展. 中外物流业，2010（8）

［50］ 陈文若，郭静编. 第三方物流. 北京：对外经济贸易大学出版社，2004

［51］ 楼前飞，严伟. 浅析我国第三方物流的发展现状及对策. 物流技术，2005（11）

［52］ 徐国良. 浅谈我国第三方物流企业的发展与创新. 物流管理，2007（4）

［53］ Bechir Abdelmomen. 淘宝：中国式的传奇——淘宝成功的关键要素. 电子商务，2010（5）

[54] 周耿．淘宝网与易趣网成败的案例分析——兼论我国 C2C 网站发展的问题．现代管理科学，2008（3）

[55] 张洁，韦晓华．易趣与淘宝营销策略比较分析．商场现代化，2008（10）

[56] 杨安怀，钱明慧．中国 C2C 电子商务模式研究：以淘宝网为例．应用研究，2009（4）

[57] 滕颖，唐小我．传统企业信息化发展阶段演化分析．电子科技大学学报（社会科学版），2001（3）

[58] 晋美娟．浅谈传统企业的信息化建设．科技情报开发与经济，2005（10）

[59] 徐成．浅谈传统企业信息化管理．计算机工程应用技术，2010（7）

[60] 杨绍兰．我国企业信息化建设与发达国家的差距分析．现代情报，2008（9）

[61] 吴晓波，胡保亮．全面创新视角下的企业信息化战略．情报科学，2006（9）

[62] 李伟超．我国中小型企业信息化模式问题研究．情报科学，2006（2）

[63] 陈立奇．我国传统企业信息化进程中的主要问题与对策．韶关学院学报（社会科学版），2004（1）

[64] 张一清，刘晓燕．我国电子商务发展的制约因素及对策．商场现代化，2007（7）

[65] 秦效宏，于文武．我国电子商务发展的制约因素及对策．天水师范学院学报，2004（5）

[66] 李涧溪．IT 外包服务初探．青岛远洋船员学院学报，2008（3）

[67] 刘晓蕾，曹高芳．IT 外包在管理信息系统中的应用．商场现代化，2008（25）

[68] 樊凡．电子商务企业 IT 外包发展趋势分析．经济与社会发展，2007（1）

[69] 王文涛，聂玲．企业信息化建设新途径——IT 外包．现代企业，2007（6）

[70] 封磊，刘同义．中小企业如何做好 IT 外包．市场周刊·理论研究，2008（8）

[71] 湛玉婕，张必春．C2C 电子商务诚信问题改良初探．经济师，2009（1）

[72] 吕学典．从"116 元拍辆帕萨特"说开去——电子商务诚信危机的思考．石家庄经济学院学报，2003（2）

[73] 邱业伟．电子商务诚信缺失与诚信的构建．政法论坛，2008（1）

[74] 吴新芳，顾建平．全球化背景下电子商务诚信缺失及重构．江苏商论，2010（7）

[75] 马红梅．试析电子商务的诚信建设．中国信息化管理，2005（12）

[76] 陈柏龙．我国 C2C 电子商务诚信问题研究．现代商业，2010（6）

[77] 朱军．我国电子商务的诚信问题与对策研究．苏州大学硕士学位论文，2005

[78] 劳帼龄，何雪鹃，覃正．政府实施 B2B 电子商务诚信监管的博弈分析．情报杂志，2007（12）

[79] 肖文海．发展电子商务的关键是建立诚信交易的制度环境．江苏商论，2006（1）

[80] 许彩红．构建网上拍卖的诚信机制．商场现代化，2006（10）

［81］ 文亚青．试论企业诚信与信用管理．商业研究，2006（9）

［82］ 金明路，武福兰，李恒年．电子商务中消费者权益保护的经济分析．商业研究，2004（2）

［83］ 王晓燕．CtoC 电子商务中的信任问题：一个进化博弈分析模型．商业研究，2005（6）

［84］ 于忠华．电子商务交易中买卖双方诚实行为的博弈分析．商业研究，2006（7）

［85］ 阮喜珍．政府在电子商务诚信体系建设中的作用．商场现代化，2006（12）

［86］ 邱洪．电子商务支付模式研究．湘潭师范学院学报（社会科学版），2007（4）

［87］ 陶安，殷彬，林宁．电子商务支付模式研究．大众科技，2006（7）

［88］ 戴德锋．电子商务支付问题研究．兰州工业高等专科学校学报，2004（2）

［89］ 孙伟，牟援朝．电子商务支付系统存在的问题及管理措施研究．中国管理信息化，2007（1）

［90］ 周世霸．浅析我国电子商务支付系统及安全问题．商场现代化，2008（11）

［91］ 李雪林，崔爱桃，范存军．浅析中国电子商务支付领域的现状与发展策略．科技经济市场，2008（7）

［92］ 肖端．浅议 B2C 及 C2C 电子商务支付方式的问题及对策．科技创业，2009（10）

［93］ 刘波．我国电子商务支付的现状及展望．重庆广播电视大学学报，2006（3）

［94］ 徐学军．我国电子商务支付业务存在的问题及对策．经济纵横，2004（5）

［95］ 毛云年．以博弈论方法分析我国 C2C 电子商务支付方式的问题及对策．科技资讯，2008（12）

［96］ 董仁涛．支付宝：从淘宝网看电子商务支付方式．商场现代化，2006（1）

［97］ 黄牧，罗维，何跃．中国特色 B2C 及 C2C 电子商务支付方式研究．商场现代化，2006（5）

［98］ 袁峰，蒋文杨，潘雪松．电子商务安全管理的现状及其对策．物流科技，2003（4）

［99］ 朱阁，马龙，Sangwan Sunanda，吕廷杰．基于社会认知理论的消费者采用模型与实证研究．南开管理评论，2000（13）

［100］ 李振汕．电子商务安全管理体系的构建．计算机安全，2010（7）

［101］ 吴渤，张群．电子商务安全管理体制的探讨．信息安全，2010（2）

［102］ 赵志光，曹振丽，薛元霞．电子商务安全技术及其策略．农业网络信息，2010（9）

［103］ 李娜．电子商务安全问题分析．科技广场，2010（1）

［104］ 李燕．电子商务安全问题研究．硅谷，2010（6）

［105］ 孙素华．电子商务的安全管理分析．衡水学院学报，2010（2）

［106］ 张洪．基于电子商务的安全问题分析及其安全策略探讨，电脑知识与技术，2010（25）

［107］ 李燕．基于互联网的电子商务安全管理策略研究．软件导刊，2008（7）

［108］ 郑红明．企业电子商务安全问题分析．企业信息化，2003（8）

［109］ 文龙光，易伟义．推动我国电子商务物流配送发展的对策探讨．商场现代化，2009（1）

[110] 李丽，郭凯峰．电子商务税收可行性分析．法制与社会，2009（1）

[111] 刘浩．电子商务税收征管对策浅析．当代经济，2010（7）

[112] 迟翔．电子商务税收征管问题思考．现代商贸工业，2010（13）

[113] 郭平，马华华．电子商务税收政策的国际借鉴与思考．科技情报开发与经济，2005（15）

[114] 于佳，张林冯．电子商务中的税收问题．现代商业，2009（12）

[115] 阎肃．电子商务中的税收问题初探．辽宁财专学报，2000（2）

[116] 张冰．对电子商务税收问题的思考．集体经济，2009（3）

[117] 郑海澜．美国电子商务税收政策．网络安全技术与应用，2003（7）

[118] 朱婷玉，刘莉．电子商务税收政策比较及对我国的启示．当代经济，2008（10）

[119] 付丽萍．美国和印度电子商务税收政策比较及借鉴．现代商业，2007（17）

[120] 郭淑艳，王秋燕．比较国际电子商务商务税收政策的主要主张 谈中国电子商务税收问题的研究对策．科技与管理，2003（5）

[121] 谢蓉．电子商务的物流模式探讨．物流科技，2010（9）

[122] 刘慧．电子商务物流模式及其发展趋势．经济师，2009（8）

[123] 李明哲．基于电子商务的物流模式探讨．现代商贸工业，2008（7）

[124] 付永山．电子商务物流模式发展前景的展望．现代物流，2008（8）

[125] 赵蕾，马丽斌．基于电子商务的物流模式研究．商务现代化，2007（3）

[126] 方玲．电子商务物流发展现状及特点．大众商务，2010（4）

[127] 余昕．电子商务与第三方物流关系的探讨．对外经贸实务，2009（8）

[128] 孙任中．日本发展现代物流业的经验及启示．现代日本经济，2007（3）

[129] 王凌峰．美国电子商务物流发展迅速．信息与电脑，2009（8）

[130] 汤世强，吴忠，陈心德．电子商务物流配送瓶颈及解决方案．商业研究，2010（2）

[131] 方芳，曹春明．论我国电子商务物流现状及其发展对策．科技广场，2010（2）

[132] 孙勇．我国B2C电子商务物流配送问题与对策．现代商业，2010（26）

[133] 徐菲．物流与电子商务物流．物流工程与管理，2010（3）

[134] 陈英杰．从IGF会议看国际互联网治理新进展．通信世界，2007（13）

[135] 何宝宏．从技术的角度看互联网治理．网络技术，2005（10）

[136] 何宝宏．互联网治理．数据通信，2006（1）

[137] 陈季华．互联网治理面临的问题和对策．业界观察，2007（8）

[138] 李继尊．论互联网对社会变革的深刻影响及其治理．商业时代，2006（2）

[139] 邹东升，车邱彦．网络管制政策与网络治理．求索，2007（7）

[140] 董晓常．中国互联网的未来．互联网周刊，2007（6）

［141］谢晓专．ISP 的信息治理责任及其理论依据——基于对我国信息网络安全法律法规的内容分析．科技与法律，2009（6）

［142］朱剑秋．互联网治理中的不良信息治理．北京邮电大学硕士学位论文．2008

［143］钱飞龙．网络不良信息治理研究．中央民族大学．2009

［144］朱坤．公民网络政治参与问题及治理策略研究．中国海洋大学硕士学位论文．2009

［145］孟庆国，朱新现．互联网时代党内民主建设路径探析．长白学刊，2009（6）

［146］唐维红．人肉搜索还能走多远．新闻与写作，2009（3）

［147］原丁．第四媒体与政府治理．山西高等学校社会科学学报，2008（20）

［148］任昱衡，赵立响．建立基于环境的电子商务安全体系．科技创新导报，2008（25）

［149］杨坚争．2005 年中国电子商务政策法律建设的最新进展．电子商务，2006（3）

［150］朱美芳．试论电子商务革命及其战略管理．科技经济市场，2007（1）

［151］刘福东，霍江林，王勇．浅析电子商务环境下各国税收的政策异同．商场现代化，2006（3）

［152］杨露．电子商务条件下的关税问题初探．西南政法大学硕士学位论文．2007

［153］石璞．电子商务技术环境面临的问题与国内政策改革．考试周刊，2008（12）

［154］李嘉明，张小莉，蒋重阳．规范我国电子商务环境下跨国所得课税的政策．商业研究，2003（20）

［155］李绍平，徐嘉南．欧盟电子商务增值税政策对我国的启示．哈尔滨商业大学学报（社会科学版），2006（2）

［156］米利群．全球电子商务促进政策的比较分析．沿海企业与科技，2005（12）

［157］刘晓红．我国电子商务信用等级评价的公正性问题分析．生产力研究，2007（16）

［158］施放，祝玮炜．电子商务中政府的政策定位．商业时代，2007（22）

［159］张萍．湖北中小企业电子商务现状与政府扶植政策．商业研究，2006（2）

［160］鲁孙林，徐锦程．构建有中国特色的电子商务政策法规支持体系——由美、日两国比较谈起．中国集体经济，2009（12）

［161］王桂森，李向阳，杨立东．我国电子商务发展的制约因素分析．商业研究，2007（4）

［162］宋玉萍．中、美电子商务发展环境比较研究．特区经济，2008（7）

［163］鲁德银．扶植中小企业电子商务发展的重要性、可行性和技术政策．科技管理研究，2005（25）

［164］张劲松，邹慧君．治理：电子政务的理性目标．湖北社会科学，2005（4）

［165］陈福卫．电子政府与政府治理创新研究．华中师范大学硕士学位论文．2006

［166］王伟．互联网传销的危害及治理研究．商场现代化，2006（33）

［167］张帆．低俗将对互联网行业产生持久伤害．新闻与写作，2009（3）

［168］胡鹏，金鑫．恶意软件的治理研究．现代商贸工业，2007（12）

［169］孙静文．网络色情一定要不得吗？时代经贸．2010（10）

［170］马民虎．美国公司信息安全治理研究动态及评鉴（上）．信息网络安全，2006（9）

［171］朱博夫．互联网治理——国际法的新使命．法制与社会．2009（16）

［172］李智．国际私法中互联网管辖权制度研究．厦门大学博士学位论文．2006

［173］陶文昭．网络无政府主义及其治理．探索，2005（1）

［174］沈永锋．用好技术和监管手段治理互联网违法．通信世界，2008（11）

［175］何宝宏．互联网治理．数据通信，2006（1）

［176］高献忠，何明升．网络秩序的生成机理：从分层演化到共生演化．生产力研究，2009（8）

［177］刘苗．网络广告传播的问题与治理策略．青年记者，2009（29）

［178］林兴发．网络道德失范及其治理．前沿，2004（5）

［179］胡凌．网吧治理的法律问题．昆明理工大学学报（社会科学版），2009（7）

［180］K・N.库克尔．谁将控制互联网．国外社会科学，2006（5）

［181］张荣，曾凡斌．论虚拟社区的“治理”．江淮论坛，2007（1）

［182］李宝进．互联网治理三重门——访中国科协副主席、中国互联网协会理事长胡启恒院士．中国教育网络，2005（7）

［183］向海龙．浅析电子商务欺诈犯罪的治理与防范．信息网络安全，2009（11）

［184］丁懿南．欧盟及成员国对互联网信息内容的治理．信息网络安全，2007（10）

［185］阎婷．网络色情案件侦查对策研究．贵州警官职业学院学报，2009（6）

［186］凤建军．流氓软件法律问题研究．河北法学，2008（26）

［187］王臻．电子邮箱垃圾邮件泛滥的成因探析．东南传播，2009（1）

［188］卢新德．简论垃圾邮件造成的经济损失及相关对策．理论学刊，2007（5）

［189］张坤晶，胡莹华．电子商务中消费者隐私权保护研究．中国商界（下半月），2009（4）

［190］罗娅丽．电子商务与隐私权保护．黑龙江科技信息，2008（36）

［191］郝文江．网络赌博犯罪分析与对策研究．山西省政法管理干部学院学报，2008（2）

［192］李思思．网络欺诈案法律争议．信息网络安全，2009（11）

［193］蔡艺生．网络赌博犯罪的定义及其解构要素．北京人民警察学院学报，2008（2）

［194］梁静．网络经济中网络欺诈防范探悉．中国公共安全（学术版），2009（3）

［195］任丙强．我国互联网内容管制的现状及存在的问题．信息网络安全，2007（10）

［196］秦祖伟．互联网产业发展中的垃圾邮件治理．集团经济研究，2006（10）

［197］王震．如何有效治理互联网垃圾邮件．信息系统工程，2009（5）

［198］周煜．技术逻辑之殇——论互联网治理之缘起．新闻界，2009（2）

［199］赵丽梅，尹玉杰．网络黄毒治理与未成年人保护．中国刑事法杂志，2002（5）

［200］李继尊．论互联网对社会变革的深刻影响及其治理．商业时代，2006（21）

［201］艾云．韩国互联网信息安全治理结构、特点．信息网络安全，2007（12）

［202］蔡雷．国外发展电子商务的政策及对我国的启示．西南科技大学学报（哲学社会科学版），2008（25）

［203］唐子才，梁雄健．互联网国际治理体系分析及理论模型设计与应用．现代电信科技，2006（9）

［204］王佳纬，屠瑾．和谐社会视野下我国互联网治理的路径分析．南华大学学报（社会科学版），2007（2）

［205］李德智．互联网治理之初探．河北法学，2004（12）

［206］刘良．中国网络公共领域的兴起与政府治理模式变迁．长白学刊，2009（1）

［207］刘毅．网络舆情与政府治理范式的转变．前沿，2006（10）

［208］付丽苹．印度电子商务税收政策及其影响．涉外税务，2007（6）

［209］曾凡斌．互联网的"实名制"与虚拟社区的"治理"．云南社会科学，2006（6）

［210］柳强．互联网治理信息的共享研究．北京邮电大学博士学位论文．2008

［211］黄澄清．谈中国互联网信息安全与综合治理．信息网络安全，2007（12）

［212］赵永生．论中国先进网络文化建设．河北师范大学硕士学位论文．2008

［213］许亚伟．中国互联网治理机制研究．北京邮电大学硕士学位论文．2008

［214］王维．突发事件中网络舆论的治理．传媒观察，2010（2）

［215］刘腾飞．基于互联网能力成熟度模型的中美互联网治理研究．北京邮电大学硕士学位论文．2009

［216］李欲晓．互联网治理与信息社会法律的研究对象和目标．北京邮电大学学报（社会科学版），2010（12）

［217］陈银星．不良信息半年统计结果出炉互联网治理手段有待改进．通信世界，2009（35）

［218］宋晓慧，赵俊林，杨倩等．互联网治理之困境与出路．科学与管理，2009（4）

［219］陈季华．互联网治理面临的问题和对策．业界观察，2007（8）

［220］朱博夫．互联网治理国际法的新使命．法制与社会，2009（6）

［221］乌家培．关于网络经济与经济治理的若干问题．当代财经，2001（7）

［222］冯卓华．从"绿坝"事件看互联网治理的制度反思．企业技术开发，2009（28）

［223］梁丹．流氓软件的特点、发展现状和相关法律探讨．中国公共安全（学术版），2009（3）

国务院发展研究中心研究丛书（2010）

书　　名	作　　者	定价(元)
"十二五"发展十二题	国务院发展研究中心课题组/著	38.00
迈向全面小康：新的10年	张玉台/主编	68.00
转变经济发展方式的战略重点	国务院发展研究中心课题组/著	30.00
中国城镇化：前景、战略与政策	国务院发展研究中心课题组/著	50.00
区域开放新战略	隆国强/主编	35.00
生产性服务业的发展趋势和中国的战略抉择	来有为 等/著	38.00
中国产业振兴与转型升级	国务院发展研究中心产业经济研究部课题组/著	30.00
中国企业并购重组	陈小洪 李兆熙/主编	46.00
美国金融危机的六个问题	方晋 等/著	30.00
中国石油资源的开发与利用政策研究	国务院发展研究中心资源与环境政策研究所/著	38.00
扩大消费需求：任务、机制与政策	任兴洲/主编	38.00
典型国家工业化历程比较与启示	王金照 等/著	30.00
新一轮经济增长的结构与趋势研究	杨建龙/著	30.00

国务院发展研究中心研究丛书(2011)

书　名	作　者	定价(元)
人民币区域化:条件与路径	国务院发展研究中心课题组/著	30.00
服务业发展:制度、政策与实践	任兴洲　王　微/主编	48.00
农民工市民化:制度创新与顶层政策设计	国务院发展研究中心课题组/著	62.00
国民收入分配:困境与出路	余　斌　陈昌盛/著	38.00
温室气体减排:国际经验与政策选择	陈健鹏/编著	30.00
危中有机:后危机时期对外开放的战略机遇	隆国强/主编	30.00
物联网:影响未来	国务院发展研究中心技术经济研究部/著	30.00
中国的互联网治理	马　骏　等/著	45.00
中国农业补贴制度设计	程国强/著	30.00
社会组织建设:现实、挑战与前景	国务院发展研究中心社会研究部课题组/著	35.00
资产泡沫:国际经验与我国现状	余　斌　李建伟　等/著	32.00
低碳贸易:节能目标约束下的贸易结构调整	赵晋平/著	32.00